储能科学与工程专业“十四五”高等教育系列教材

储能系统设计与应用

主　编　高　明　韩奎华
副主编　郭　畅　张政清
　　　　巨　星　王宇航

科学出版社
北　京

内 容 简 介

本书根据“整体介绍-分类阐述-案例分析”思路阐述，依次介绍了热储能、电化学储能、压缩空气储能、抽水蓄能、氢储能、固体介质重力储能/飞轮储能/超级电容器储能/超导磁储能等储能技术，概述了不同储能技术原理，分析了储能系统构成、运行流程及性能评价，介绍了储能系统典型应用案例，使读者对储能系统功能及应用形成具象的认知。

本书可作为普通高等院校储能科学与工程、能源与动力工程及其他相关专业的本科生教材，也可作为从事储能系统设计的相关企业和科研院所技术人员的参考用书。

图书在版编目（CIP）数据

储能系统设计与应用 / 高明，韩奎华主编. -- 北京 : 科学出版社，2024. 12. --（储能科学与工程专业“十四五”高等教育系列教材）. -- ISBN 978-7-03-080331-3

Ⅰ. TK02

中国国家版本馆 CIP 数据核字第 2024Z8Y975 号

责任编辑：陈 琪 / 责任校对：王 瑞
责任印制：吴兆东 / 封面设计：马晓敏

科学出版社 出版
北京东黄城根北街 16 号
邮政编码：100717
http://www.sciencep.com

北京华宇信诺印刷有限公司印刷
科学出版社发行 各地新华书店经销
*
2024 年 12 月第 一 版 开本：787×1092 1/16
2025 年 9 月第三次印刷 印张：12
字数：285 000

定价：59.00 元

（如有印装质量问题，我社负责调换）

《储能系统设计与应用》
编　委　会

序

储能已成为能源系统中不可或缺的一部分，关系国计民生，是支撑新型电力系统的重要技术和基础装备。我国储能产业正处于黄金发展期，已成为全球最大的储能市场，随着应用场景的不断拓展，产业规模迅速扩大，对储能专业人才的需求日益迫切。2020 年，经教育部批准，由西安交通大学何雅玲院士率先牵头组建了储能科学与工程专业，提出储能专业知识体系和课程设置方案。

储能科学与工程专业是一个多学科交叉的新工科专业，涉及动力工程及工程热物理、电气工程、水利水电工程、材料科学与工程、化学工程等多个学科，人才培养方案及课程体系建设大多仍处于探索阶段，教材建设滞后于产业发展需求，给储能人才培养带来了巨大挑战。面向储能专业应用型、创新性人才培养，昆明理工大学王华教授组织编写了“储能科学与工程专业‘十四五’高等教育系列教材”。本系列教材汇聚了国内储能相关学科方向优势高校及知名能源企业的最新实践经验、教改成果、前沿科技及工程案例，强调产教融合和学科交叉，既注重理论基础，又突出产业应用，紧跟时代步伐，反映了最新的产业发展动态，为全国高校储能专业人才培养提供了重要支撑。归纳起来，本系列教材有以下四个鲜明的特点。

一、学科交叉，构建完备的储能知识体系。多学科交叉融合，建立了储能科学与工程本科专业知识图谱，覆盖了电化学储能、抽水蓄能、储热蓄冷、氢能及储能系统、电力系统及储能、储能专业实验等专业核心课、选修课，特别是多模块教材体系为多样化的储能人才培养奠定了基础。

二、产教融合，以应用案例强化基础理论。系列教材由高校教师和能源领域一流企业专家共同编写，紧跟产业发展趋势，依托各教材建设单位在储能产业化应用方面的优势，将最新工程案例、前沿科技成果等融入教材章节，理论联系实际更为密切，教材内容紧贴行业实践和产业发展。

三、实践创新，提出了储能实验教学方案。联合教育科技企业，组织编写了首部《储能科学与工程专业实验》，系统全面地设计了储能专业实践教学内容，融合了热工、流体、电化学、氢能、抽水蓄能等方面基础实验和综合实验，能够满足不同方向的储能专业人才培养需求，提高学生工程实践能力。

四、数字赋能，强化储能数字化资源建设。教材建设团队依托教育部虚拟教研室，构建了以理论基础为主、以实践环节为辅的储能专业知识图谱，提供了包括线上课程、教学视频、工程案例、虚拟仿真等在内的数字化资源，建成了以“纸质教材+数字化资源”为特征的储能系列教材，方便师生使用、反馈及互动，显著提升了教材使用效果和潜在教学成效。

储能产业属于新兴领域，储能专业属于新兴专业，本系列教材的出版十分及时。希望本系列教材的推出，能引领储能科学与工程专业的核心课程和教学团队建设，持续推动教学改革，为储能人才培养奠定基础、注入新动能，为我国储能产业的持续发展提供重要支撑。

中国工程院院士　吴锋

北京理工大学学术委员会副主任

2024 年 11 月

前　言

储能是指通过介质或设备把电能、化学能、热能、机械能等不同形式的能量存储起来，在需要时再释放出来的过程。储能技术是解决“弃风弃光”问题，突破传统电力生产和消费必须即发即用的时间与空间限制，保障新能源大规模接入时电力系统稳定运行的关键技术，也是实现常规火电/核电灵活调峰，提高常规能源发电安全性和经济性的重要支撑技术，同时可促进智能电网、能源互联网及新能源汽车等领域的发展。

为践行“创新、协调、绿色、开放、共享”发展理念，充分发挥能源技术创新在建设清洁低碳、安全高效现代能源体系中的引领和支撑作用，2016 年 4 月，国家发展和改革委员会(简称“国家发展改革委”)、国家能源局发布了《能源技术革命创新行动计划(2016-2030 年)》，提出了包括“先进储能技术创新”“能源互联网技术创新”“氢能与燃料电池技术创新”等 15 项重点任务。2021 年 7 月，国家发展改革委、国家能源局发布了《关于加快推动新型储能发展的指导意见》，将发展新型储能作为提升能源电力系统调节能力、综合效率和安全保障能力，支撑新型电力系统建设的重要举措。党的二十大报告也指出，“加快规划建设新型能源体系”，作为建设新型能源体系的重要支撑，以及新能源的“稳定器”、电力系统的“充电宝”、能源供应的“蓄水池”，储能技术发展越来越受到重视。

储能学科涉及物理、化学、材料、电气、能源动力等多个领域，学科深度交叉融合。储能系统的设计与应用涵盖多个专业的知识，因此打破专业壁垒，编纂新教材至关重要。本书根据“整体介绍-分类阐述-案例分析”的方式展开，兼顾理论知识与实际应用，做到工程应用引领，理论联系实际，“产-教-研”深度融合，旨在详细介绍不同储能技术的原理，深入分析储能系统构成、运行流程及性能评价，并介绍国内外典型应用案例。同时，为强化学生对知识的理解，本书融入视频内容，可扫描书中二维码进行学习。

本书第 1 章由高明执笔；第 2 章由郭畅、常东锋、王伟、张政清和闫君执笔；第 3 章由巨星、王伟佳和朱晓庆执笔，高明提供部分应用案例；第 4 章由张政清和郭畅执笔；第 5 章由刘江伟执笔，高明提供部分应用案例；第 6 章由高明、王宇航、李雪芳和巴清心执笔；第 7 章由刘江伟、韩奎华和郭畅执笔；本书的视频由王成岩和李涛协助制作，王妮妮、刘清春、郭瑱、赵斌、蔡伟华和徐一丹提供了部分视频设计思路和工程案例。全书由高明和郭畅统稿。

在本书的编撰过程中，山东电力工程咨询院有限公司、中国石化集团胜利石油管理局有限公司胜利发电厂、华电国际电力股份有限公司莱城发电厂、济南市工程咨询院、秦能齐源电力工程设计有限公司、华电章丘发电有限公司、山东省特种设备检验研究院集团有限公司等企事业单位提供了部分工程案例和设计数据，在此对企业与相关人员表示诚挚的感谢。本书融入了作者在本领域的研究成果，也参考了国内外相关专著材料、科技论文、研究报告及网络资料，在此谨向文献作者表示衷心的感谢。

由于储能学科内容涵盖广泛、作者水平有限，书中难免存在一些疏忽和不足之处，敬请广大读者批评指正！

作　者

2024 年 8 月

目　录

第1章 绪　　论

能源是人类社会赖以生存和发展的基本物质条件之一。随着全球经济发展和人口增长，人类对能源的需求不断增加。传统化石能源不可再生，且其使用过程会对环境造成严重影响。为了应对能源危机和环境问题，各国纷纷加大对新能源的研究和开发力度。然而，新能源(如风能、太阳能等)通常具有间歇性和不稳定性，需要发展储能技术解决新能源利用过程中出现的这一问题。随着新能源的发展及我国新型能源体系的建设，储能技术作为能源转化与缓冲、调峰与提效、传输与调度、管理与运用的核心技术，其发展越来越受到重视。本章首先介绍储能的基本概念，随后讨论储能技术的主要类型，分析储能系统在不同领域的应用，最后介绍本书的主要内容。

1.1 储能的概念

储能(energy storage)是一种技术和过程，涉及通过特定介质或设备将能量以一种形式转化成另一种形式存储起来，并在需要时释放。能源的开发、运输和利用过程中，能量的供需往往存在数量、形态或时间上的差异，为弥补这些差异、有效利用能源，通过机械、电化学、电磁、热力、氢储能等方法将能量存储起来，在需要的时候再通过合适的方式释放能量并加以利用，此过程即为储能过程。

尽管不同储能技术的工作原理存在差异，但其基本特性一般可以通过以下指标进行评价。

(1) 存储容量：储能系统所能存储的有效能量，反映了储能系统对能量的存储能力。

(2) 能量密度：单位体积或单位质量的储能系统所能存储的能量。能量密度的高低直接影响储能系统的体积和重量。

(3) 功率密度：单位体积或单位质量的储能系统所能输出的功率。功率密度的高低决定了储能系统的输出能力。

(4) 效率：反映了储能系统在存储和释放能量过程中的能量损耗比例。储能系统的效率越高，能量损耗越少，系统的能量利用率越高。

(5) 循环寿命：储能系统可以进行多少次循环充放电，通常以循环次数来衡量。循环寿命的长短直接影响储能系统的使用寿命和经济性。

(6) 成本：储能系统的制造和运营成本。储能系统的成本直接影响其在市场上的竞争力和应用范围。

此外，储能系统的安全性、环保性、响应时间和灵活性等方面也是评价储能技术时应予以考虑的重要因素。

1.2　储能技术的主要类型

储能技术种类繁多，根据其工作原理和能量转化机制可分为机械类储能、电化学储能、电气类储能、热储能和化学类储能等，如图 1-1 所示。

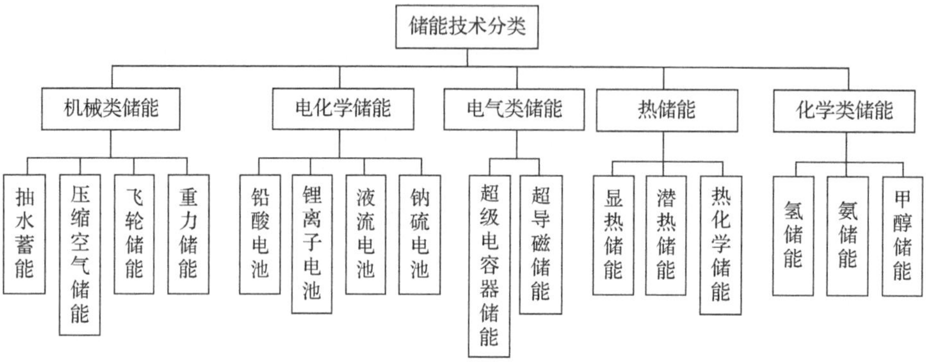

图 1-1　储能技术的类型

1. 机械类储能

机械类储能技术是指将多余能量转化为机械能存储起来，在需要时再转化为电能或其他形式能量的储能技术。机械类储能的方式有多种，包括抽水蓄能、压缩空气储能、飞轮储能和重力储能等。

(1) 抽水蓄能。抽水蓄能系统一般包括两个大的储水库，一个处于较低位置(下水库)，另一个处于较高位置(上水库)。系统利用电网低谷电、富余电力或新能源电力(风电、太阳能发电等)等将水抽至上水库以重力势能的形式保存；在负荷高峰时段，将水释放至下水库并推动水轮机发电。其特点是容量大、寿命长、技术成熟等，但同时也受到地理位置和生态环境的制约。

(2) 压缩空气储能。压缩空气储能是利用压缩机将空气加压后输送到储气装置中，在用电高峰期时释放压缩空气，驱动膨胀机做功，并带动发电机发电。压缩空气储能系统包括传统压缩空气储能系统(补燃式)、带储热装置的压缩空气储能系统(非补燃式)和液态压缩空气储能系统等。其特点是容量大、储能周期长，但响应时间相对较慢、灵活性较弱，不适合用于短时或频繁的功率调节场景。

(3) 飞轮储能。飞轮储能是利用电动机带动飞轮高速旋转，在需要时用飞轮带动发电机发电，通过电动机/发电机互逆式双向电机，实现电能与高速运转飞轮的机械能之间的相互转化。其特点是效率高、使用寿命长，但是放电时间相对较短，一般为几十秒至数分钟。

(4) 重力储能。重力储能是基于储能介质高度落差变化来实现能量存储与释放的储能技术，储能介质一般为液体或固体介质。液体介质(如水)的重力储能原理类似抽水蓄能。固体介质重力储能系统中固体介质的升降主要借助山体、地下竖井和人工构筑物等，重物一般选择密度较高的材料，如金属、水泥、砂石等。其特点是对环境友好、安全性较高，但受到地理环境和空间的制约。

2. 电化学储能

电化学储能是将电能转化为化学能并在需要时将其释放的储能技术，主要通过电池完成能量的存储、释放与管理过程。常见的储能电池包括铅酸电池、锂离子电池、液流电池、钠硫电池等。储能电池的发展历程如图 1-2 所示。

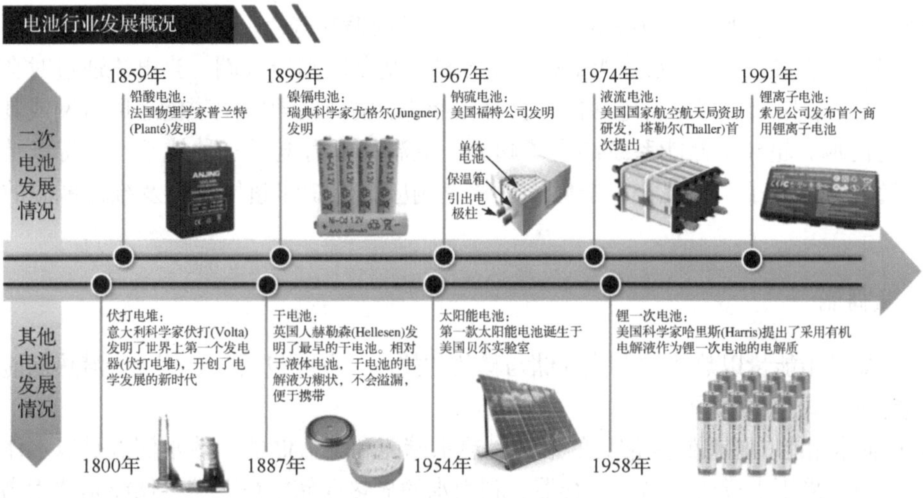

图 1-2　储能电池的发展历程

(1) 铅酸电池。铅酸电池是一种电极主要由铅及其氧化物制成，将硫酸溶液作为电解液的蓄电池。放电时，正负极活性物质均变成硫酸铅，充电时又会转化为原来的铅和二氧化铅。

(2) 锂离子电池。锂离子电池主要由电极、隔膜、电解液与壳体组成，依靠锂离子在正极和负极之间移动来工作。正极采用含锂化合物，如钴酸锂、镍酸锂和磷酸铁锂等二元或三元材料，负极采用锂-炭层间化合物，如石墨、硬炭、软炭和钛酸锂等。在充放电过程中，锂离子在两个电极之间往返嵌入和脱嵌：充电时，锂离子从正极脱嵌，经过隔膜嵌入负极，负极处于富锂状态；放电时则相反。

(3) 液流电池。液流电池由电堆单元、电解液、电解液存储供给单元和管理控制单元等部分构成。电池的正极和负极电解液分别装在两个储罐中，利用送液泵使电解液通过电池循环，可实现电化学反应与能量存储场所的分离，使得电池功率与储能容量设计相对独立，可满足大规模蓄电储能需求，具有容量大、使用领域(环境)广和循环使用寿命长等特点。典型的液流电池包括全钒液流电池和铁铬液流电池。

(4) 钠硫电池。钠硫电池由电极、电解质、隔膜和外壳组成，不同于一般的二次电池，钠硫电池由熔融电极和固体电解质组成，负极活性物质为熔融金属钠，正极活性物质为液态硫。在 300～350℃的工作温度下，钠离子透过电解质隔膜与硫之间发生可逆反应，实现能量的存储与释放。

3. 电气类储能

电气类储能主要包括超级电容器储能与超导磁储能，前者将电能存储于电场中，后者将电能存储于磁场中。

(1) 超级电容器储能。超级电容器是一种介于传统电容器与电池之间的新型电化学储能器件，主要由电极、电解质和隔膜等组成。当在超级电容器的两个电极上施加外电压时，电解质离子向电极迁移，形成电场并存储电能。超级电容器相比于传统电容器有着更高的能量密度，相比于电池有着更高的功率密度和超长的循环寿命。

(2) 超导磁储能。超导磁储能是利用超导材料绕制的超导线圈，当电流通过时会产生高强度的磁场，用超导线圈将电磁能直接存储起来，需要时再将电磁能返回电网或其他负载的储能技术。超导磁储能系统结合了超导、低温和电力电子三种技术，其特点是功率大、质量轻、体积小、损耗小，能够实现快速响应，但制作超导材料及维持低温的费用较高。

4. 热储能

热储能是指能量以热能的形式存储与释放的技术，主要包括显热储能、潜热储能和热化学储能等形式。

(1) 显热储能。显热储能常见的形式是热水储能和熔盐储能。热水储能是以水作为储能介质，通常采用水罐或水箱作为容器，利用水的显热存储能量。熔盐储能是使用高温热源或电能将熔盐加热至高温状态进行储能，需要能量时，再将熔盐中存储的热能转化为电能或其他形式的能源。

(2) 潜热储能。潜热储能称为相变储能，是利用相变材料在发生相变时吸收和释放潜热的方式实现热能存储与释放。相变形式包括固–液相变、液–气相变和固–气相变。

(3) 热化学储能。热化学储能是通过化学反应将化学能与热能进行相互转化，实现热能存储和释放。

5. 化学类储能

化学类储能是基于化学反应将能量转化为其他形式进行存储的技术，其原理主要是通过化学键的断裂和形成来实现能量的存储和释放，如氢储能、氨储能及甲醇储能等。

氢储能技术的原理是利用电能将水电解为氢气，并将氢气以高压气态、低温液态或金属氢化物固态等形式存储，在需要时，利用燃料电池将存储的氢气转化为电能。其特点是燃烧热值高、对环境友好，但效率相对较低。

目前，常见储能技术的能量密度、功率密度和响应时间等技术性能对比如表 1-1 所示。抽水蓄能和压缩空气储能具有较长的循环寿命，磷酸铁锂电池储能具有较高的能量密度和较快的响应速度，超级电容器和超导磁储能具有较高的功率密度、较高的效率和较快的响应速度。

表 1-1　常见储能技术性能对比

储能技术	能量密度	功率密度	响应时间	寿命/年	效率
抽水蓄能	0.5～2W·h/L	0.1～0.3W/L	分钟级	40～60	67%～78%
压缩空气储能	3～6W·h/L	0.5～2W/L	分钟级	30～40	42%～75%
磷酸铁锂电池储能	120～180W·h/kg	1500～2500W/kg	毫秒级	8～10	85%～98%
全钒液流电池储能	12～40W·h/kg	50～100W/kg	百毫秒级	5～15	75%～85%
超级电容器储能	1.5～2.5W·h/kg	1000～10000W/kg	毫秒级	15	>90%
超导磁储能	1.1W·h/kg	5000W/kg	毫秒级	30	>95%
熔盐储能	50～100W·h/kg	—	分钟级	30～40	<60%
氢储能	—	燃料电池电堆 500～2500W/kg	分钟级	12～20	30%～40%

1.3　储能系统的典型应用

多能联储
多能联供
原理与
系统

储能是支撑新型电力系统的重要技术和基础装备，对推动能源绿色转型、应对极端事件、保障能源安全和促进能源高质量发展具有重要意义。储能技术与系统的应用体现在发电、输配电和用电的整个环节，如图 1-3 所示，主要应用场景包括电力系统、交通运输、工业生产、园区社区、数据中心和基站等。在电力系统方面，可用于负荷调节，平抑负荷波动，提高电力系统的稳定性。在新能源领域，可解决新能源发电的间歇性和波动性问题，通过将弃风弃光等产生的多余电能存储起来，需要时再反馈给电网，或供应交通运输、数据中心、园区社区等领域用能。在工业生产领域，可降低工业生产过程中的能源消耗和碳排放，减少环境污染。同时，合理利用储能技术与系统还可实现能量的多级转化，提高能源综合利用效率。

风光互补
发电原理
与系统

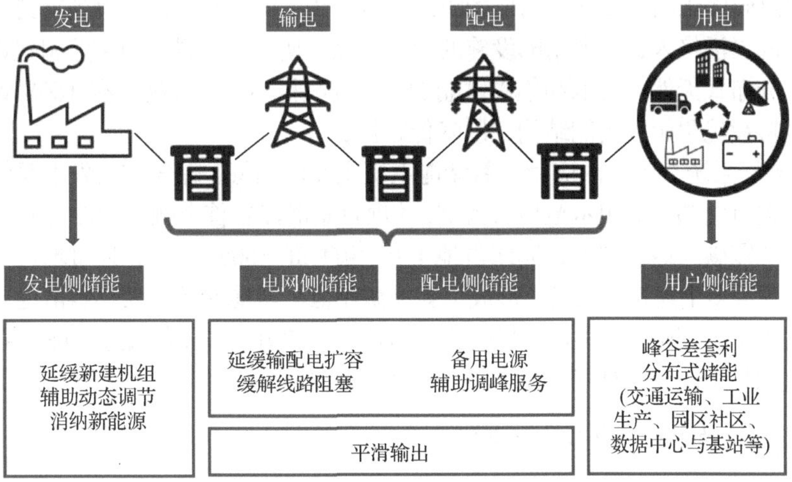

图 1-3　储能应用场景

1. 储能系统助力燃煤电站灵活调峰

传统的电力系统中，用电量存在峰谷波动，使得电力系统的供需曲线难以匹配。电网侧储能系统接入输电网或配电网，由电网公司统一调度，能够独立参与电网的调节，保障电网的稳定运行。

(1) 电化学储能与燃煤电站机组耦合系统。电化学储能系统主要由储能电池、电池管理系统、能量管理系统及储能变流器等组成，其中锂离子电池及液流电池储能系统得到了广泛应用。例如，华电滕州新源热电有限公司(简称“华电滕州”)101MW/202MW·h 新型电化学储能项目建设了 100MW/200MW·h 磷酸铁锂电池储能系统和 1MW/2MW·h 全钒液流电池储能系统，是全国首批、山东省首个参与电力现货交易的储能调峰项目。该电站能够为电网运行提供调峰、备用、黑启动和需求响应支撑等多种服务，提升传统电力系统灵活性、安全性和经济性。

(2) 熔盐储能与燃煤电站机组耦合系统。熔盐储能系统由熔盐罐、熔盐泵、换热器和熔盐加热器等模块构成，利用低谷电、富余电力等加热熔盐储能，并在用电高峰时释能。例如，济宁华源热电有限公司熔盐储能辅助煤电机组调频调峰项目中，使用锅炉再热器蒸汽作为汽源，使用高厂变(高压厂用变压器)作为电源，对熔盐进行加热储能，并利用换热器放热实现工业供汽，最大充/放能功率可达 5 万 kW，储能容量为 10 万 kW·h。该储能系统可拓宽火电机组灵活调节容量约 8.5 万 kW，且火电机组停运后，系统可持续提供 60t/h 的工业蒸汽，能够用作机组事故工况下的应急汽源和启动锅炉。

2. 储能系统助力智慧园区高质量发展

工厂、园区、社区等区域面积大，耗能设备多且较为集中，可建设必要的储能系统，利用峰谷电价差异或新能源电力，实现区域内节能减碳。

(1) 多能互补系统在园区内应用。多能互补系统是以多种形式能量耦合为基础构建的能源系统，基于各供能系统在生产-输配-消费-存储等环节间的耦合性和互补性，实现多能流、多维度协同优化调控和不同品位能源的梯级利用，同时利用储能设备支持分布式能源等主动负荷的灵活接入，实现用电设施的即插即用。例如，无锡星洲工业园建设了分布式光伏发电、分布式天然气发电和集中供能能源站等减排项目，并配置有 160MW·h 的储能电站，通过持续优化园区用能结构，以降低碳排放。

(2) 氢储能系统在园区内应用。氢储能系统主要由制氢、储氢和氢发电系统构成，以杭州亚运低碳氢电耦合应用示范项目为例，该项目是浙江省首个融合柔性直流、氢电耦合、多能互补的“零碳”绿色园区，园区占地 1400 亩(1 亩≈666.67m^2)，通过增设制氢间、加氢机、储氢罐等多个建筑和设备，形成了新能源制氢—氢能储运—氢燃料电池热电联供的能源综合利用系统。园区利用光伏与低谷电制备氢气和氧气，最大供氢量每天可达 200kg，供园区内氢燃料车使用，氧气供生产焊接助燃，系统运行产生的余热可供其他设备使用。

3. 储能系统助力数据中心节能减碳

数据中心是海量数据存储与运算处理的实体，也是不同领域发展的关键基础设施，然而其能耗控制是一个亟待解决的问题，数据中心的能耗主体不仅包括服务器等核心设备，也包括不间断电源、照明及冷却等辅助设施。为降低数据中心的运营成本，推动绿色数据中心建设，联想集团有限公司(简称“联想”)、曙光信息产业股份有限公司(简称“中科曙光”)、华为技术有限公司(简称“华为”)等大型数据中心基础设施供应商均在探索利用绿色能源技术为数据中心“瘦身”的路径。

例如，联想自主研发的“温水水冷”技术能够把整体电源使用效率(power usage effectiveness，PUE)降到 1.1 以下，使能耗和间接碳排放降低 42%以上，入选了《国家绿色数据中心先进适用技术产品目录》。中科曙光自主研发的浸没式相变液冷技术可将数据中心 PUE 降至 1.04，使能效比提升 30%以上。华为对于“下一代数据中心”的定义也将清洁能源的大规模应用作为一大核心点，并指出叠光叠储、余热回收等节碳技术的发展将有助于数据中心节能降耗。

此外，将储能系统接入数据中心，可增强数据中心的供电可靠性，防止偶然断电导致数据丢失，并通过削峰填谷和容量调配等机制，提升数据中心电力运营的经济性。例如，怀来云数据中心使用了 500kW/4000kW·h 铁铬液流电池储能系统，该项目是首个在大数据中心领域应用的铁铬液流电池储能系统。

4. 储能系统助力轨道交通低碳运行

城市轨道交通因其具有客运量大、运行速度快、正点率高等优点，成为满足居民出行、缓解城市交通拥堵的关键技术方案。城市轨道交通站点间距短，列车启停频繁，列车在制动过程中会产生较大的能量，若能充分利用列车制动能量，可降低轨道交通运营的能耗。

飞轮储能系统中，飞轮转子在真空室内无风阻环境下运行，通常转速高达每分钟上万转。通过在轨道交通系统中安装飞轮储能装置，当列车进站制动时，双向电机在电动机模式下工作，通过吸收外部电能驱动飞轮加速旋转，将电能转化为动能存储；当列车出站加速时，双向电机在发电机模式下工作，将高速转子制动减速发电，飞轮动能转化为电能供列车使用，其过程如图 1-4 所示。

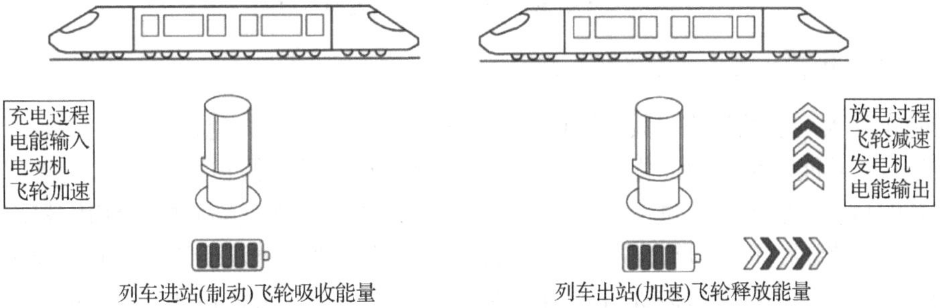

(a) 飞轮加速储能　(b) 飞轮减速释能

图 1-4 轨道交通系统飞轮储能装置运行过程示意图

例如，青岛地铁万年泉路站安装投用了轨道交通行业全国首台完全自主知识产权的兆瓦级飞轮储能装置。飞轮储能装置安装于轨道交通牵引变电所内，当列车进站制动时，飞轮吸收能量，将电能转化为动能，转速可达 20000r/min；当列车出站加速时，飞轮释放能量，将动能转化为电能，释放能量供列车使用，具有极佳的节能和稳压效果。

5. 储能系统助力 5G 基站安全高效运行

储能系统在 5G 基站中的应用不仅能克服 5G 基站中电池系统的“短板效应”，还可确保广域内 5G 基站能源设备的绿色、安全、高效协同运作，以保障基站的连续运行，提高通信服务的可靠性。以云储新能源科技有限公司 5G 基站(中国移动)备电微电网数字能源改造项目(云储 5G 基站备电微电网)为例，该项目针对中国移动通信集团有限公司(简称“中国移动”)在河南、福建等地区 500 个 5G 基站的特定技术特性和应用需求，建设了集成 300kW 光伏发电和 2.5MW/25MW·h 分布式储能备电系统的广域网络。图 1-5 所示为云储 5G 基站数字能源集群示意图。项目将光伏发电组件、电池储能备电和负荷相关能量进行有机管控，有效解决了 5G 通信基站电源容量扩充困难、新能源消纳不佳及网-储互动功能不足等一系列问题，实现了分布式光伏发电的 100%就地消纳率和基站负荷的 100%自调节能力。

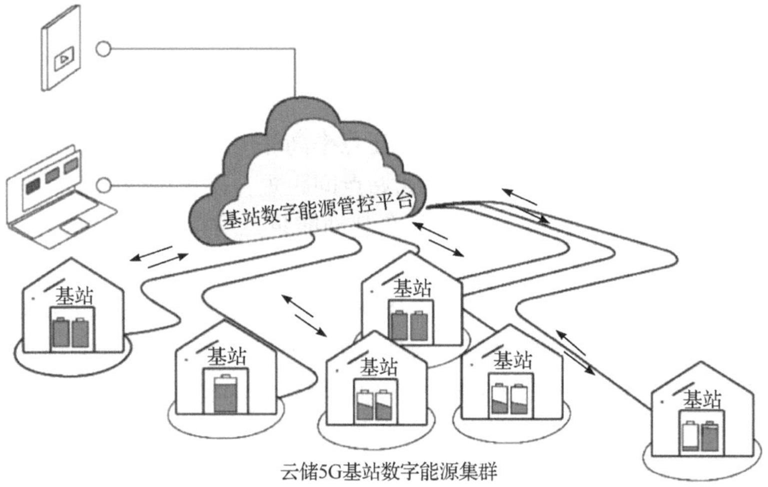

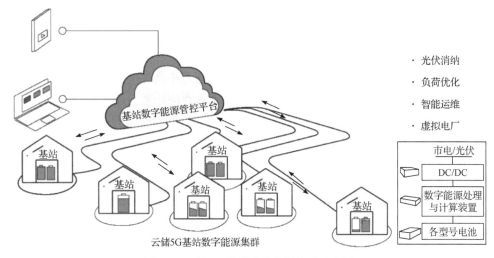

图 1-5　云储 5G 基站数字能源集群示意图

6. 储能系统在公共建筑方面的应用

医院作为大型公共设施，其能源使用效率和可持续发展能力越来越受到重视。作为大型公共建筑，其能源系统的优化不仅关乎经济效益，还涉及环保和社会责任。医院作为 24 小时服务的机构，要求能源供应稳定，并且一定程度上存在能耗高和能源使用效率低等问题，因此引入储能技术，对降低医院能耗、提高供能稳定性和能源使用效率具有重要意义。

例如，北京大学国际医院充分利用门诊楼、医技楼等约 5000m^2 的屋顶和车棚，安装屋顶光伏电站和充电桩光伏车棚，建设了分布式光伏电站。电站总容量约 582kW，实行“自发自用、余电上网”的运行模式。为了确保用电安全、提高电能利用效率、缓解高峰期用电压力，医院以能源管理合同形式签订了约 2.7MW 储能电站项目，利用“峰谷电价差”降低用电成本，并提高光伏发电的可控性。

此外，建设集光伏发电、储能、直流配电和柔性用电于一体的“光储直柔”建筑逐渐兴起。光储直柔系统可实现对能源的高效利用、灵活调度及优化管理，同时系统可满足建筑能源的供需平衡，降低能源消耗，推动建筑能源领域的发展和创新。深圳市深汕特别合作区中建绿色产业园办公楼是全球首个运行的“光储直柔”建筑，其面积约 2500m^2，屋顶铺设了 400m^2 左右的光伏发电装置，光伏发电量可满足整栋建筑三分之一的用电，同时依托储能系统存储多余电量备用。

7. 储能系统在石油工业领域的应用

储能系统在石油工业领域的应用有助于提高能源利用效率、优化生产流程、降低碳排放、提高安全性并促进产业升级。油井开采过程中需要持续稳定的能源供应，而大部分油井位于边远地区，传统能源的供应存在一定的限制，因此，储能系统可以为边远油井提供必要且稳定的电力支持，确保开采作业的连续性和安全性。

例如，中国石油天然气股份有限公司新疆油田分公司针对无电网覆盖的边远油井，开展了“光伏+储能”供电与抽油机井生产用电相融合的先导试验。通过对比不同储能电池特性，结合新疆油田零碳/近零碳井场先导试验工程的工况特殊性，最终选择了锌溴液流电池方案。锌溴液流电池的核心是水基溴化锌电解液，该电解液是一种可重复使用的天然阻燃剂，能够有效降低运行成本，可以满足离网型边远油井储能时长及低温放电的需求。在新疆油田玛湖 078 井场，中国石油首个锌溴液流电池储能系统成功应用，为边远油井提产增效提供了绿色低碳的技术路径。

8. 储能系统助力微电网高效运行

微电网(microgrid，MG)系统作为一种高效、灵活的分布式能源系统，已经成为未来智能电网部署的组件。微电网系统不仅可以提高能源利用效率和节约能源成本，还可以保障电力供应的可靠性和稳定性，促进能源的可持续发展。然而，微电网系统中存在能源的波动性、多样化和复杂性问题，影响了微电网系统的能源管理和系统控制。

储能系统的引入可提高微电网系统的能源管理水平和利用效率。储能系统作为微电网系统的重要组成部分，可以在能源不足或供电负荷波动等情况下，为微电网系统提供灵活的能源储备和调度能力。图 1-6 所示为配备储能的微电网新型电力系统架构示意图。

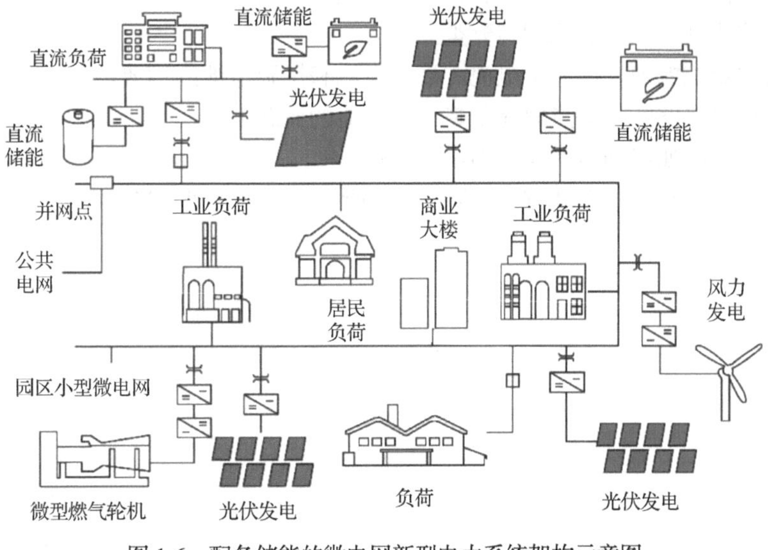

图 1-6 配备储能的微电网新型电力系统架构示意图

以福建省泉州市翔云镇台区型微电网新型电力系统示范工程为例，翔云镇是典型的高比例分布式光伏电源接入乡镇，光伏发电并网容量持续增长影响了电网的安全稳定运行。为此，该项目选取翔云镇四个配网台区分别建设一套 63kW·h 共享储能系统，实现了台区分布式光伏 100%就地消纳和电压质量 100%合格。

可见，在分布式光伏接入的配网台区中配置储能系统，能够提升配网的新能源消纳能力，改善供电质量，保障电网稳定运行。同时，就近配置储能系统有助于新能源的就地消纳，避免电能大规模远距离输送带来的损耗。

1.4　本书主要内容

本书按照“整体介绍-分类阐述-案例分析”的结构展开，其中第 2～7 章依次介绍热储能、电化学储能、压缩空气储能、抽水蓄能、氢储能、固体介质重力储能/飞轮储能/超级电容器储能/超导磁储能等储能技术。不同储能技术的特性各异，涉及物理、化学、材料、电气、能源动力等多个领域的知识，考虑到本书主要面向储能科学与工程、能源与动力工程等专业的本科生，因此省略了若干高深的理论内容，更侧重于讲解不同储能技术的原理、储能系统构成、运行流程、性能评价及具体应用。

本书首先概述不同储能技术的储能原理与技术发展情况，随后讲述不同储能系统的构成与分类，分析储能系统的运行流程及各部件的具体作用，并总结储能系统性能的评价方法与影响因素，旨在帮助读者对不同储能技术形成深刻的理解。此外，本书还详细介绍储能系统在不同领域的实际应用案例，使读者对储能系统的功能及应用形成具象的认知。

习　　题

1-1　什么是储能？常见的储能技术有哪些？

1-2　评价储能技术特性的指标有哪些？简述这些指标的概念。

1-3　简述机械类储能的原理与分类。

1-4　简述铅酸电池、锂离子电池、液流电池和钠硫电池的构成。

1-5　阐述显热储能、潜热储能及热化学储能的概念。

1-6　储能系统如何助力燃煤电站灵活调峰？

1-7　储能技术有哪些发展方向？除 1.3 节所举应用案例外，储能系统在哪些领域具有应用潜力？

第 2 章　热储能技术与系统

热能是最重要的能源形式之一，煤、石油、天然气等化石能源及地热能、生物质能等可再生能源的利用均需经历热能的转化，因此热储能技术在储能技术中占据重要地位。

热储能技术以储热材料为介质，将富余的能量转化为热能加以存储并在需要时释放，以解决热能供需的时空不平衡问题，在平衡新能源波动性、提高能源利用效率和增强能源系统灵活性等方面发挥着重要作用。热储能技术的关键在于热能的传递与存储。热能传递是选用合适的传热工质与换热器，使储能系统能高效地从热源吸热，并能在热能不足时向负载及时供热；热能存储是选用合适的储热材料与容器，以最低的热能损失保证系统平稳、高效地吸热与放热。根据储热原理不同，热储能技术可分为显热储能、潜热储能和热化学储能，其中显热储能是基于储热材料(如水、熔盐等)温度的变化进行储热与放热；潜热储能是利用相变材料在发生相变过程中吸收和释放潜热的原理进行储热与放热，因此也称为相变储能；热化学储能是通过化学吸附或化学反应进行储热与放热。

本章以热水、熔盐、相变及热化学储能技术为核心，分别阐述不同热储能系统的工作原理、系统构成及工作特性，并介绍热储能系统的应用案例。

2.1　热水储能系统

热水储能原理与系统

2.1.1　热水储能概述

热水储能(hot water energy storage)是以水作为储能介质，通常采用水罐或水箱作为储能罐，利用水的显热存储能量的储能技术，其优缺点如表 2-1 所示。基于斜温层原理的热水储能技术应用广泛，其原理是根据冷热水的温度分层特性，利用不同温度水的密度差异形成一层具有较大温度梯度的水层(斜温层)，使罐内同时存在冷水和热水，实现热能的存储与释放。利用热水储能技术可有效解决能量在时间和空间上供需不匹配的问题，适用于火电机组灵活性改造、深度调峰、热电解耦、清洁供热和弃风/弃光新能源消纳等领域。

表 2-1　热水储能系统优缺点

优点	缺点
① 价格低廉，来源广泛，使用方便，可用于大规模储能； ② 物理、化学及热力性质稳定； ③ 可同时作为传热和储热介质； ④ 传热和流动特性好，比热容较大，热膨胀系数及黏滞性较小，适用于自然对流与强制循环	① 储能罐中可能产生污染物； ② 水结冰时体积膨胀，容易破坏管路系统； ③ 水是电解腐蚀性物质，所产生的氧气容易造成锈蚀

热水储能技术的研究起源较早，从 19 世纪 70 年代起国外学者开始研究水的温度分层现象。与完全混合型储能罐相比，温度分层型储能罐能够显著提高储能效率。20 世纪 80

年代，欧洲已开发和应用了基于热水储能技术的电力供暖系统，以缓解冬季供暖高峰负荷问题。

我国北京市热力集团有限责任公司左家庄供热厂建设了国内第一座用于区域供热的热水储能装置，储能罐容积达 8000m^3。此后，国家电力投资集团有限公司、哈尔滨电气集团有限公司及中国东方电气集团有限公司等多家国内企业研发的热水储能技术在电力系统调峰、工业生产和新能源消纳等领域得到了应用。

2.1.2　热水储能系统结构

1. 典型的热水储能系统构成

典型的热水储能系统主要由储能罐、加热装置、换热装置及管路系统等组成。图 2-1 所示为太阳能热水储能系统流程示意图，其主要工作流程为：储能罐内低温水由底部出口流出，在水泵输送作用下经太阳能集热器加热，随后高温水从储能罐上部流入罐内。当用户需要时，高温水从储能罐上部流出供用户使用。

图 2-2 所示为热电厂热水储能系统流程示意图，其主要工作流程为：当机组供热蒸

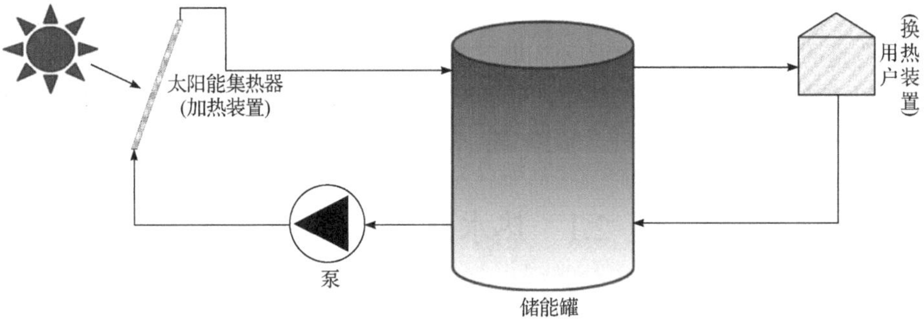

图 2-1　太阳能热水储能系统流程示意图

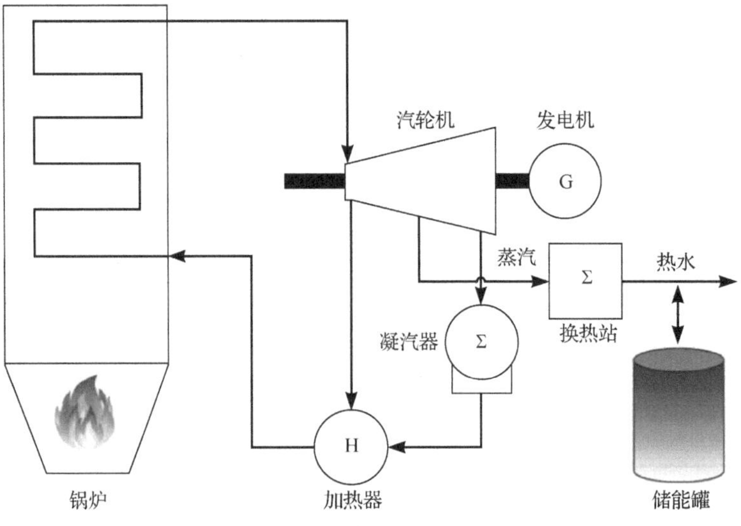

图 2-2　热电厂热水储能系统流程示意图

汽过剩时，将多余热能以热水形式存储于储能罐，当电力需求较小时，减小锅炉和汽轮机出力，由储能罐补充供热不足部分，当电力需求较大时，增加锅炉出力，减少汽轮机对外供热，增强电厂的顶负荷能力，供热不足部分由储能罐补充。

2. 热水储能罐

1) 储能罐基本结构与工作流程

储能罐通常采用钢板焊接或钢筋混凝土结构，储能罐上/下部分别设置布水器，将热水和冷水分别均匀缓慢地引入罐体上/下部，热水和冷水以斜温层为分界。常见的储能罐形状有圆柱形、方形、球形和圆台形等。通常而言，储能罐设计为圆柱形立式钢罐，其体积与高度由供能需求确定，并对罐体进行隔热保温。

储能罐内冷热水分布如图 2-3 所示，其工作流程实质是储热-放热过程。在用户热负荷需求较低时，即热源产热量大于用户用热量，将多余热量存储至储能罐，此时热水从上部进入罐内，冷水从下部排出，斜温层向下移动；在用户热负荷需求较高时，即用户用热量大于热源产热量，储能罐放热，热水从上部排出，冷水从下部进入，斜温层向上移动。储能罐工作时，应保证其进、出水流量平衡，并在冷、热水液位上下变化时保持斜温层稳定。此外，储能罐液面上方通常置入蒸汽或氮气，保持微正压，使储能罐内的水与空气隔离，避免储能罐中的水受到污染并影响循环水的水质。

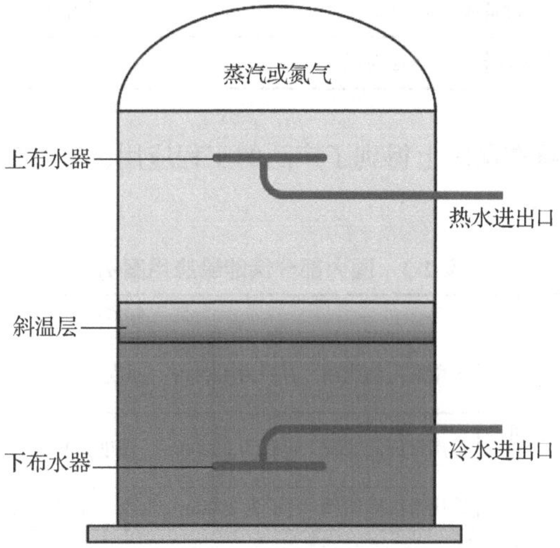

图 2-3　储能罐内冷热水分布示意图

2) 布水器

布水器是储能罐的重要部件之一，安装在储能罐的上/下部，如图 2-3 所示，其作用是将热水和冷水均匀、缓慢、尽量小扰动地引入储能罐内部，形成稳定的斜温层。良好的布水器结构和适当的安装位置可使热水和冷水平稳地进入储能罐，有效降低水流间的扰动，提高储能性能。布水器结构可分为圆盘形布水器、八角形布水器及 H 形布水器等。其中，圆盘形布水器和八角形布水器一般应用于圆柱形储能罐，H 形布水器应用于方形储能罐。不同结构的布水器示意图如图 2-4 所示。

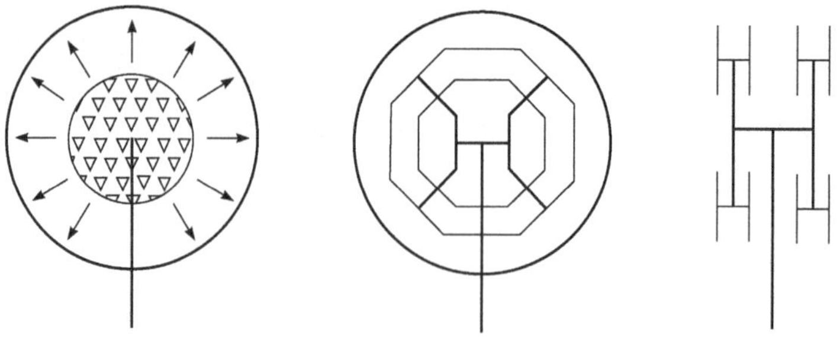

图 2-4　不同结构的布水器示意图

3) 储能罐分类

储能罐可分为常压储能罐和承压储能罐，二者的性能对比如表 2-2 所示。

表 2-2　常压储能罐与承压储能罐的性能对比

项目	常压储能罐	承压储能罐
温度范围	低于 100℃	高于 100℃
典型应用场合	电厂、区域供暖	电厂
功能	供暖，供热水	供暖，供热水，电厂辅助供汽
优点	设备成本相对低	能量密度较高，可对外提供蒸汽
缺点	能量密度较低，占地面积大	需承压容器，设备成本相对较高

以水为介质的储能罐在国际上得到了广泛的工程应用，表 2-3 和表 2-4 分别给出了国内外部分储能罐应用案例。

表 2-3　国内部分储能罐应用案例

序号	项目	储能罐参数
1	广西广投北海发电有限公司灵活性改造项目	采用承压储能罐，容积为 4200m^3，温度为 135℃，直径约为 16m，高度约为 30m
2	华能国际电力股份有限公司丹东电厂热电解耦改造项目	采用常压储能罐，容积为 23200m^3，温度为 98℃，直径约为 32m，高度约为 39.7m
3	吉林省临江市委党校供暖项目	采用常压储能罐，容积为 2000m^3，温度不超过 90℃，直径约为 22m，高度约为 7.2m
4	吉林省白山市 24 万 kW 高压电极锅炉蓄热调峰供暖项目	采用常压储能罐，容积为 10000m^3

表 2-4　国外部分储能罐应用案例

序号	项目	储能罐参数
1	德国腓特烈港太阳能跨季节储热项目	储能罐容积约为 12000m^3，直径约为 32m，高度约为 20m
2	美国得克萨斯大学医学部储能罐项目	储能罐容积约为 7800m^3，直径约为 19.8m，高度约为 26.5m
3	美国北卡罗来纳州罗利市储能罐项目	储能罐容积约为 10200m^3
4	美国加利福尼亚州圣安东尼奥山学院储能罐项目	储能罐容积约为 7500m^3，直径约为 32.6m，高度约为 9.1m

3. 储热蓄冷一体化系统

对于同时有冷热负荷需求的地区，可充分地利用储能罐，将蓄冷与储热过程相结合。储热蓄冷一体化系统示意图如图 2-5 所示，冬季可利用夜间低谷电(或其他富余电力)驱动电极锅炉等热源预先加热循环水，通过储能罐储热，用于白天用电高峰期供热；夏季可利用夜间低谷电(或其他富余电力)驱动冷水机组等冷源制取低温冷冻水，通过储能罐蓄冷，用于白天用电高峰期供冷。

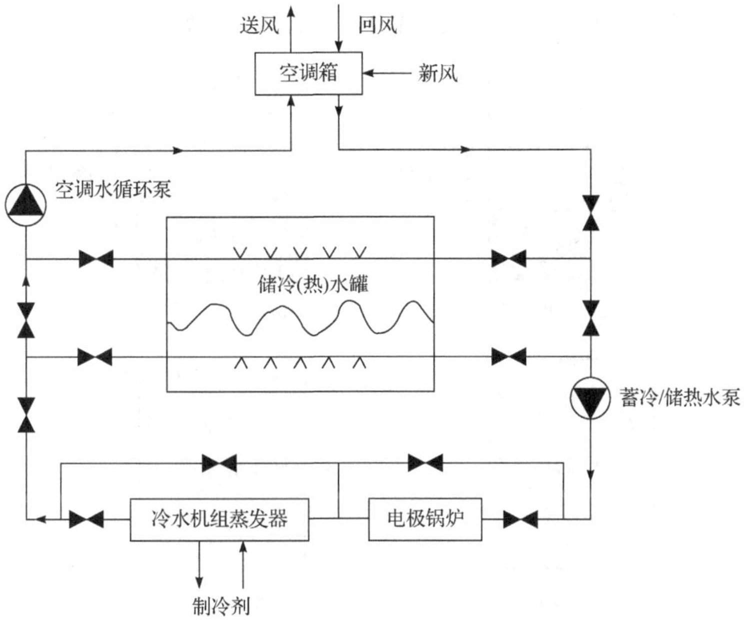

图 2-5　储热蓄冷一体化系统示意图

结合电极锅炉、水/冰蓄冷等储能技术，国内多个冷热双储系统已在工业园区、会议中心、酒店和医院等多种应用场景投运。表 2-5 所示为国内部分储热蓄冷一体化系统的具体应用案例。

表 2-5　国内部分储热蓄冷一体化系统的应用案例

序号	项目	性能参数
1	乌鲁木齐高铁片区双蓄电能替代示范项目(一期)	采用电极锅炉、储能罐等设备，冬季储热、夏季蓄冷，可以满足 43 万 m^2 供暖及 10 万 m^2 制冷需求
2	天津卓朗科技园数据中心蓄冷蓄热电能替代项目	总装机容量约为 5MW，储能容量达 600m^3，夏季以冷水机组制冷，冬季以电极锅炉供暖
3	东杰北京产业创新基地空气源热泵冷热双蓄项目	选择超低温储能型空气源热泵，储能罐体积约为 120m^3。利用夜间低谷电储热蓄冷，在白天用电高峰阶段按需释放能量，实现供热或制冷
4	雄安市民服务中心综合能源项目	采用“浅层地温能+再生水源+储能水池冷热双蓄”技术，设置 1500m^3 储能水池。冷热双蓄系统设计容量为制热 1885kW，制冷 1885kW
5	长春居然世界里冷热双蓄能源站工程	采用电极锅炉储热、高压冷机蓄冷的冷热双储系统，总采暖建筑面积约为 35 万 m^2，储能罐体积约为 5000m^3

2.1.3 性能评价指标及影响因素

1. 性能评价指标

1) 斜温层厚度

斜温层厚度是评价储能罐性能的核心指标。图 2-6 所示为不同斜温层厚度下储能罐温度分布特性示意图，其中图 2-6(c)和(d)分别为两种极端温度分层情况，图 2-6(c)为无温度分层情况，罐内冷热水完全掺混，能量损失最大；图 2-6(d)为理想温度分层情况，罐内冷热水完全分开，斜温层无限薄，能量损失最小，储能效果最好。

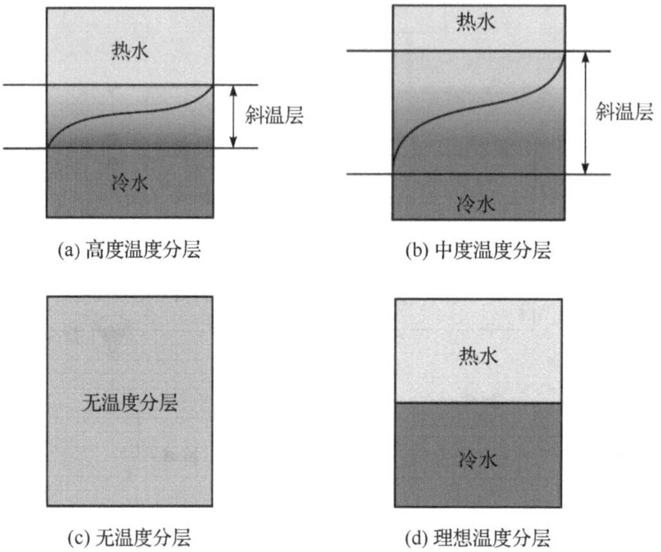

(a) 高度温度分层　(b) 中度温度分层

(c) 无温度分层　(d) 理想温度分层

图 2-6 不同斜温层厚度下储能罐温度分布特性示意图

斜温层厚度可通过无量纲温度值确定，其中无量纲温度(Θ)定义为

$$\Theta = \frac{T_{\mathrm{i}} - T_{\mathrm{c}}}{T_{\mathrm{h}} - T_{\mathrm{c}}} \tag{2-1}$$

式中，T_{i} 为储能罐内某横截面的平均温度，K；T_{h} 为储能罐进口热水温度，K；T_{c} 为罐内初始温度，K。斜温层内 Θ 范围为 0～1，其中斜温层最底部 Θ 为 0，最顶部 Θ 为 1。由于斜温层顶部和底部附近区域温度梯度较小，因此在热水储能相关研究中，通常取 Θ 为 0.15～0.85 区域的厚度为斜温层厚度。

2) 热分层程度

热分层程度评价标准主要包括理查森数(Ri)和分层数(Str)。

Ri 为无量纲数，表征由密度梯度引起的浮力与惯性力之比，即

$$Ri = \left(-\frac{g}{\rho}\frac{\mathrm{d}\rho}{\mathrm{d}y}\right) \Big/ \left(\frac{\mathrm{d}v}{\mathrm{d}y}\right)^2 \tag{2-2}$$

式中，g 为重力加速度，$\mathrm{m/s^2}$；ρ 为流体密度，$\mathrm{kg/m^3}$；v 为特征速度，方向与重力方向垂直，m/s；$\mathrm{d}\rho/\mathrm{d}y$ 和 $\mathrm{d}v/\mathrm{d}y$ 分别为 y 方向(重力反方向)的密度梯度与速度梯度。若 $\mathrm{d}\rho/\mathrm{d}y < 0$，

且其绝对值越大，则浮力越大。热水储能相关研究中，Ri 通常表示为

$$Ri = \frac{g\alpha H_{\mathrm{c}}\Delta T_{\mathrm{t-b}}}{v_{\mathrm{in}}^2} \tag{2-3}$$

式中，α 为水的热膨胀系数，K^{-1}；H_c 为储能罐高度，m；$\Delta T_{t\text{-}b}$ 为储能罐顶部和底部温度之差，K；v_{in} 为储能罐进水速度，m/s。Ri 越小表示储能罐内冷热水掺混越严重，Ri 越大表示储能罐内冷热水分层效果越理想。

Str 表示任意时刻温度梯度平均值与最大温度梯度平均值之比，其值越大表示冷热水分层效果越理想，其值越小表示冷热水掺混严重。Str 可采用分层模型计算，将储能罐容积沿高度方向(y 方向)等分为 M 层控制体积，每层体积高度为 ΔY，则 Str 计算为

$$Str = \frac{\left(\dfrac{\partial T}{\partial y}\right)_t}{\left(\dfrac{\partial T}{\partial y}\right)_{\max}} \tag{2-4}$$

$$\left(\frac{\partial T}{\partial y}\right)_t = \frac{1}{M-1}\left[\sum_{m=1}^{M-1}\left(\frac{T_{m+1}-T_m}{\Delta Y}\right)\right] \tag{2-5}$$

$$\left(\frac{\partial T}{\partial y}\right)_{\max} = \frac{T_{\mathrm{h}}-T_{\mathrm{c}}}{(M-1)\Delta Y} \tag{2-6}$$

3) 储热值

作为一种显热储能技术，热水储能过程中存储热量由介质总质量、定压比热容与储热前后介质温差决定，其定义为

$$Q = mc_p\Delta T \tag{2-7}$$

式中，Q 为存储热量，J；m 为质量，kg；c_p 为定压比热容，J/(kg·K)；ΔT 为温差，K。

4) 烟效率

烟效率反映了储能罐实际温度分层下储热性能与理想温度分层下储热性能的偏差程度，当烟效率为 1 时表明储能罐内冷热水无掺混。通过烟效率分析可反映储能罐内冷热水的掺混程度，判断罐内实际可利用的热水容量。烟效率定义为

$$\tau = \frac{E_{\mathrm{x,a}}}{E_{\mathrm{x,i}}} \tag{2-8}$$

式中，τ 为烟效率，%；$E_{x,a}$ 和 $E_{x,i}$ 分别为储能罐实际烟值和理想分层情况下的烟值，J。为获得储能罐烟效率，可采用分层模型，将储能罐容积划分为 M 层控制体积，根据每一层控制体积内的平均温度计算烟值，从而获得整体烟值。

2. 性能影响因素

1) 布水器结构

布水器的结构设计(布水器形式、布水器开孔直径、开孔数量和开孔样式等)和安装位

置会影响冷热水进入储能罐的流动状态，进而影响斜温层厚度。例如，在流量和开孔直径一定时，布水器的开孔个数会影响进口水流速度；在流量和开孔个数一定时，布水器开孔直径的大小也会影响进口水流速度。

布水器设计过程中需遵循已有的经验与公式，其中重要参数包括弗劳德数(*Fr*)和雷诺数(*Re*)。*Fr* 为无量纲数，表征惯性力与重力之比，即

$$Fr = \frac{v}{\sqrt{gL}} \tag{2-9}$$

式中，L 为特征长度，m。热水储能相关研究中，*Fr* 通常表示为

$$Fr = \frac{\overline{G}}{\sqrt{gh^3 \frac{\Delta\rho}{\rho_a}}} \tag{2-10}$$

式中，$\overline{G}$ 为布水器单位长度的体积流量，$m^3/(m \cdot s)$；h 为布水器开孔距离罐顶或罐底的最小距离，m；$\Delta\rho$ 为布水器水流密度与罐内预存水密度之差，kg/m^3；ρ_a 为罐内预存水密度，kg/m^3。当 $Fr \leqslant 1$ 时，布水器出口水流惯性力较小，储能罐内冷热水掺混程度较轻；当 $Fr > 1$ 时，惯性力较大，将引发较大的冷热水掺混。因此在设计布水器时，应将 *Fr* 值控制在 1 以下。

Re 为无量纲数，表征惯性力与黏滞力之比，即

$$Re = \frac{vL}{\zeta} \tag{2-11}$$

式中，ζ 为水的运动黏性系数，m^2/s。布水器 *Re* 对斜温层形成之后的流体掺混程度影响较大，其值应保持在较低范围内。

2) 储能罐形状

储能罐形状对罐内冷热水温度分层过程影响较大，其设计不合理可能导致罐内出现水流死区，使储能性能下降。对于常用的圆柱形储能罐，高径比是决定其形状的重要因素，当储能罐体积一定时，高径比的增大表明罐体由扁平变为瘦高，影响罐体表面积、截面流速及冷热水之间的热交换，最终影响储能罐的性能。

3) 其他因素

(1) 储能罐保温(冷)性能。保温(冷)性能是影响基于斜温层原理的储能罐性能的关键因素之一，其通过影响外界环境与罐体的热交换来影响储能性能。使用不同的隔热材料会影响储能罐与外界环境的能量传递特性。

(2) 储能罐进出口条件。进出口位置与罐体顶部和底部的距离，进出口形式(如冲击进口、直接进口和孔板进口等)，以及进出口水温差均会影响冷热水分层效果。

熔盐储能原理与系统

2.2　熔盐储能系统

2.2.1　熔盐储能概述

熔盐(molten salt)是盐的熔融态液体，一般情况下熔盐是指无机盐的熔融体，熔盐的常用组分包括 $NaNO_3$、KNO_3、$Ca(NO_3)_2$、$NaNO_2$、Na_2CO_3、K_2CO_3、NaCl、KCl 等。常温

下熔盐呈固态粉末状，在温度达到熔点以后逐渐变为液态，在完全变为液态后具有流体的一般性质。单一组分的无机盐熔点相对较高且分解温度较低，所以“熔盐”在储能领域一般都指混合盐，组分可以是二元、三元、四元或者更多元组分，形成共熔物，产生混合后熔点(凝固点)降低的共熔现象。混合熔盐是一种优良的储热介质，具有使用温度高、热稳定性好、运动黏度低、饱和蒸汽压低等优点。

熔盐的应用研究起源于 20 世纪 40～50 年代，美国橡树岭国家实验室提出了在核动力飞机和核反应堆中使用熔盐传热冷却的概念。60～90 年代，美国、西班牙等国家逐渐开始发展光热发电技术，熔盐储能技术研究逐渐得到关注。90 年代，美国加利福尼亚州 Solar Two 光热电站首次配备了熔盐储能系统，为熔盐在光热发电领域的应用奠定了基础。2008 年，欧洲首座配置熔盐储能的商业化槽式光热电站西班牙 Andasol 1 号电站投运，其装机容量为 50MW，配置了 7.5h 熔盐储能系统。2016 年，国内青海德令哈 10MW 光热电站经熔盐储能技术改造后投运，成为我国首座成功投运的规模化储能光热电站，也是全球第三座投运的具备规模化储能的塔式光热电站。随后国内青海、新疆、甘肃等地陆续建设了光热与熔盐储能相结合的新能源发电系统。除在光热发电领域广泛应用外，熔盐储能也在供热、工业生产及火电机组灵活改造等领域发挥重要作用。表 2-6 所示为国内部分熔盐储能应用案例。

表 2-6　国内部分熔盐储能应用案例

序号	项目	地点
1	首航高科敦煌 100MW 熔盐塔式光热电站	甘肃省敦煌市
2	中控德令哈 50MW 塔式熔盐光热电站	青海省海西蒙古族藏族自治州德令哈市
3	中电哈密 50MW 熔盐塔式光热电站	新疆维吾尔自治区哈密市伊吾县
4	中电建青海共和 50MW 熔盐塔式光热电站	青海省海南藏族自治州共和县
5	鲁能海西州 50MW 熔盐塔式光热电站	青海省海西蒙古族藏族自治州格尔木市
6	辽河油田电热熔盐储能注汽试验站项目(15MW)	辽宁省盘锦市
7	国信靖江发电厂基于熔盐储热的调频调峰安全供热项目	江苏省靖江市
8	绍兴绿电熔盐储能项目	浙江省绍兴市
9	华能海门电厂 4×1000MW 煤电机组基于熔盐储热的调频调峰安全供热综合项目	广东省汕头市

目前应用范围最广的熔盐是太阳盐(solar salt)(60% $NaNO_3$+40% KNO_3，wt%)，该熔盐的熔点约 220℃，最高使用温度约 585℃，在长期使用过程中表现出了优异的稳定性。另一种是希特斯盐(hitec salt)(7% $NaNO_3$+53% KNO_3+40% $NaNO_2$，wt%)，希特斯盐的熔点相对较低，约为 142℃，最高使用温度约为 450℃，但工程应用中发现 $NaNO_2$ 存在缓慢氧化分解的现象。为解决 $NaNO_2$ 的分解问题，衍生出了一种新型低熔点三元盐 HitecXL(45% KNO_3+7% $NaNO_3$+48% $Ca(NO_3)_2$，wt%)，熔点约为 120℃，最高使用温度为 480～505℃。

与抽水蓄能、电化学储能等主流储能技术相比，熔盐储能技术常使用的硝酸盐极为常见，且熔盐储热、放热过程均为纯物理过程，相对电化学储能较为安全稳定，系统运行过程中几乎无材料损耗与性能衰减，使用寿命较长。然而，在储能系统利用率较低时，为使熔盐保持液态，需增设电伴热系统防止熔盐凝固，且加热或放热不均匀会导致各处熔盐温度不一致，同时在系统长期使用过程中高温熔盐会腐蚀金属材料，因此对设备管路密封性与防腐性具有一定要求。

2.2.2　熔盐储能技术原理

熔盐储能是利用熔盐在升温和降温过程中的温差实现热能存储和释放的显热储能技术，在整个工作温度范围内，熔盐始终保持液态。熔盐储能主要分为储热和放热两个过程，储热过程是利用低谷电、富余电力、工业余热或新能源电力等加热熔盐，将不同形式的能量转化为熔盐的热能；放热过程是利用高温熔盐在换热系统中与水等介质换热，供用户使用。熔盐储能系统主要分为单罐系统与双罐系统。

1. 单罐系统

图 2-7 所示为应用于供热领域的单罐熔盐储能系统流程图。该系统的工作流程为：熔盐罐内低温熔盐经熔盐泵进入熔盐电加热器，经电加热后返回至熔盐罐存储。在放热过程中，高温熔盐经熔盐泵进入一体式换热系统与水换热，加热后的循环水为用户供热，冷却后的熔盐再次回到熔盐罐，完成放热循环，同时循环水放热后经循环水泵再次进入换热系统吸收熔盐热量。单罐系统结构简单，适用于小面积生活供热等领域，但熔盐罐内存在斜温层，导致储热性能下降，且上下层流体之间温差、流速等运行控制难度较大。

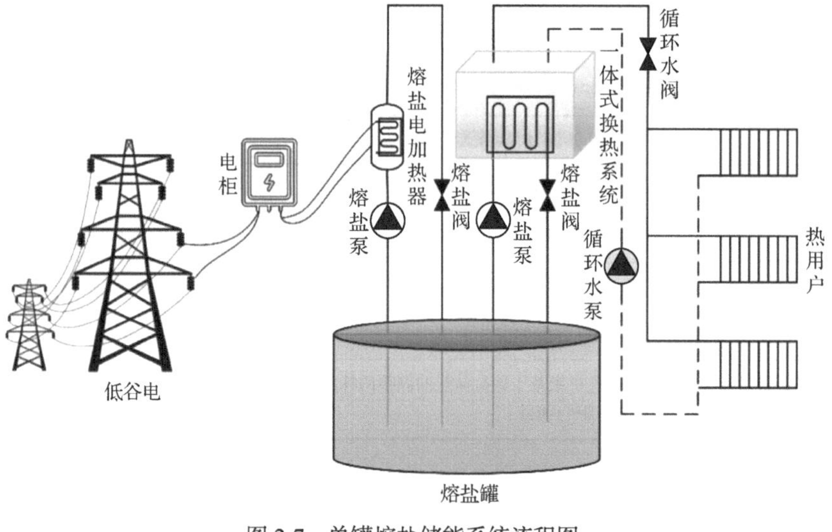

图 2-7　单罐熔盐储能系统流程图

2. 双罐系统

图 2-8 所示为应用于供热领域的双罐熔盐储能系统流程图，包含高温熔盐罐与低温熔盐罐。该系统的工作流程为：低温熔盐罐内的熔盐经电加热后送至高温熔盐罐。高温熔盐在蒸汽发生器内放热后返回至低温熔盐罐，蒸汽发生器内产生的蒸汽在换热器内加热循环水为用户供热。冷热双罐分离可避免斜温层问题，但系统较为复杂。

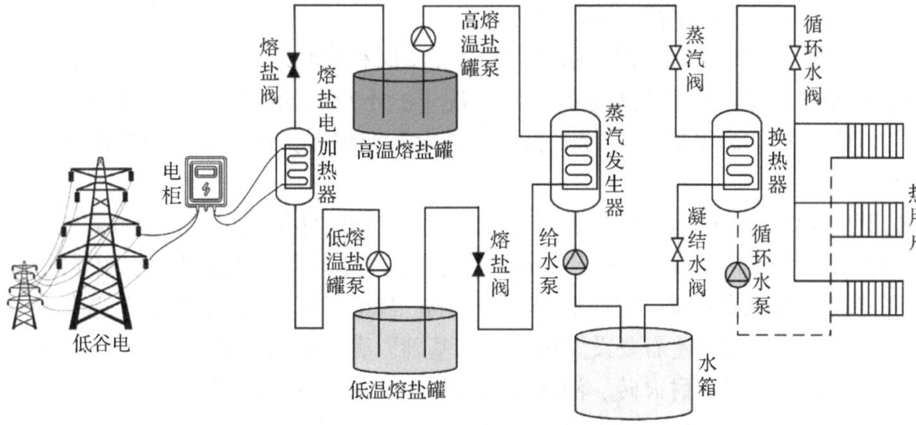

图 2-8　双罐熔盐储能系统流程图

在双罐系统上也可进一步增加储罐数量，形成多罐系统以增大储热量。例如，中电哈密 50MW 熔盐塔式光热电站使用了双热罐、一冷罐的系统配置，提高了机组的可靠性和灵活性。

2.2.3　熔盐储能系统的组成及特点

典型的熔盐储能系统由熔盐罐、熔盐泵、熔盐-水(汽)换热器、熔盐加热器、熔盐阀、疏盐系统和电伴热系统等主要设备组成。

1. 熔盐罐

熔盐罐是熔盐储能系统中的关键设备，其设计、选材、防腐、保温、地基、预热和注盐等环节决定了熔盐罐的安全性和使用寿命。

当前，国内外没有专门的熔盐罐设计标准。熔盐罐的设计一般参照现有的压力容器或储油罐设计规范，如美国标准《钢制焊接油罐》(API 650—2020)、《锅炉及压力容器规范》(ASME Ⅷ—2021)和我国的标准《立式圆筒形钢制焊接油罐设计规范》(GB 50341—2014)。熔盐罐内设置熔盐布液环，保障熔盐通过管道抵达罐底并均匀进入熔盐罐内。熔盐罐罐壁接管开孔、焊缝无损检测、严密性试验及充水试验应符合《立式圆筒形钢制焊接储罐施工规范》(GB 50128—2014)的规定，外表面防锈喷涂按《涂覆涂料前钢材表面处理 表面清洁度的目视评定　第 1 部分：未涂覆过的钢材表面和全面清除原有涂层后的钢材表面的锈蚀等级和处理等级》(GB/T 8923.1—2011)执行。

在使用太阳盐的场景中，高温熔盐罐使用温度为 565℃左右，罐体材料通常选择低碳奥氏体不锈钢，如 304/316/347 系列。低温熔盐罐使用温度为 290℃左右，罐体材料通常选择碳钢，如 Q345 系列。在使用希特斯盐的场景中，高温熔盐罐使用温度不超过 420℃，低温熔盐罐使用温度为 200℃左右，二者均可选用碳钢材料。由于目前尚无适用于光热电站熔盐罐设计的规程规范，因此光热电站熔盐罐设计普遍参考 API 650 标准。

考虑到熔盐罐沿高度方向由不同厚度的钢板组成，且不同部位冷热态的膨胀量也不同，因此需对熔盐罐壁厚进行精细化设计。熔盐罐局部的精细化设计可以通过有限元计算，对应力超标的局部区域进行加强，确保熔盐罐的安全性。另外，还应充分考虑熔盐对储罐金属材质的腐蚀特性，并保留一定的腐蚀裕量。

熔盐罐的保温系统分为罐顶保温层、罐壁保温层和罐底绝热基础。熔盐罐保温系统设计一般应满足以下要求：①低温罐在设计工况下，不投入加热器，保温设计应使温度损失小于 2.0℃/天；②高温罐在设计工况下，不投入加热器，保温设计应使温度损失小于5.0℃/天。

熔盐储能系统运行过程中熔盐罐内部温度较高，同时体量巨大，会导致罐底一定深度范围内的土壤处于较高温度。作为熔盐罐的持力层，过高的温度会使其产生明显的热效应，使得基底持力层的承载力和稳定性受到较大影响。因此，高/低温熔盐罐的地基材料不仅需要满足储罐承重的要求，还需要设置罐底绝热基础以满足隔热要求。通常，地基保温材料自上而下依次为砂垫层、耐火砖、泡沫玻璃和耐热混凝土等，如图 2-9 所示。此外，大型熔盐罐一般还需在罐底绝热基础埋设冷却管道，防止下部温度过高。

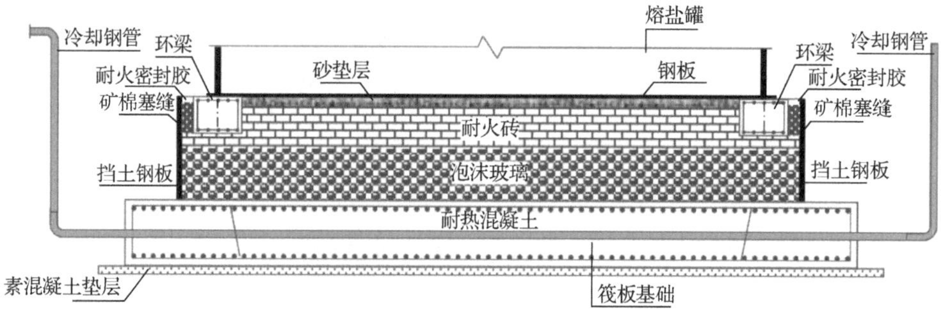

图 2-9　熔盐罐基础示意图

由于熔盐罐体积较大且罐壁较薄，若直接注入高温熔盐，产生的热冲击和热应力可能会对罐体造成损坏，影响储罐寿命。因此，在熔盐储能系统初次启动或长时间停运后重新启动前，需将熔盐罐预热到较高温度，减小注入熔盐时产生的热应力。目前，通常使用外部燃料燃烧产生的燃气和空气混合形成预热气体通入储罐预热，在储罐顶部靠近边缘位置设置预热气体喷嘴，通过高温气体在储罐内形成热空气环流实现对储罐的持续加热。图 2-10 所示为某熔盐储罐的预热气体控制曲线。根据储罐允许的最高温升速率和最大许用温差确定预热过程的时间和温度，获得安全、可靠的储罐预热和注盐策略。

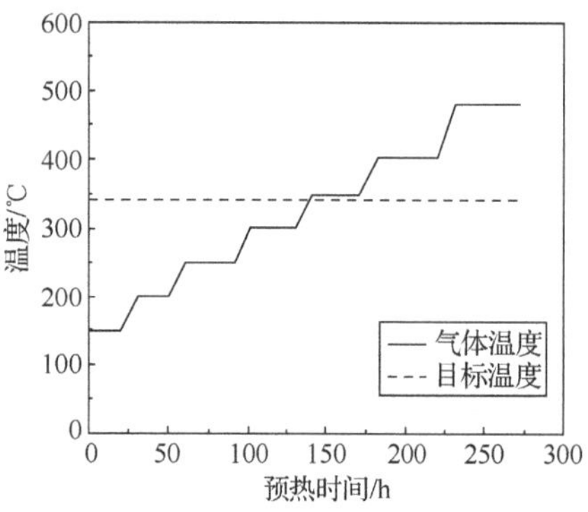

图 2-10　某熔盐储罐的预热气体控制曲线

2. 熔盐泵

熔盐泵是一种液下长轴泵，作为熔盐储能系统的主循环泵，用于输送高温熔盐。与传统的水泵相比，熔盐泵流量大，扬程高，液下深度较长(超过16m)，耐受温度高(400～700℃)。熔盐泵的稳定性与可靠性是保证储能系统安全运行的关键，因此熔盐泵需满足高稳定性、高安全性、高水力性能和高轴封系统可靠性。

熔盐泵一般安装在熔盐罐顶部，采用立式单级或多级悬吊泵。国外熔盐泵品牌主要有福斯、安赛法-磨锐和克莱德等，表 2-7 所示为国外部分熔盐泵的技术参数特性。

表 2-7　国外部分熔盐泵的技术参数特性

制造商	技术参数
美国福斯(FLOWSERVE)泵公司	流量≤13600m³/h、扬程≤530m、最大运行压力≤10MPa、运行温度≤600℃、最大长度≤20m
法国安赛法-磨锐(ENSIVAL-MORET)集团	流量≤10000m³/h、扬程≤ 350m、最大运行压力≤5MPa、运行温度≤600℃、最大长度≤16m
英国克莱德联合泵业(CLYDEUNION PUMPS)	流量≤8000m³/h、扬程≤350m、最大运行压力为 7MPa、运行温度为 650℃、最大长度为 20m

与国外老牌厂商生产的熔盐泵相比，国产熔盐泵的流量较小、扬程较低、泵轴长度较小、运行温度较低。但随着光热发电技术在国内的快速发展，国产熔盐泵在光热电站中也有部分应用。例如，中电哈密 50MW 熔盐塔式光热电站中冷盐泵的备用泵采用了国产设备，其设计流量为 930m³/h、扬程为 337m，投运后泵出口压力为 6.1MPa，且泵轴承的振动较小，可满足多种工况的使用要求。

3. 熔盐-水(汽)换热器

熔盐-水(汽)换热器是指熔盐与水(汽)进行热交换的设备。换热器本身是一种常见的、成熟的工业过程设备，但高温熔盐的物性特点及光热电站运行工况的特殊性对熔盐换热器特性提出了新要求。

20 世纪 80 年代，美国能源局牵头开展了第一个商业太阳能聚热发电电站的研究。该项目利用低温(290℃)熔盐吸热，得到高温(565℃)熔盐并存储在大型高温熔盐罐中，通过换热器实现熔盐和水介质之间的换热，得到 540℃的过热蒸汽，推动汽轮机发电，该系统的流程示意图如图 2-11 所示。系统中采用的熔盐换热器分为 3 级：预热器(将水预热至饱和

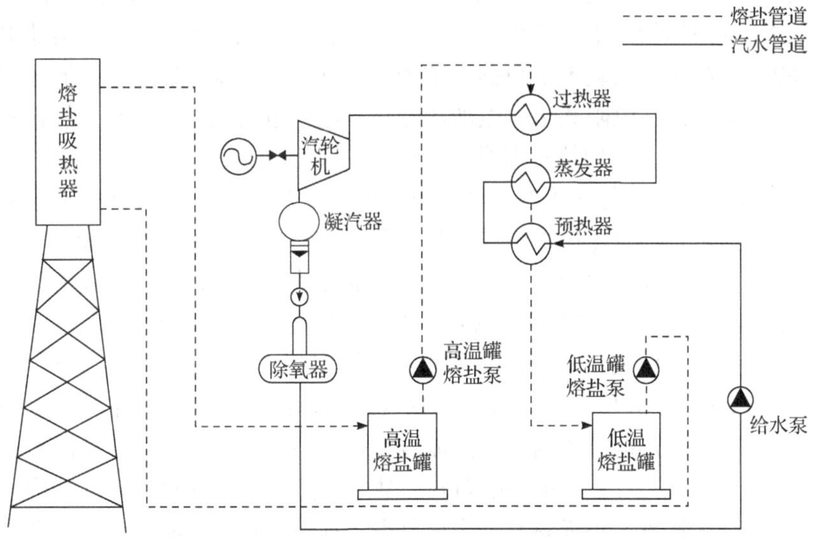

图 2-11　塔式光热电站系统流程示意图

温度)、蒸发器(将饱和水转化为饱和蒸汽)和过热器(加热饱和蒸汽至过热蒸汽)。

在现代光热电站系统中，预热器一般选用带壳侧大隔板的双壳程U形管换热器。蒸发器常选用带汽包型，且汽包高位布置。在汽水密度差作用下，下降管、蒸发器、引出管及汽包之间形成自然循环，无须强制循环泵即可实现系统的可靠运行，给水过冷度不高时，也可将预热器和蒸发器合并设计。过热器熔盐进出口温差大，宜选用发夹式换热器，其结构如图2-12所示。发夹式换热器采用U形壳体和U形换热管，不同于普通U形管换热器，发夹式换热器将管程进出口分隔开，并分别设置管板，避免管板两侧热应力过大，同时可实现冷热流体的逆流换热。此外，现代光热电站中通常包含再热器，用于加热高压汽轮机排汽，进入低压汽轮机继续做功，与过热器相似，再热器也常选用发夹式换热器。

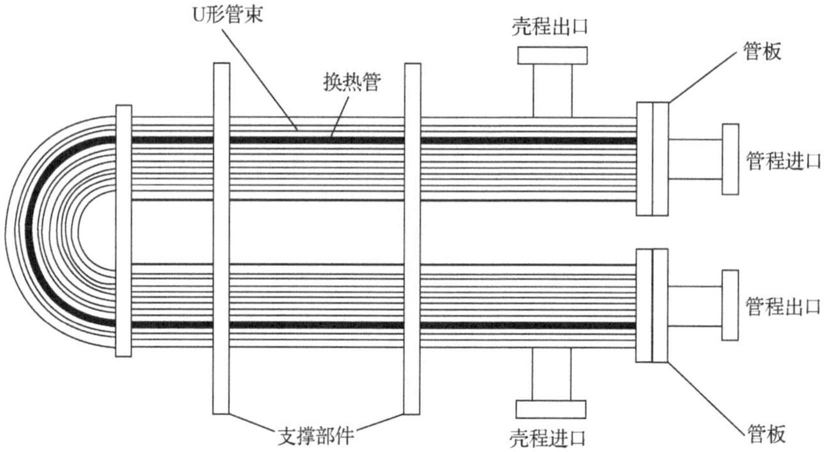

图2-12　发夹式换热器结构示意图

4. 熔盐加热器

熔盐加热可使用蒸汽、高温工质或电加热等方式，在光热电站领域，电加热器应用较为广泛。熔盐电加热器依据电压等级可分为低电压和高电压等级，低电压熔盐电加热器通常为380～690V，高电压熔盐电加热器通常为6～10kV。熔盐电加热器依据原理可分为电阻式、电极式和感应式。电阻式熔盐电加热器是靠电热电阻元件与熔盐直接接触加热，电热电阻元件有电加热丝、电加热管等形式；电极式熔盐电加热器是利用熔盐的导电性，在电极间通电使熔盐自身产生焦耳热，可避免电阻式加热过程中电加热管超温和腐蚀的问题；感应式熔盐电加热器基于电磁感应加热，通过在熔盐管道上缠绕线圈，对线圈输入交变电流激发感应电流，在管道上产生焦耳热用于加热管道内熔盐。感应式熔盐电加热器加热速度快，加热温度易控制，能够避免电阻式加热过程中电阻丝烧断的问题。

本节以应用较为广泛的690V熔盐电加热器为例进行介绍。690V熔盐电加热器多采用电阻式加热原理，一般为卧式管壳式，结构示意图如图2-13所示，主要由电加热管、壳体和折流板组成。电加热器腔体内采用折流板增强传热性能，内部熔盐沿折流板以S形流经电加热管被加热。图2-14所示为电阻式熔盐电加热器的电加热管内部结构示意图，由内到外依次是合金电阻丝、填充材料和金属外壁。加热过程中电阻丝通电产热，热量从内到外传递给熔盐，电阻丝材料通常采用镍铬合金；填充材料应使用在高温下绝缘性良好的材料，如高温高压陶瓷或氧化镁；最外层金属外壁可采用不锈钢材料。表 2-8 所示为某型电阻式熔盐电加热器技术规范。

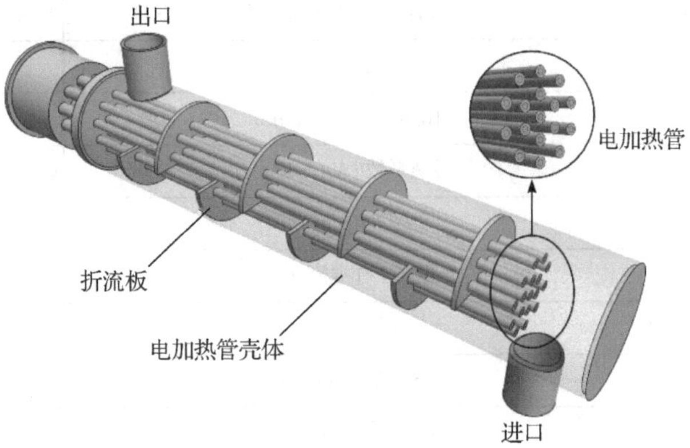

图 2-13　电阻式熔盐电加热器结构示意图

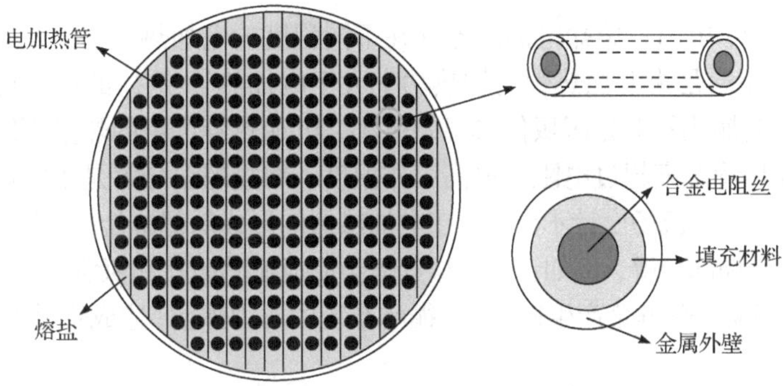

图 2-14　电加热管内部结构示意图

表 2-8　某型电阻式熔盐电加热器技术规范

项目	主要参数	数值
电加热器	额定功率/MW	10
	进口熔盐温度/℃	190
	出口熔盐温度/℃	384
壳体	直径/mm	988
	长度/m	12
	U 形电加热管数量/根	390
电阻丝 (Ni80Cr20)	最高工作温度/℃	1200
	直径/mm	1
	比热容/(kJ/(kg·K))	0.46
	导热系数/(W/(m·K))	15
	密度/(g/cm^3)	8.14

续表

项目	主要参数	数值
填充材料 (氧化镁 22SR)	最高工作温度/℃	1200
	厚度/mm	3
	比热容/(kJ/(kg·K))	0.875
	导热系数/(W/(m·K))	19.1
	密度/(g/cm^3)	3.58
金属外壁 (S32168)	最高工作温度/℃	1400
	厚度/mm	2.75
	比热容/(kJ/(kg·K))	0.50
	导热系数/(W/(m·K))	22.20
	密度/(g/cm^3)	8.03

在实际应用中，电阻式熔盐电加热器存在不同程度的电加热管超温及熔盐超温分解的问题。电加热管超温是指电加热管的加热功率大于电加热管-熔盐的换热功率，或流场设计不合理，导致电加热器部分区域传热温差过小，电加热管产生的热量不能及时传递到熔盐侧，导致电加热管温度超过电阻丝最高工作温度。熔盐超温分解是指电加热管表面温度超过熔盐分解温度，或流场设计不合理，在电加热器内形成局部熔盐高温区，导致熔盐温度超过分解点，熔盐局部分解，例如，太阳盐分解会形成亚硝酸盐和氮氧化物，加快设备腐蚀并污染环境；希特斯盐分解会产生氮气，使循环系统中压力骤增，造成管道破裂穿孔等事故。

5. 熔盐阀

常规熔盐阀的类型包括控制阀(调节阀)、蝶阀、截止阀、球阀、闸阀和安全阀等。熔盐阀门的选型往往需要考虑工况的要求，如阀门的功能、工况的设计温度和设计压力、管道安装空间等。

熔盐阀要在复杂工况下正常运行，并确保整个系统运行的安全性和可靠性，需要避免阀门泄漏、介质滞留、启闭卡涩及腐蚀等问题，因此对高温熔盐阀的质量提出了较高要求。

(1) 针对熔盐介质具有较强的腐蚀性和高温工况，阀门材料的选择需要满足耐高温要求，并具备相应的耐腐蚀性能。

(2) 因工况长期处于高温和常温的交替变换，阀门所有的外泄漏点密封件需要考虑耐高温性能，所需的紧固件应采用重型碟簧预紧，确保阀门正常使用。

(3) 针对熔盐介质的毒性，阀杆位置多采用波纹管密封，需要满足阀杆密封处的低泄漏要求，确保阀门的运行安全性和可靠性。

(4) 熔盐为高温熔融态，阀门的密封件选择至关重要，常规高温阀门一般采用石墨材料作为密封件，但熔盐介质易与石墨产生氧化反应而造成密封点泄漏，因此阀门密封材料应选用非石墨类密封件。

(5) 熔盐作为传热工质，在系统中需保持必要的流动性，因此应选择流通阻力小的阀门，防止因结构原因存在死角。

(6) 为解决熔盐介质容易凝固及冻堵管路的问题，阀门密封面应具有足够的硬度，防止结晶状态的熔盐对密封面造成损害。通常情况下阀门采用保温夹套处理，应针对阀门结构提供全套的伴热系统，保证阀门的使用稳定性和使用寿命。

(7) 阀门的启闭件应采用耐高温、耐腐蚀和高力学性能的合金材料，当阀门工况异常时，启闭件不会受工况影响发生弯曲、扭曲和断裂等现象，造成阀门无法启闭或不可挽回的损坏。

(8) 熔盐阀的伴热系统、传感器及智能控制系统应具备足够高的灵敏检测性能和及时反馈功能。当阀门运行参数偏离设定数值或阀门工作异常时，控制系统能及时接收传感器测量的数据，并根据测量的数据发送动作指令，使阀门具备良好的工作状态，保障阀门的正常启闭。

6. 疏盐系统及电伴热系统

熔盐储能系统停运后，需将设备及管路中熔盐排入疏盐罐中，防止熔盐存留于设备与管路中凝结。疏盐系统主要由疏盐管路、疏盐罐、疏盐泵及相应管路、阀门和附件等组成，一般布置在蒸汽发生系统最低位。疏盐系统主要通过合理布置设备和管路位置，利用熔盐自身重力疏盐。将预热器和过热器等倾斜布置，在各设备最低点设置疏盐口，连接疏盐管路至熔盐侧最低点的疏盐总管，引入疏盐罐。疏盐罐内配置相应的配套件以监测疏盐管路安全运行，并配置熔盐泵将系统疏盐送回熔盐罐加以利用。

熔盐储能系统安全运行的核心是防凝，电伴热系统是防凝的重要措施和保障。为了保证熔盐在系统内不发生凝固冻堵的事故，在进盐前需先将涉及熔盐的设备、管件及阀门预热至熔盐凝固点以上。在系统启动阶段，电伴热系统可将空熔盐管道、阀门及设备在一定时间内从最低环境温度条件预热至所需温度；系统运行过程中，电伴热系统可耐温至系统运行的最高温度；系统停运但不疏盐时，电伴热系统可维持温度在所需温度范围内。另外，为了安全性考虑，电伴热系统应连接独立可靠的供电系统。

2.3　相变储能系统

相变储能原理与系统

2.3.1　相变储能概述及原理

1. 相变储能概述

相变储能(phase change energy storage, PCES)是一种利用相变材料(phase change material, PCM)在相变过程中吸收和释放潜热的方式来存储和释放热能的储能技术。与热水储能技术相比，相变储能具有更高的能量密度。此外，相变过程可以在几乎恒定的温度下发生，相变材料是理想的温度调节材料，能够提供稳定的温度环境，该特点使得相变储能系统在冷链运输及室温调节等领域得到了广泛应用。

20 世纪初，研究人员发现物质在相变过程中能够吸收或释放大量的热能，这一特性对于能量存储极为有利。然而，限于当时的技术和能源需求状况，针对这一领域的研究进展相对缓慢。直到 20 世纪 80 年代，相变储能技术迎来了研究的转折点。能源危机导致的能源价格飙升促使研究人员寻找更有效的能源使用和存储方法，在此时期，特别是在太阳能收集与存储、建筑能效及工业热管理等领域，对 PCM 的研究逐渐深化。进入 21 世纪，随着全球对清洁能源的关注度逐渐提高，相变储能技术得到了进一步的发展和应用。除了传统的太阳能利用和建筑领域，相变储能技术还被应用于电子产品冷却、食品运输、医药保温等领域。

2. 基本原理

相变过程是指物质在固态、液态和气态之间的转变。其中，液态转变为气态时伴随显著的体积变化，影响相变储能装置的运行稳定性。固-液相变材料具有体积变化小、相变温度范围宽、导热系数和比热容可调等优点，应用更广泛。相变材料从固态到液态(熔化)伴随着能量的吸收，从液态到固态(凝固)伴随着能量的释放。相变过程中分子的动能和振动状态发生变化。熔化过程分子吸收能量，动能增加，振动增强，导致分子间距增大；凝固过程分子释放能量，动能减小，振动减弱，分子间距减小。相变过程中材料内部分子排列特性示意图如图 2-15 所示。

在相变过程中，相变材料能够在几乎恒定的温度下吸收或释放大量的热能，如图 2-16 所示。相变材料首先吸收显热并升温至熔点，材料开始相变。理想状态下，相变过程中材料的温度保持不变，并吸收熔化潜热从固态逐渐转变为液态。随后，相变材料进一步吸收显热，温度逐渐升高。实际物理过程中，由于相变材料加工过程的工艺不同，相变温度在某个较小的区间内发生变化，此时相变材料的熔化和凝固温度不同。

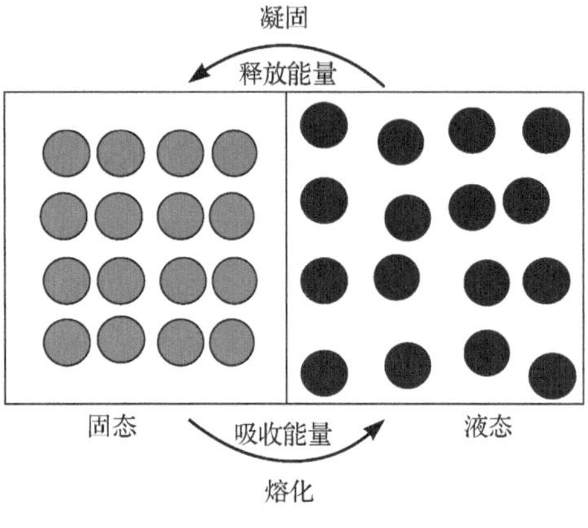

图 2-15　相变材料内部分子排列特性示意图

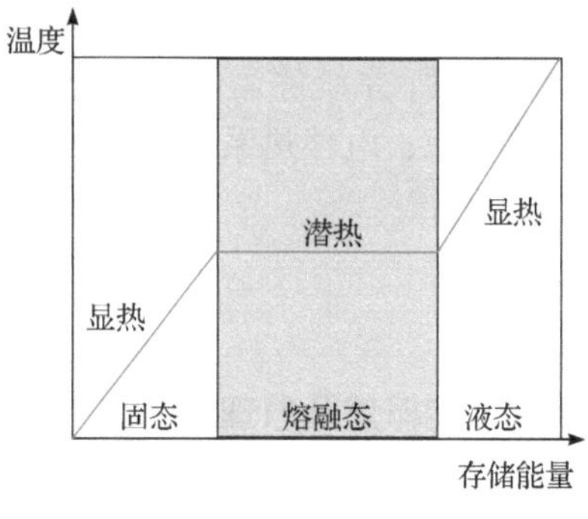

图 2-16　相变材料固液相变过程温度随存储能量的变化

3. 性能评价

物质在相变过程中存储和释放的热能称为相变潜热。相变潜热分为熔化潜热和凝固潜热。在相变过程中，物质的温度理论上保持恒定。相变材料在相变过程中的潜热计算如式(2-12)所示：

$$L_x = \frac{Q_x}{m} \tag{2-12}$$

式中，L_x 为物质相变过程中的潜热，J/kg；Q_x 为物质相变过程中吸收或释放的总能量，J；m 为物质的总质量，kg。

除相变潜热外，平均储能速率也是相变储能系统的重要性能评价指标。相变储能系统的平均储能速率是指单位时间内存储的总能量，即

$$v_Q = \frac{Q_{x,t}}{t} \tag{2-13}$$

式中，v_Q 为相变储能系统的平均储能速率，J/s；t 为储能时间，s；$Q_{x,t}$ 为 t 时间内的总储能量，J，由显热和潜热两部分组成，即

$$Q_{x,t} = \begin{cases} \int_{T_{ref}}^{T} c_p \mathrm{d}T, & T < T_s \\ \int_{T_{ref}}^{T_s} c_p \mathrm{d}T + \beta \Delta H_x, & T_s < T < T_l \\ \int_{T_{ref}}^{T_s} c_p \mathrm{d}T + \beta \Delta H_x + \int_{T_l}^{T} c_p \mathrm{d}T, & T > T_l \end{cases} \tag{2-14}$$

式中，T_{ref} 为相变储能系统的初始温度，K；T_s 为相变材料的凝固温度，K；T_l 为相变材料的熔化温度，K，理想情况下，$T_s=T_l$；c_p 为相变材料的定压比热容，J/(kg·K)；β 为相变材料的液相分数；ΔH_x 为液相焓差，J。

2.3.2　常见的相变材料

根据化学性质和相变特性，相变材料主要分为三大类：有机相变材料、无机相变材料和共晶相变材料。每种类型都具有独特的物理和化学特性，不同的相变储能系统需根据特定的应用场景选择适合的相变材料。

1. 有机相变材料

有机相变材料(organic phase change material, OPCM)通常具有较好的化学稳定性、相对较低的毒性和腐蚀性，在相变过程中几乎不出现过冷现象。有机相变材料的相变过程发生在一个平缓的温度范围内，其熔点是一个温度范围，该范围称作“糊状区”。常见的有机相变材料主要是石蜡和脂肪酸，二者具有相似的物理特性，表面均呈现白色，外观柔软且有蜡质。表 2-9 所示为部分有机相变材料的主要物性参数。

表 2-9　部分有机相变材料的主要物性参数

材料	类型	熔点/℃	潜热/(kJ/kg)	比热容/(kJ/(kg·K))	导热系数/(W/(m·K))
正十五烷	石蜡	10	206	—	—
正十六烷	石蜡	20	236	—	0.21(固体)
正十七烷	石蜡	22.6	214	—	—

续表

材料	类型	熔点/℃	潜热/(kJ/kg)	比热容/(kJ/(kg·K))	导热系数/(W/(m·K))
正十八烷	石蜡	29	244	2150(固体) 2180(液体)	0.358(固体) 0.152(液体)
正二十一烷	石蜡	41	294.9	2386(液体)	0.145(液体)
正二十三烷	石蜡	48.4	302.5	2181(液体)	0.124(液体)
正二十四烷	石蜡	51.5	207.7	2924(液体)	0.137(液体)
油酸	脂肪酸	13	75.5	1744(液体)	0.103(液体)
癸酸	脂肪酸	32	153	1950(固体) 1720(液体)	0.153(液体)
月桂酸	脂肪酸	44	178	1760(固体) 2270(液体)	0.147(液体)
棕榈酸	脂肪酸	63.1	185	2200(固体) 2480(液体)	0.162(液体)
硬脂酸	脂肪酸	69.6	202	2830(固体) 2380(液体)	0.172(液体)

(1) 石蜡(paraffin)。石蜡是一种被广泛使用的有机相变材料，具有较大的潜热、良好的热稳定性、价格便宜及可供选择的温度范围广等特点。另外，通过对石蜡材料进行改性，添加金属或非金属纳米颗粒，可改善其物理化学性质，提高储/放热速率。

(2) 脂肪酸(fatty acid)。脂肪酸是另一类常用的有机相变材料，具有良好的热稳定性和适中的相变温度。脂肪酸可用于中温热能存储应用，如太阳能热水器、电池热管理及建筑物节能等领域。

2. 无机相变材料

无机相变材料(inorganic phase change material, IPCM)具有较高的导热系数、良好的热稳定性及较大的温度应用范围，主要分为无机盐、水合盐和液态金属。

(1) 无机盐(inorganic salt)。无机盐是一种典型的无机相变材料，其相变温度范围广，可通过选择不同的盐类和组分来调节复合物的物理化学性质，以满足特定的热能存储需求。常见的无机盐类相变材料有层状钙钛矿、硫酸锂、氟化氢钾等。无机盐相变材料通常具有较高的熔点和良好的化学稳定性，特别适用于高温热能存储领域，如光热电站和工业余热回收系统，主要缺点是其在固态时导热系数较低，限制了热能的快速存储和释放，可通过添加高导热系数的填充物(如金属纤维或碳纳米管)来改善其热传导性能。

(2) 水合盐(hydrated salt)。水合盐通常由无机盐和水分子以固定比例结合形成。这类材料在特定的温度下发生相变，储热或放热时伴随着水分子的结合或释放。该类相变材料具有较高的相变潜热，可通过调整水合物组分来精确控制相变温度和热稳定性。水合盐相变材料广泛应用于中低温热能存储系统，如建筑物温度调节、太阳能热水器和地热能利用等领域。然而，这类材料的应用也面临着诸如相分离、过冷和对储热装置具有腐蚀性等问题。

表 2-10 所示为部分无机盐和水合盐相变材料的主要物性参数。

表 2-10　部分无机盐和水合盐相变材料的主要物性参数

名称	化学式	熔点/℃	潜热/(kJ/kg)	导热系数/(W/(m·K))
硝酸钠	$NaNO_3$	307	172	0.5
硝酸钾	KNO_3	333	266	0.5
硝酸钙	$Ca(NO_3)_2$	560	145	—
氯化镁	$MgCl_2$	714	452	—
氯化钠	NaCl	802	492	5.0
三氯化铝	$AlCl_3$	192	280	—
氯化锌	$ZnCl_2$	280	75	0.5
硫酸钠	Na_2SO_4	884	165	—
硫酸钾	K_2SO_4	1069	212	—
六水氯化镁	$MgCl_2·6H_2O$	117	168.6	0.694(固体) 0.579(液体)
六水氯化钙	$CaCl_2·6H_2O$	29	170～192	1.008(固体) 0.561(液体)
芒硝	$Na_2SO_4·10H_2O$	32	251	0.544

(3) 液态金属(liquid metal)。液态金属相变材料种类繁多，包括金属单质和合金材料，熔点温度范围广，然而其相变潜热较低，不适用于对热能存储密度要求较高的应用场景。这类材料具有极高的导热系数和良好的化学稳定性，能够在极高的温度下保持液态，使其成为理想的热交换介质，但该材料存在成本高、对材料容器腐蚀性强的问题。液态金属相变材料在太阳能集热、核能发电和高温工业过程中的热管理方面具有较好的应用前景。表 2-11 所示为部分金属及合金相变材料的主要物性参数。

表 2-11　部分金属及合金相变材料的主要物性参数

名称	熔点/℃	潜热/(kJ/kg)	比热容/(kJ/(kg·K))	导热系数/(W/(m·K))
铯	28.65	16.4	0.236	17.4
镓	29.8	80.1	0.237	29.4
铟	156.8	28.59	0.23	36.4
锡	232	60.5	0.221	15.08
铋	271.4	53.3	0.122	8.1
锌	419	112	0.39(固体) 0.48(液体)	116

续表

名称	熔点/℃	潜热/(kJ/kg)	比热容/(kJ/(kg·K))	导热系数/(W/(m·K))
镁	648	365	1.27(固体) 1.37(液体)	156
铝	661	388	0.9(固体) 0.9(液体)	237
锌/镁(53.7/46.3)	340	185	—	—
锌/铝(96/4)	381	138	—	—
铝/镁(65.35/34.65)	497	285	—	—

3. 共晶相变材料

共晶相变材料(eutectic phase change material, EPCM)是由两种或多种组分在特定比例下形成的混合物，它能在特定的共晶点上发生相变。共晶相变材料有三个明显的优势：①组成共晶相变材料的各材料相变温度接近，熔化和凝固过程中不会出现结晶不均匀的偏析现象；②具有较高的导热系数和较高的密度；③可通过改变混合物中各组分的比例获得有预期相变温度的材料。因此，共晶相变材料适用于对温度控制有较高要求的应用场景。共晶相变材料包括有机-有机共晶系统、无机-无机共晶系统和有机-无机共晶系统三大类。

(1) 有机-有机共晶系统(organic-organic eutectic system)：由两种或多种有机物组成，通过精确控制材料比例可形成具有特定熔点的混合物。这类系统适用于中低温应用领域，如电子设备的温度控制和建筑物的温度调节等。

(2) 无机-无机共晶系统(inorganic-inorganic eutectic system)：由两种或多种无机盐组成，这类系统适用于高温热能存储领域，如光热电站的热存储或工业热过程的温度管理等。

(3) 有机-无机共晶系统(organic-inorganic eutectic system)：结合了有机物和无机盐的特性，能够在更宽广的温度范围内提供特定的熔点和相变潜热值。这类系统能够利用无机成分的高热稳定性和有机成分的灵活性，可用于特殊的热管理和能量存储应用场景。

有机相变材料、无机相变材料和共晶相变材料的特点对比如表 2-12 所示。

表 2-12　有机、无机和共晶相变材料的特点对比

有机相变材料	无机相变材料	共晶相变材料
① 无过冷； ② 熔点覆盖范围宽； ③ 能量密度低； ④ 潜热高；	① 存在过冷； ② 有腐蚀性； ③ 能量密度高； ④ 潜热高；	① 成本相对较高； ② 熔点高； ③ 能量密度高； ④ 物性参数难以获取

续表

有机相变材料	无机相变材料	共晶相变材料
⑤ 一致共融； ⑥ 可燃； ⑦ 导热系数小； ⑧ 化学和物理特性稳定性好	⑤ 无法一致共融； ⑥ 不可燃； ⑦ 导热系数大	

在相变储能系统中，系统和能量供需侧的容量匹配、系统的运行特性及系统效率取决于相变材料的类型。选择合适的相变材料是确保系统高效、经济和可靠运行的关键。相变材料的选择过程应充分考虑以下因素。

(1) 合适的相变温度。

相变储能系统所选择的相变材料应该在具体应用的工作温度范围内发生相变。例如，对于建筑物温度调节应用场景，应选择在室温附近发生相变的材料，保证建筑物内的温度保持在预期水平；对于冷链运输应用场景，需使用相变温度更低的相变材料，保证冷链运输过程要求。

(2) 较高的相变潜热。

理想的相变材料应具有较高的相变潜热，以便在发生相变过程中单位质量或单位体积内存储更多的能量。较高的相变潜热有助于提高储能系统的能量密度，减小相变储能系统的占地空间，提高系统的紧凑性和灵活性。

(3) 良好的热稳定性。

相变储能系统所选择的相变材料应具有良好的热稳定性，其热物性能够在长期的储/放热循环过程中保持不变或变化极小，不发生化学分解或显著的性能变化。

(4) 较高的导热系数。

较高的导热系数有助于加快热能的吸收和释放过程，提高相变储能系统的储/放热速率。导热系数较低的相变材料可通过添加高导热系数的填充物或采用微封装技术以改善热传导性能。

(5) 合适的密度和体积变化。

理想的相变材料应具有较高的密度，能在较小的空间内存储更多的热能。同时，应注意相变过程中的体积变化，较小的体积变化能够减小在储/放热过程中对相变储能装置的影响，提高相变储能装置的运行寿命，避免设备结构损坏。

(6) 良好的兼容性和较小的环境影响。

相变材料应与系统中的其他材料(如存储容器材料)兼容，不引起腐蚀或其他负面化学反应。此外，还应该选择环保的相变材料以减少对环境的影响。

(7) 成本效益。

尽管材料性能和应用场景的具体要求是选择相变材料的主要因素，但投资成本也至关重要。相变材料的选择应平衡储/放热性能和投资成本，最大限度地提高相变储能系统的经济性。

2.3.3　相变储能系统的构成

相变储能系统一般是由相变材料、换热器、封装容器和控制系统组成，相变材料通常被封装在封装容器内。图 2-17 所示为典型的耦合太阳能集热的相变储能系统示意图。换热流体经循环泵由太阳能集热器加热后，在换热器内将热能传递给相变材料，实现热能的存储，同时热用户也通过换热器获得相变材料中存储的热能。

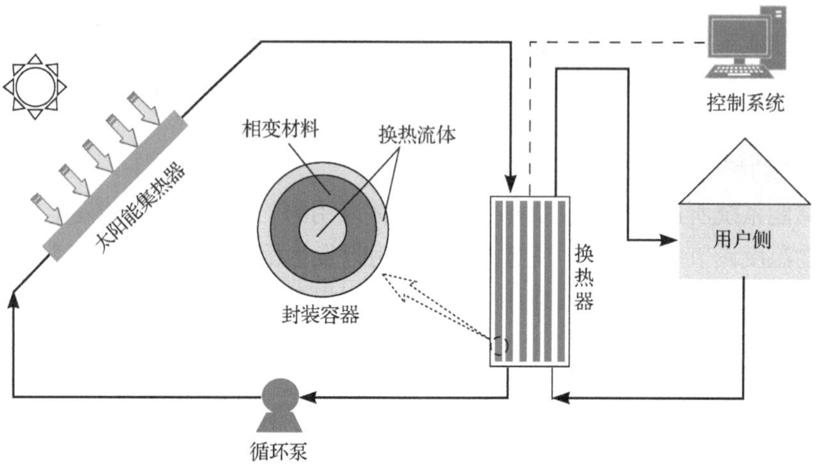

图 2-17　耦合太阳能集热的相变储能系统示意图

1. 相变材料

在相变储能系统中，相变材料是能量存储的介质。在储/放热过程中，相变材料在吸收或释放潜热的同时，温度保持相对稳定。在实际应用中，应综合考虑相变温度、相变潜热、热稳定性、导热系数、成本和环境影响等方面的特性，以评估相变材料是否适合实际工程的需求。

2. 换热器

换热器以换热流体为媒介，实现热能的传递。在储热阶段，热能通过换热器传递给相变材料，并使其熔化；在放热阶段，相变材料通过换热器将热能释放到外部系统。在相变储能系统中，常见的换热器有板式换热器、管壳式换热器和填充床式换热器，其结构平面示意图如图 2-18 所示。具体的换热器类型取决于应用的需求和系统的设计要求。

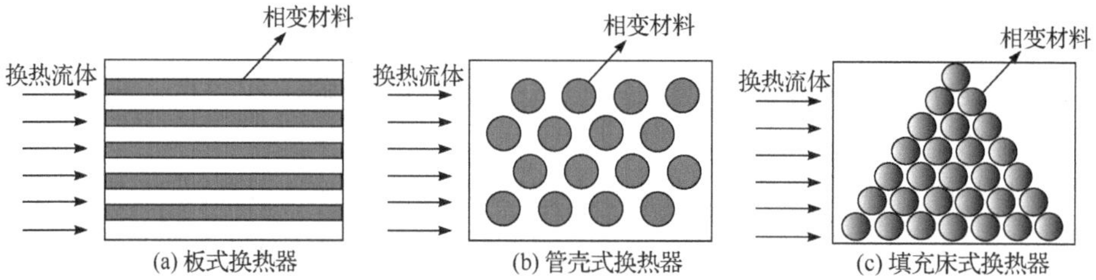

图 2-18　不同类型换热器的结构平面示意图

3. 封装容器

封装容器是用于封装相变材料的装置，对于填充床式相变储能系统，其对相变材料的封装要求较高，以保证储/放热过程中相变材料不发生泄漏。封装容器通常由金属、塑料或复合材料制成，其选型设计需考虑相变过程中的热膨胀、化学稳定性和系统整体的热传导需求。

4. 控制系统

控制系统包括传感器、控制单元和执行机构，用于监测和管理相变储能系统的运行。控制系统负责调节储/放热过程，以确保系统按照预定的温度和时间要求运行。通过控制系统的精确调控，可以提高相变储能系统的能量存储效率、增强系统性能。

2.4　热化学储能系统

2.4.1　热化学储能概述

热化学储能(thermochemical energy storage, TES)是通过化学反应中化学键的断裂和形成过程，来实现热能存储和释放的储能技术，基本原理是可逆化学反应，其反应速率与温度和物质浓度等相关。可逆化学反应通常涉及化学反应平衡，当远离平衡状态时，反应速率较快，而当接近平衡状态时，反应速率减小甚至为 0。生活中燃煤、烧木柴等，都是常见的利用化学反应释放热能的过程。与显热和相变储能相比，热化学储能的能量密度较大。由于热化学储能将绝大部分热能存储在化学键中，因此热能可以在常温下长期存储。

常见的热化学储能方式多为气固化学反应，即通过气体和固体之间发生化学反应进行储热，例如，金属氢氧化物、金属碳酸盐、金属氢化物和金属氧化物等热化学储能体系，这种气固化学反应储能体系有利于反应物的分离和气固反应器的设计。自 20 世纪 70 年代起，基于氨分解与合成储热的太阳能热电厂概念，用于电厂的 $Ca(OH)_2/CaO$ 蓄热热泵系统，以及金属氢化物和 $Mg(OH)_2/MgO$ 的热化学储能概念等逐渐兴起。

2.4.2　热化学储能的分类及原理

根据化学反应中化学键的强弱，热化学储能可以分为热化学吸附储热和热化学反应储热两大类。热化学吸附储热的化学键断裂与结合能较弱，其工作温度区间较低；相对而言，热化学反应储热的化学键断裂与结合能较强，工作温度区间较高。根据工作温度区间划分，储热材料可分为低温和中高温热化学储热材料。因此，多数热化学吸附储热材料，如水合盐，属于低温热化学储热材料，其工作温度区间多适用于建筑领域。多数热化学反应储热材料，如金属氢氧化物体系、金属碳酸盐体系和金属氢化物体系等工作温度区间都属于中高温范围。

1. 热化学吸附储热

常见的热化学吸附储热是水合盐与水蒸气之间的反应，如 $LiCl$、$CaCl_2$、$MgCl_2$、$SrBr_2$、

LiBr 和 $MgSO_4$ 等无机盐均可与不同数量的结晶水组成水合盐用于储热，其反应原理如式(2-15)所示。水合盐脱附水蒸气为吸热过程，而吸附水蒸气为放热过程，因此可分别用于储热和放热。

$$\mathrm{Salt}\cdot(m+n)\mathrm{H_2O_{(s)}} \underset{\text{放热}}{\overset{\text{储热}}{\rightleftharpoons}} \mathrm{Salt}\cdot m\mathrm{H_2O_{(s)}}+n\mathrm{H_2O_{(g)}} \tag{2-15}$$

此外，氨络合物也可用作热化学吸附储热材料，如 $CaCl_2$、$CoCl_2$、$MnCl_2$、$SrCl_2$、$BaCl_2$ 和 $NiCl_2$ 等金属氯化物均可与氨组成氨络合物用于储热，其反应原理如式(2-16)所示。与水合盐类似，氨的脱附和吸附可分别用于储热和放热。

$$\mathrm{MetalCl}\cdot(m+n)\mathrm{NH_{3(s)}} \underset{\text{放热}}{\overset{\text{储热}}{\rightleftharpoons}} \mathrm{MetalCl}\cdot m\mathrm{NH_{3(s)}}+n\mathrm{NH_{3(g)}} \tag{2-16}$$

式(2-15)和式(2-16)中，Salt 代表水合盐中无机盐的种类；MetalCl 代表氨络合物中金属氯化物的种类；下标 s 和 g 分别代表固态和气态；m 和 n 为化学计量数。

2. 热化学反应储热

热化学反应储热可分为有机热化学储热体系和无机热化学储热体系。其中，无机热化学储热体系包括氨体系、金属氢氧化物体系、金属碳酸盐体系、金属氢化物体系和金属氧化还原体系等。

1) 有机热化学储热体系

甲烷重整反应属于有机热化学储热体系，常用于制备合成气(CO 和 H_2)或 H_2，可分为甲烷干重整反应和甲烷水蒸气重整反应，其反应原理分别如式(2-17)和式(2-18)所示。由于重整制备气体的过程吸热，因此可用于储热，而逆反应可用于放热。

$$\mathrm{CH_{4(g)}}+\mathrm{CO_{2(g)}} \underset{\text{放热}}{\overset{\text{储热}}{\rightleftharpoons}} 2\mathrm{CO_{(g)}}+2\mathrm{H_{2(g)}} \tag{2-17}$$

$$\mathrm{CH_{4(g)}}+\mathrm{H_2O_{(g)}} \underset{\text{放热}}{\overset{\text{储热}}{\rightleftharpoons}} \mathrm{CO_{(g)}}+3\mathrm{H_{2(g)}} \tag{2-18}$$

该反应体系的反应热较高，但存在副反应，可逆性较差，需要贵金属催化剂(如 Rh、Pt 和 Ru)来催化，且气体具有易燃性，因此其在储热上的应用受限。

2) 无机热化学储热体系

(1) 氨体系。

氨体系主要是通过氨气的分解与合成实现储热和放热，其反应原理如式(2-19)所示：

$$2\mathrm{NH_{3(g)}} \underset{\text{放热}}{\overset{\text{储热}}{\rightleftharpoons}} \mathrm{N_{2(g)}}+3\mathrm{H_{2(g)}} \tag{2-19}$$

氨体系的反应常见于以铁催化剂合成氨的化工生产过程，可逆性较好。但是该反应的操作压力较大，且正反应和逆反应都需要催化剂，N_2 和 H_2 的存储也具有危险性。

(2) 金属氢氧化物体系。

金属氢氧化物体系包括 $Ca(OH)_2/CaO$、$Mg(OH)_2/MgO$、$Ba(OH)_2/BaO$ 和 $Sr(OH)_2/SrO$ 等体系，其反应原理如式(2-20)所示。该体系通过金属氢氧化物在高温下的吸热分解储热，通过水蒸气和金属氧化物反应生成金属氢氧化物的过程放热。

$$M(OH)_{2(s)} \underset{\text{放热}}{\overset{\text{储热}}{\rightleftharpoons}} MO_{(s)} + H_2O_{(g)} \tag{2-20}$$

式中，MO 为金属氧化物；$M(OH)_2$ 为金属氢氧化物。在众多的金属氢氧化物体系中，$Ca(OH)_2/CaO$ 体系因其具有无污染和能量密度高等优点备受关注。

(3) 金属碳酸盐体系。

金属碳酸盐体系包括 $CaCO_3/CaO$、$PbCO_3/PbO$ 和 $BaCO_3/BaO$ 等体系，其反应原理如式(2-21)所示。与金属氢氧化物类似，该体系通过金属碳酸盐的分解与生成分别实现储热和放热。

$$MCO_{3(s)} \underset{\text{放热}}{\overset{\text{储热}}{\rightleftharpoons}} MO_{(s)} + CO_{2(g)} \tag{2-21}$$

式中，MCO_3 为碳酸盐；MO 为金属氧化物。$CaCO_3/CaO$ 体系的能量密度较高，但储热温度也较高，通常需要超过 800℃，容易造成材料烧结，使循环稳定性下降。$PbCO_3/PbO$ 体系中，由于 Pb 具有毒性，且能量密度比 $CaCO_3/CaO$ 体系低，因此不适合实际应用。$BaCO_3/BaO$ 体系的储热反应需要 1400℃的高温，因此不适合作为常规应用背景的热化学储热材料。

(4) 金属氢化物体系。

金属氢化物体系包括 MgH_2/Mg 和 LiH/Li 等体系，其反应原理如式(2-22)所示。金属氢化物的脱氢和吸氢过程可分别用于储热和放热。

$$MH_{2(s)} \underset{\text{放热}}{\overset{\text{储热}}{\rightleftharpoons}} M_{(s)} + H_{2(g)} \tag{2-22}$$

式中，M 为金属单质；MH_2 为金属氢化物。金属氢化物体系中最受关注的是 MgH_2/Mg 体系，其具有能量密度大、无毒无害和可逆性好等优点。

(5) 金属氧化还原体系。

金属氧化还原体系利用不同价态的金属氧化物与氧气发生氧化还原反应进行储热或放热。高价金属氧化物的吸热还原反应可用于储热，而低价金属氧化物与氧气的氧化反应可用于放热。该体系的反应温度范围较广，且具有较高的能量密度。相比于其他高温热化学储热体系，金属氧化还原体系可使用空气同时作为传热介质和反应物，无须配置换热器和气体储罐。

常见的氧化还原体系中金属氧化物包括 BaO_2/BaO、Cu_2O/CuO、Co_3O_4/CoO、Fe_3O_4/Fe_2O_3 和 Mn_3O_4/Mn_2O_3 等，其反应原理参考式(2-23)，具体反应式需根据所含金属价态的不同而改变。不同金属氧化物储热性能对比如表 2-13 所示。

$$M_xO_{y(s)} \underset{\text{放热}}{\overset{\text{储热}}{\rightleftharpoons}} M_xO_{y-1(s)} + \frac{1}{2}O_{2(g)} \tag{2-23}$$

式中，M 代表金属的种类，M_xO_y 和 M_xO_{y-1} 为不同价态的金属氧化物。

表 2-13　不同金属氧化物储热性能的对比

材料	优点	缺点
BaO_2/BaO	成本低，能量密度较高	空气中易与 CO_2 反应，可逆性较差，有毒
Cu_2O/CuO	能量密度较高，可逆性好	反应温度高，易烧结

续表

材料	优点	缺点
Co_3O_4/CoO	能量密度较高，可逆性好	成本高，有毒
Fe_3O_4/Fe_2O_3	能量密度较高，成本低，无毒	可逆性差，反应温度过高
Mn_3O_4/Mn_2O_3	成本低	能量密度较低，反应速率较低

对于上述热化学反应储热，由于涉及化学可逆反应，其反应速率可通过反应动力学来描述。除甲烷重整反应和氨体系外，上述热化学储热体系均为气固反应，其反应动力学方程通常为

$$\frac{\mathrm{d}X}{\mathrm{d}t}=k(T)h(p,p_{\mathrm{eq}},T,T_{\mathrm{eq}})f(X) \tag{2-24}$$

$$k(T)=A\exp\left(-\frac{E_{\mathrm{a}}}{R_{\mathrm{a}}T}\right) \tag{2-25}$$

式中，X 为转化率，%；t 为时间，s；$k(T)$为温度的函数，如式(2-25)所示；A 为前因子，1/s；E_a 为活化能，J/mol；R_a 为通用气体常数，J/(mol·K)；$f(X)$为反应机理函数，常用的函数如表 2-14 所示。$h(p, p_{eq}, T, T_{eq})$为压力、平衡压力、温度和平衡温度的函数，反映了实际状态与化学反应平衡状态之间的偏差对反应速率的影响。实际状态与化学反应平衡状态的偏差越大，反应速率越快。

表 2-14　常用 $f(X)$ 函数表

反应机理函数 $f(X)$	表达式
幂函数	$4X^{3/4}$
幂函数	$3X^{2/3}$
幂函数	$2X^{1/2}$
幂函数	$2/3\ X^{-1/2}$
抛物线法则(一维扩散)	$1/2\ X^{-1}$
Mample 单行法则(一级)	$1-X$
Avrami–Erofeev 方程	$4(1-X)[-\ln(1-X)]^{3/4}$
Avrami–Erofeev 方程	$3(1-X)[-\ln(1-X)]^{2/3}$
Avrami–Erofeev 方程	$2(1-X)[-\ln(1-X)]^{1/2}$
Jander 方程(三维扩散)	$3/2\ (1-X)^{2/3}\ [1-\ln(1-X)^{1/3}]^{-1}$
收缩球状相边界反应	$3(1-X)^{2/3}$
收缩圆柱体相边界反应	$2(1-X)^{1/2}$
Valensi 方程(二维扩散)	$[-\ln(1-X)]^{-1}$

2.4.3　热化学储能反应器

1. 反应器内储/放热过程分析

反应器作为储/放热过程的主要载体，是热化学储能系统的核心装置。在储热反应体系中，绝大多数体系涉及气体和固体的反应，因此气固反应器在热化学储能过程中应用较多。在气固反应器中，温度、压力、物质的浓度等对储/放热过程影响较大。储热时，需要高温、低气体生成物浓度(低压)才能快速反应。而放热时，需要低温、高气体反应物浓度(高压)才能快速反应。因此，为实现高效的热化学储能过程，气固反应器应该具有良好的传热传质性能。

热化学储能过程涉及传热、传质、流动和化学反应多物理场耦合，这些物理场之间相互作用，共同影响储热过程和储热性能。对于气固化学反应，当反应物处于静止状态时，一般可将储热材料区域视为多孔介质并假定气固之间处于热平衡。因此，其反应器内的传热过程可由式(2-26)描述：

$$\frac{\partial\left\{\left[\varepsilon\rho_{g}c_{p,g}+(1-\varepsilon)\rho_{s}c_{p,s}\right]T\right\}}{\partial t}+\boldsymbol{v}\cdot\nabla\left(\rho_{g}c_{p,g}T\right)=\nabla\left(\lambda_{eff}\nabla T\right)+S_{q} \tag{2-26}$$

式中，等效导热系数 λ_{eff} 定义为

$$\lambda_{eff}=\varepsilon\lambda_{g}+(1-\varepsilon)\lambda_{s} \tag{2-27}$$

S_q 为储热反应吸热量(J/(m^3·s))，其定义为

$$S_{q}=-C\Delta H\frac{dX}{dt} \tag{2-28}$$

气体的质量守恒方程与动量守恒方程分别为

$$\frac{\partial(\varepsilon\rho_{g})}{\partial t}+\nabla\cdot\left(\rho_{g}\boldsymbol{v}\right)=S_{m} \tag{2-29}$$

$$\frac{\partial(\rho_{g}\boldsymbol{v})}{\partial t}+\frac{\boldsymbol{v}}{\varepsilon}\cdot\nabla\left(\rho_{g}\boldsymbol{v}\right)=-\varepsilon\nabla p+\mu_{g}\nabla^{2}\boldsymbol{v}+\boldsymbol{F}_{a} \tag{2-30}$$

式中，S_m 为气体生成量，kg/(m^3·s)，定义如式(2-31)所示。对于常见的气固化学反应，如 $Ca(OH)_2/CaO$、$CaCO_3/CaO$、$Mg(OH)_2/MgO$ 等反应体系在储热时多为分解反应，气体为反应产物。

$$S_{m}=M_{g}C\frac{dX}{dt} \tag{2-31}$$

$\boldsymbol{F}_a$ 为气体流经储热区域的阻力损失(N/m^3)，可使用达西定律来描述，即

$$\boldsymbol{F}_{a}=-\frac{\mu_{g}}{K_{s}}\boldsymbol{v} \tag{2-32}$$

$$K_{s}=\frac{D^{2}\varepsilon^{3}}{180(1-\varepsilon)^{2}} \tag{2-33}$$

式(2-26)～式(2-33)中，ε 为孔隙率，%；ρ_g 和 ρ_s 分别为气体和固体的密度，kg/m^3；$c_{p,g}$ 和

$c_{p,s}$ 分别为气体和固体的定压比热容，J/(kg·K)；T 为温度，K；$\boldsymbol{v}$ 为速度矢量，m/s；λ_g 和 λ_s 分别为气体和固体的导热系数，W/(m·K)；μ_g 为气体黏度，Pa·s；p 为压力，Pa；K_s 为渗透性系数，m^2；D 为固体材料粒径，m；C 为反应物浓度，mol/m^3；ΔH 为反应焓，J/mol；M_g 为气体的摩尔质量，kg/mol。

2. 反应器分类

按照储热材料的运动状态，反应器可分为固定床和移动床两种。

1) 固定床反应器

在固定床中，储热材料静止放置在床层之上，其结构形式简单，应用较为广泛。按照与热源的接触方式，可分为间接传热式固定床和直接传热式固定床。如图 2-19 所示，采用换热流体作为热源时，换热流体与反应器内的储热材料通过壁面换热的方式为间接传热式，而换热流体直接流过储热材料则为直接传热式。间接传热式固定床的形式相对简单，但当反应器尺寸增大时，由于储热材料自身的导热系数较小，较厚的床层也会影响反应气体的输运，传热效率较低。直接传热式可提高传热效率，但换热流体流经储热材料床层会产生较大的压降，增加系统能耗。此外，材料的团聚现象也会在床层中形成气流通道，影响气流的均匀分布。

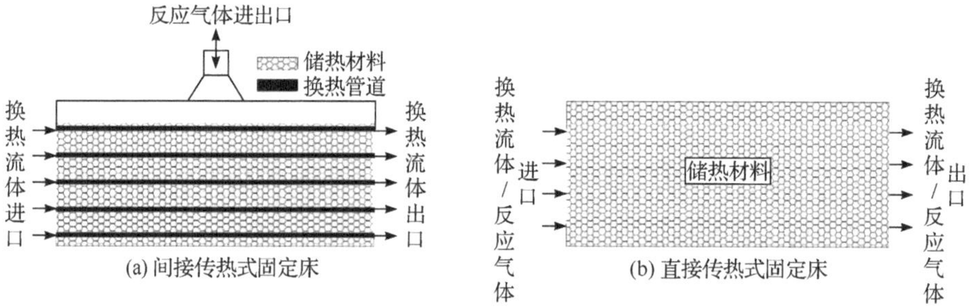

图 2-19　固定床反应器

2) 移动床反应器

在移动床中，储热材料处于运动状态，可以仅在反应器内运动，也可连续进出反应器。根据动力来源的不同，移动床可分为流化床、机械搅拌式、回转窑、重力下落式及螺旋给料式等，如图 2-20 所示。在流化床中，底部通入流化气体/反应气体，使固体材料处于悬浮运动状态，储热材料可以从进出口连续进出反应器，也可关闭材料进出口来流化恒定质量的储热材料；机械搅拌式是利用叶片搅拌固体材料；回转窑是将储热材料放入反应器内，使其随着反应器旋转；重力下落式是依靠材料自身重力，从上自由下落；螺旋给料式是利用螺杆实现旋转推进，与机械搅拌式类似，但可通过螺杆上叶片的旋转带动储热材料移动。此外，流化床、重力下落式和螺旋给料式可在前后端设置材料存储仓，实现储热材料连续进出反应器，更适用于大规模的长时间储能。

由于储热材料在反应器内相互混合，移动床内的传热传质性能更好，但其结构形式和运行控制等方面更为复杂。此外，移动床对储热材料性质的要求更高，纯粉末材料的团聚、易破碎等问题会堵塞反应器从而影响其运动效果。不同形式的反应器优缺点对比如表 2-15 所示。

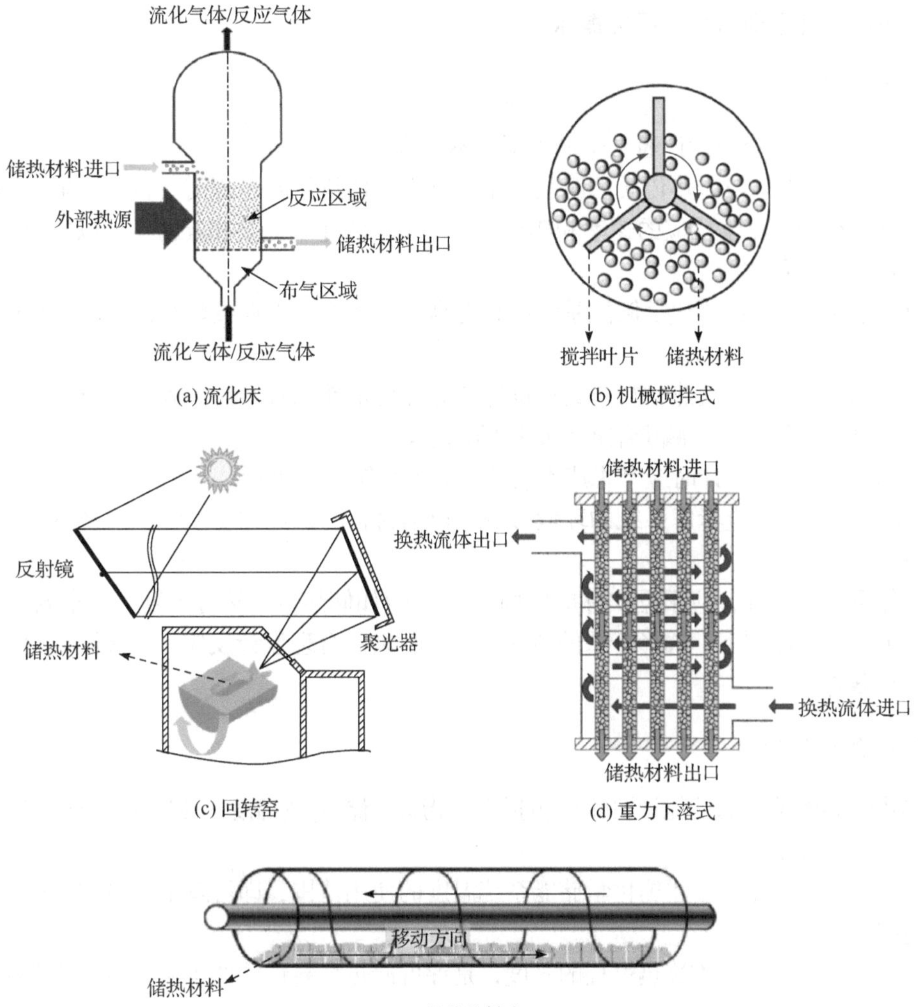

(a) 流化床　(b) 机械搅拌式　(c) 回转窑　(d) 重力下落式　(e) 螺旋给料式

图 2-20　移动床反应器

表 2-15　不同形式的反应器优缺点对比

类型		优点	缺点
固定床	间接传热式	形式简单，易操作，成本较低，附属设备少	传热传质效果差，不能连续储热或放热
	直接传热式	传热传质效果较好	压力损失大，不能连续储热或放热，易团聚并形成气流通道
移动床	流化床	传热传质效果较好	存在压降，需要适宜的材料才能流化
	机械搅拌式	传热传质效果较好	材料易破碎，分布不均匀，易黏附在壁面上
	回转窑	传热传质效果较好	加工难，难以规模化
	重力下落式	传热传质效果较好，不需要动力设备	难控制材料在反应器的停留时间
	螺旋给料式	传热传质效果较好	材料易黏附，分离困难

2.4.4 系统设计原则与性能评价指标

1. 设计原则

热化学储能系统的设计通常遵循以下基本原则。

(1) 反应动力学与传热传质的匹配：化学反应与传热传质过程需要良好匹配，即在热化学储能系统中，化学反应的速率和热量、质量传递的速率需要相互协调，以确保系统能够有效地存储和释放能量。

(2) 高能量密度：热化学储能系统应具有高能量密度，以便在较小的体积内存储更多的热能。

(3) 循环稳定性：储热材料应具有良好的循环稳定性和长寿命，确保可以多次循环使用而不会显著降低性能，减少维护和更换的成本。

(4) 成本效益：设计时应考虑成本效益，确保系统经济可行。

(5) 环境影响：应考虑系统的环境影响，包括材料的毒性和腐蚀性，以及整个生命周期的可持续性。

整体系统的设计，应根据实际应用场景的需要(如储热量、热源温度、需求温度等)，在符合上述基本原则下，选择合适的热化学储热材料，合理设计反应器、流体流动路径及相关换热器等。

2. 性能评价指标

热化学储能系统的性能评价主要包括以下指标：储/放热温度、转化率、反应速率、能量密度及循环稳定性。

(1) 储/放热温度：描述热化学储能系统温度的使用范围，即可发生储热和放热反应的温度范围。

(2) 转化率：描述储/放热过程的进度，是评价储热材料性能的重要参数，通常指反应物的转化比例，即

$$X = \frac{C_0 - C}{C_0} \times 100\% \tag{2-34}$$

式中，C_0为反应物的初始浓度，mol/m^3。

(3) 反应速率：描述储/放热反应过程的快慢，通常可借助反应动力学方程来描述。可通过控制储/放热反应速率来调节系统储/放热功率。

(4) 能量密度：分为质量能量密度及体积能量密度，即单位质量或者单位体积储热材料所存储的热量，可分别按式(2-35)和式(2-36)计算。

$$q_{\mathrm{m}} = \frac{\Delta H}{M_{材料}} \tag{2-35}$$

$$q_{\mathrm{V}} = \frac{\Delta H \rho}{M_{材料}} \tag{2-36}$$

式中，q_{m}为质量能量密度，J/kg；$M_{材料}$为储热材料的摩尔质量，kg/mol；q_{V}为体积能量密度，J/m^3；ρ为储热材料的密度，kg/m^3。

(5) 循环稳定性：描述储热材料性能随循环次数的变化。储热材料性能可能会随循环次数的增加而降低，如反应活性降低、反应速率减慢、转化率降低等。循环稳定性越好，材料的可利用次数越多。

3. 能量转化过程分析及评价

对于一般的热化学储能系统，其能量转化过程如图 2-21 所示。

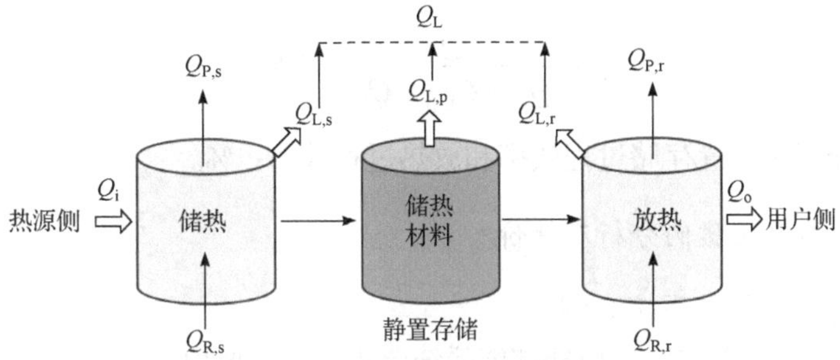

图 2-21　热化学储能系统能量转化过程

整个过程的能量平衡方程为

$$Q_i - Q_o - Q_L + Q_f = Q_s \tag{2-37}$$

式中，Q_i、Q_o、Q_L、Q_f 和 Q_s 分别为热源侧输入能量、用户侧输出能量、环境散热量、系统传质附带的能量、整个过程的能量存储量，J。

散热量为储热、静置存储和放热三个过程的总和，即

$$Q_L = Q_{L,s} + Q_{L,p} + Q_{L,r} \tag{2-38}$$

式中，$Q_{L,s}$、$Q_{L,p}$、$Q_{L,r}$ 分别为储热、静置存储和放热过程的散热量，J。

系统传质附带的能量为储热材料流入或者流出系统携带能量的总和，即

$$Q_f = Q_{R,s} - Q_{P,s} + Q_{R,r} - Q_{P,r} \tag{2-39}$$

式中，$Q_{R,s}$、$Q_{P,s}$、$Q_{R,r}$ 和 $Q_{P,r}$ 分别为储热过程反应物流入携带的能量、储热过程生成物流出携带的能量、放热过程反应物流入携带的能量和放热过程生成物流出携带的能量，J。

根据能量平衡，整个过程的能量效率为

$$\eta = \frac{Q_o}{Q_i + Q_{R,s} + Q_{R,r}} \times 100\% \tag{2-40}$$

储热过程效率为

$$\eta_s = \frac{Q_{ss}}{Q_i + Q_{R,s}} \times 100\% \tag{2-41}$$

$$Q_{ss} = Q_i + Q_{R,s} - Q_{P,s} - Q_{L,s} \tag{2-42}$$

式中，η 和 η_s 分别为整个过程能量效率和储热过程效率，%；Q_{ss} 为储热过程存储的能量，J。此外，Q_{ss} 可分为两部分，一部分作为化学能存储在化学键中，另一部分是由温度升高而存储的显热量，即

$$Q_{ss} = Q_H + Q_{SE} \tag{2-43}$$

式中，Q_H 为储热反应存储的化学能，J；Q_{SE} 为储热过程中存储的显热量，J。

静置存储过程效率为

$$\eta_{st} = \frac{Q_{ss} - Q_{L,p}}{Q_{ss}} \times 100\% \tag{2-44}$$

放热过程效率为

$$\eta_r = \frac{Q_o}{Q_{ss} - Q_{L,p} + Q_{R,r}} \times 100\% \tag{2-45}$$

式中，η_{st} 和 η_r 分别为静置存储过程效率和放热过程效率，%。

4. 热化学储能系统案例分析及评价

1) 固定床热化学储能系统案例

图 2-22 所示为某固定床反应器储能系统流程图，主要由气体供应装置和固定床反应器等部分组成。$CaCO_3$ 储热材料静止堆积在反应器内，利用外部热源加热，通过控温单元调节反应器内的温度，利用测温单元监测反应器壁面和内部的温度。储热时，N_2 通过质量流量计进入反应器内，使 $CaCO_3$ 在 N_2 气氛下分解，分解产生的 CO_2 和 N_2 混合经过气体干燥过滤装置及出口质量流量计后流出反应器；放热时，CO_2 通过质量流量计进入反应器内，与高温 CaO 反应，多余的 CO_2 经过气体干燥过滤装置及出口质量流量计后流出反应器。

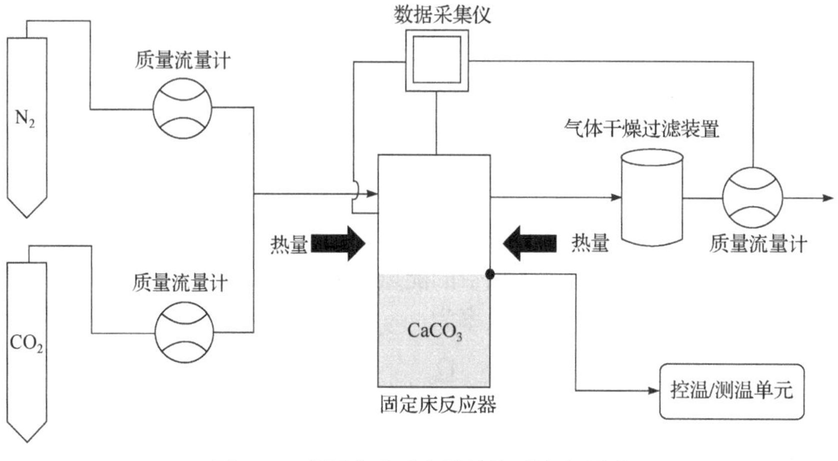

图 2-22　某固定床反应器储能系统流程图

对于图 2-22 中的固定床反应器储能系统，可根据反应前后储热材料的质量变化来计算转化率。

整体分解转化率为

$$X_{cal} = \frac{m_{ini} - m_{cal}}{m_{ini}} \times \frac{M_{CaCO_3}}{M_{CO_2}} \times 100\% \tag{2-46}$$

瞬时分解速率为

$$\frac{dX_{cal}}{dt}=\frac{G_{CO_2,分解}\times\rho_{CO_2}}{m_{ini}}\times\frac{M_{CaCO_3}}{M_{CO_2}} \tag{2-47}$$

整体碳酸化转化率为

$$X_{car}=\frac{m_{car}-m_{cal}}{m_{ini}-m_{cal}}\times100\% \tag{2-48}$$

瞬时碳酸化速率为

$$\frac{dX_{car}}{dt}=\frac{G_{CO_2,碳酸化}\times\rho_{CO_2}}{m_{ini}-m_{cal}} \tag{2-49}$$

式中，X_{cal} 和 X_{car} 分别为整体分解转化率和整体碳酸化转化率，%；m_{ini}、m_{cal} 和 m_{car} 分别为分解前、分解反应后和碳酸化反应后的样品质量，kg；M_{CaCO_3} 和 M_{CO_2} 分别为 $CaCO_3$ 和 CO_2 的摩尔质量，kg/mol。此外，瞬时分解速率和瞬时碳酸化速率由进出口气体流量差转换得到。$G_{CO_2,分解}$ 为分解阶段释放出的 CO_2 净流量，m^3/s；$G_{CO_2,碳酸化}$ 为碳酸化阶段被吸收的 CO_2 净流量，m^3/s；ρ_{CO_2} 为常温下 CO_2 的密度，kg/m^3。

反应器储热效率定义为碳酸化阶段实际释放的热量与分解阶段理论上能够吸收的最大热量的比值，即

$$\eta_{tse}=\frac{Q_r}{Q_{th}}=\frac{Q_{cal}}{Q_{th}}\times\frac{Q_r}{Q_{cal}}=X_{cal}\times X_{car} \tag{2-50}$$

式中，η_{tse} 为反应器储热效率，%；Q_r、Q_{th} 和 Q_{cal} 分别为碳酸化阶段实际释放的热量、分解阶段理论上能够吸收的最大热量和分解阶段实际吸收的热量，J。

2) 流化床热化学储能系统案例

图 2-23 所示为某流化床反应器储能系统流程图，主要由流化床反应器、$Ca(OH)_2$ 和 CaO 存储仓和水蒸气供应/收集装置(水箱/换热器)等部分组成。储热时，$Ca(OH)_2$ 与作

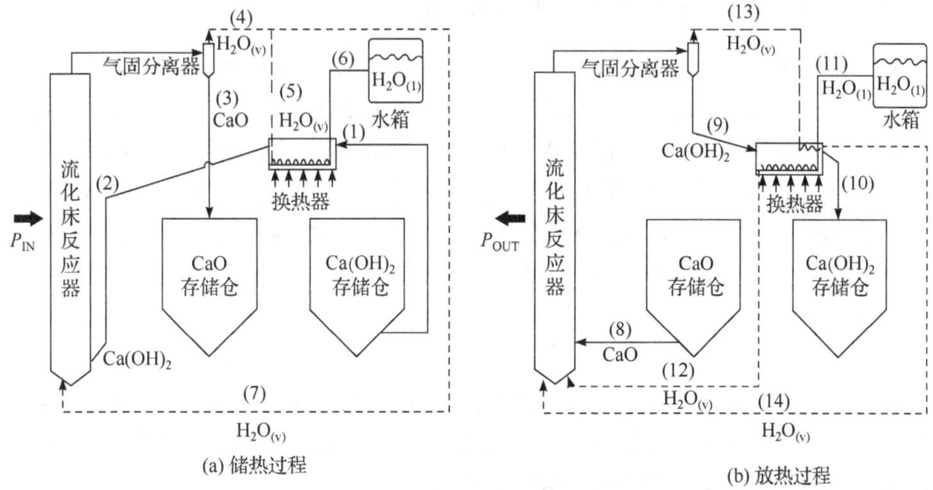

图 2-23　某流化床反应器储能系统流程图

为流化气体的水蒸气输送到流化床反应器，其反应生成的 CaO 被输送到存储仓。由于储热反应生成水蒸气，因此一部分水蒸气冷凝后进入水箱，其余水蒸气则重新进入反应器中作为流化气体。放热时，CaO 被输送到流化床反应器中，同时水蒸气作为流化气体和反应气体也被输送到流化床反应器中，其反应生成的 $Ca(OH)_2$ 被输送到存储仓。由于放热反应消耗水蒸气，除反应剩余的水蒸气重新进入反应器外，系统也会补充新的水蒸气进入反应器。

在图 2-23 所示的流化床反应器储能系统中，忽略反应器向外界的散热损失，根据反应器内热量平衡，放热时反应器输出热功率为

$$P_{\mathrm{OUT}} = (\Delta H \times G_{\mathrm{CaO}} \times X_{\mathrm{Hy}}) + (P_{(8)} + P_{(12)} + P_{(14)}) - (P_{(9)} + P_{(13)}) \tag{2-51}$$

式中，P_{OUT} 为反应器输出热功率，W；G_{CaO} 为放热反应时 CaO 的摩尔流量，mol/s；X_{Hy} 为放热反应转化率，%；$P_{(8)}$为 CaO 流入反应器过程的热功率，$P_{(12)}$和 $P_{(14)}$为水蒸气流入反应器过程的热功率，$P_{(9)}$为 $Ca(OH)_2$ 流出反应器过程的热功率，$P_{(13)}$为水蒸气流出反应器过程的热功率，W。

根据系统输入和输出热功率及运行时间，该系统的储热效率可估算为

$$\eta_{\mathrm{cr}} = \frac{P_{\mathrm{OUT}} \times t_{\mathrm{opHy}}}{P_{\mathrm{IN}} \times t_{\mathrm{opDehy}}} \times 100\% \tag{2-52}$$

式中，η_{cr} 为储热效率，%；P_{IN} 为向反应器输入的电功率，W；t_{opHy} 和 t_{opDehy} 分别为在放热反应和储热反应中的运行时间，s。

2.5 热储能系统的应用案例

本节将介绍热储能系统在电力系统、分布式供能及交通运输领域的部分应用案例。

2.5.1 电力系统应用

1. 大唐辽源发电厂灵活性调峰项目(热水储能)

辽源发电厂项目是国家能源局设定的火电机组灵活性改造试点项目，该电厂有 2×330MW 亚临界供热机组，承担的采暖供热面积约为 1075.5 万 m^2。哈尔滨汽轮机厂辅机工程有限公司为该电厂设计了常压热水储能系统，储能罐有效容积为 2.6 万 m^3，是国内首台有效容积超过 2.5 万 m^3 的大型斜温层储能罐，有效储热量设计值为 1188MW·h。该项目投运后，储能罐有效储热量达 1378MW·h，斜温层厚度为 0.73m，机组负荷可降至 40%以下，储能罐放热负荷达 198MW，机组最小技术出力达 260.46MW。

2. 耦合煤电机组熔盐储热项目(熔盐储能)

2022 年，西安热工研究院有限公司研发的“与煤电耦合的熔盐储热调频调峰及安全供热技术”在江苏国信靖江发电有限公司示范成功，标志着我国已全面掌握了与大型煤电耦合的熔盐储热调频调峰及安全供热关键核心技术。

江苏国信靖江发电有限公司一期为 2 台超超临界 660MW 机组，为解决电厂存在单机

运行时难以保证工业供汽安全可靠性，以及机组调峰深度和调频能力不足的问题，项目采用熔盐储能技术，储能系统规模为 4 万 kW/8 万 kW·h，在电网负荷低谷时段存储电厂过剩电能，一部分用于工业供汽，另一部分在用电高峰时释放，辅助煤电机组调峰。项目投运后，相关试验显示，该厂超超临界 660MW 机组调峰深度达到 25%额定功率以下时，能够同时满足大于 1.0MPa、大于 50t/h 稳定可靠的高参数工业供汽，且机组爬坡速率提高至 3.91%额定功率/min，机组自动发电控制(automatic generation control，AGC)考核指标较原来提高 300%以上。

3. 新能源发电耦合储能系统(熔盐储能)

熔盐储能技术在太阳能光热电站中有较多商业化应用案例，该储能技术可使光热发电系统具备连续、稳定发电的能力，满足电网对电能品质的要求。敦煌 100MW 熔盐塔式光热电站是我国首批光热发电示范电站之一，该电站占地面积约 7.8km^2，吸热塔高度约 260m，设置 12000 多面定日镜。电站运行时，定日镜将阳光反射至吸热塔，将熔盐加热至 500℃以上，其中一部分高温熔盐进入蒸汽发生器系统产生过热蒸汽，驱动汽轮发电机组发电，另一部分高温熔盐存储在熔盐罐中备用。该电站的熔盐用量达上万吨，储热时长达 11h，设计年发电量达 3.9 亿 kW·h。

2.5.2　分布式供能应用

分布式供能是相对于传统的集中供能方式而言的，利用小型设备向用户提供能源供应的新型能源利用方式，其在工业园区、商超、医院等大型建筑中得到了广泛应用。

1. 北京宝之谷国际会议中心储热蓄冷一体化系统(热水储能)

北京宝之谷国际会议中心使用了基于斜温层原理的储热蓄冷一体化储能系统，储能罐有效蓄水量约 1100m^3。该项目以零碳、经济、安全、智慧为建设目标，供能方式综合光伏、风电、电储能和热水储能等多种元素，每年可储电量为 75 万 kW·h，供热 1.9 万 GJ，供冷 1.1 万 GJ，供生活热水 1.4 万吨，总用电量中谷电占比提高 45%。

2. 昌吉回族自治州档案馆相变储能供暖项目(相变储能)

昌吉回族自治州档案馆建筑面积为 12800m^2，为解决冬季采暖问题，建设了相变储能+电锅炉供暖系统。该系统采用了 30 台热容量为 120kW·h/台的相变储热器，利用常压电锅炉作为热源端，相变储热器作为热能存储端。在用电低谷时段，电锅炉全功率运行，持续加热循环水，在满足用户供热需求的同时，将富余热能存入相变储热器中。在用电高峰时段，系统关闭电锅炉加热装置，循环水在用户端放热后进入相变储热器吸收热能，持续为用户供热，当出现极端天气相变储热器热量不足时，由电锅炉补充。

3. SaltX Technology 公司氢氧化钙储放热项目(热化学储能)

瑞典 SaltX Technology 公司的钙基热化学储热项目利用 $Ca(OH)_2/CaO$ 反应体系进行储/放热，并通过纳米 SiO_2 对纯材料进行表面修饰，可缓解实际应用过程中粉末材料的团聚问题。根据其运行测试数据，其能量密度达 400kW·h/m^3，材料涂层寿命可达 50000 次循环，系统寿命可达 20～40 年。该热化学储能技术可以与多种技术相耦合，适用于风电、太阳能发电、区域供热和工业废热利用等多种场景。基于该技术，SaltX Technology 公司与柏林供暖运营商合作建立了一套 10MW·h 储热容量的设备用于住宅区域供暖。

2.5.3 交通运输领域应用

1. 上海浦东、虹桥国际机场水储冷系统(水储冷)

上海浦东、虹桥国际机场均是我国客流量较大的机场，夏季时机场制冷空调系统能耗较大。为减轻城市电网负荷，机场通过水储冷空调系统实现错峰用电。浦东国际机场二期能源中心使用了水储冷空调，共设置了 4 个水储冷罐，单个储罐容积达 1.1 万 m^3；机场三期能源中心也设置了两座水储冷罐，单个储罐容积达 3.125 万 m^3。此外，上海虹桥国际机场借鉴浦东国际机场二期能源中心水储冷技术，建造了两座储水容积各 2.2 万 m^3 左右的储水罐，同时采用空调冷冻水直供系统，减少系统运行能耗。

2. 冷链运输过程储能系统(相变储能)

冷藏和冷链物流是确保食品、医药品及其他对温度敏感的产品在运输和存储过程中保持质量和安全性的关键，相变储能材料在这一过程中有较大发挥空间。相变材料可以在产品运输过程中发挥被动冷却的作用，通过合理地选择相变材料，在不同的相变温度点吸收和释放热量来维持恒定温度环境，以满足冷链运输物品的温度要求。与传统的制冷方法相比，使用相变材料可以减少对外部能源的依赖，因为其可通过自身特性来维持低温，不需要持续的电力供应。在冷链运输中，相变材料可以制成包、垫和板等形式，并被整合到包装箱、冷藏容器甚至是冷藏车辆的墙体中。例如，在线食品购物和配送服务使用含有相变材料的包装材料来确保食品在运输过程中的新鲜度，某些药品需要在接近冰点的温度下运输，使用相变材料可以在没有冰或干冰的情况下实现低温运输的要求。

习 题

2-1 简述基于斜温层原理的热水储能技术原理，分析热水储能罐运行时斜温层的变化规律。

2-2 一个储能罐内蓄水量为 1000m^3，罐内水的初始温度为 20℃，通过加热系统将水温升高至 80℃。假设水的比热容为 4.2kJ/(kg·K)，密度为 1000kg/m^3，试计算此过程水吸收的热能。

2-3 试分析如何降低基于斜温层原理的热水储能系统中的能量损耗。

2-4 简述热水储能罐中布水器的作用与分类。

2-5 热水储能罐中布水器的设计要考虑哪些参数？并简述不同参数的含义与特性。

2-6 根据图 2-7 和图 2-8，试分析单罐和双罐熔盐储能系统的运行流程。

2-7 简述熔盐储能系统的主要构成部件及相应功能。

2-8 以下哪种材料通常用作相变储能系统的相变材料？

A. 石英　　B. 石蜡　　C. 氧化铝　　D. 碳酸钙

2-9　简述相变储能系统的工作原理及其在温度控制场景中的应用。
2-10　简述热化学储能的基本原理和常见的反应体系。
2-11　热化学储能与显热、相变储能相比有什么区别？其优势是什么？
2-12　写出气固反应的反应动力学方程主要表达式，并解释其每项的含义。
2-13　以 $Ca(OH)_2/CaO$ 反应体系为例，简述传热传质过程如何影响热化学储能过程。
2-14　常见的气固热化学反应器主要有哪几种？它们之间有什么区别？
2-15　热储能技术在我国能源结构转型中的作用和热储能技术未来的发展方向。

第 3 章　电化学储能技术与系统

电化学储能利用化学元素作为储能介质，主要通过电池完成能量的存储、释放与管理过程。电化学储能因其高能量密度、快速响应能力和良好的可扩展性，在新能源并网、电网调峰、微电网和电动汽车等多个领域发挥了重要作用。本章主要阐述铅酸电池、锂/钠离子电池、液流电池和钠硫电池的工作原理及特性，介绍电池与电站系统概念及电池管理系统的具体功能，分析电化学储能系统的性能指标，概述电池储能系统热安全与储能电站消防系统，并结合实际案例介绍电化学储能系统在不同场景中的具体应用情况。

3.1　电化学储能原理概述

电化学储能电站中通常包含一套或多套电池储能系统，电池储能系统中电池种类较多，主要包括铅酸电池、锂/钠离子电池、液流电池和钠硫电池等，表 3-1 所示为国内部分电化学储能电站的规模及存储方式。本节将阐述不同电池的工作原理，并对比不同类型储能电池的技术特性。

表 3-1　国内部分电化学储能电站项目

序号	项目	存储方式	规模	地点
1	华电滕州电化学储能电站	磷酸铁锂电池+全钒液流电池	101MW/202MW·h	山东省滕州市
2	大连液流电池储能调峰电站国家示范项目(一期)	全钒液流电池	100MW/400MW·h	辽宁省大连市
3	国家电投诸城储能项目	磷酸铁锂电池+全钒液流电池	100MW/204MW·h	山东省诸城市
4	盐州变共享储能电站	磷酸铁锂电池	200MW/400MW·h	宁夏回族自治区盐池县
5	国家电投滨海独立新型储能项目	磷酸铁锂电池	200MW/400MW·h	江苏省盐城市
6	伏林钠离子电池储能电站	钠离子电池	2.5MW/10MW·h	广西壮族自治区南宁市
7	大唐湖北钠离子新型储能电站科技创新示范项目(一期)	钠离子电池	50MW/100MW·h	湖北省潜江市

3.1.1　铅酸电池

铅酸电池(lead acid battery)的工作原理是通过正负极活性物质与电解液之间的氧化还原反应实现电能的存储和释放，其核心在于正极(PbO_2，二氧化铅)和负极(Pb，铅)与电解液(稀硫酸)之间的电化学反应，如图 3-1 所示。铅酸电池正、负极和总反应方程式分别如式(3-1)～式(3-3)所示。放电时，正极的 PbO_2 与 H_2SO_4 发生反应，生成 $PbSO_4$ 和 H_2O，

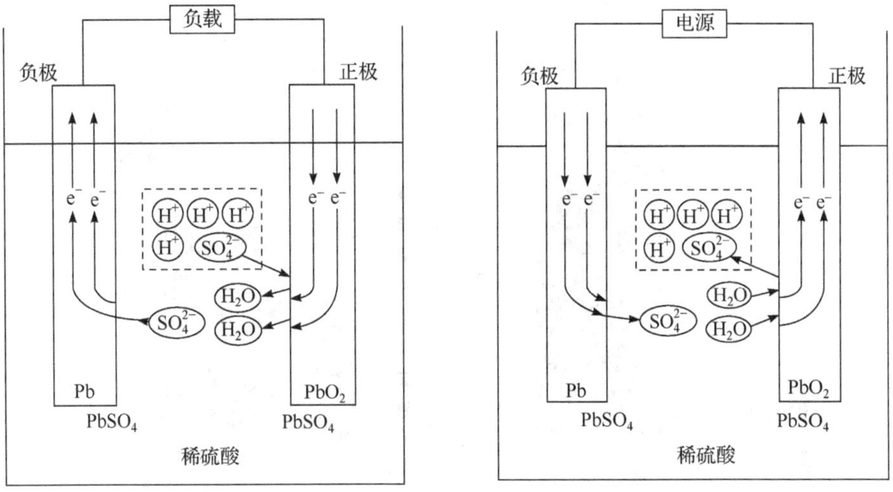

(a) 放电过程　　(b) 充电过程

图 3-1　铅酸电池的充放电过程示意图

负极的 Pb 与 H_2SO_4 反应，生成 $PbSO_4$。充电时，外部电源提供的电能驱动电池内部发生逆反应，正极的 $PbSO_4$ 转化为 PbO_2，负极的 $PbSO_4$ 转化为 Pb。值得注意的是，铅酸电池在充电后期和过充电时，会发生电解水的副反应，在正、负极上会分别产生氧气和氢气。

$$PbO_2+3H^++HSO_4^-+2e^- \underset{充电}{\overset{放电}{\rightleftharpoons}} PbSO_4+2H_2O \tag{3-1}$$

$$Pb+HSO_4^- \underset{充电}{\overset{放电}{\rightleftharpoons}} PbSO_4+H^++2e^- \tag{3-2}$$

$$PbO_2+Pb+2H_2SO_4 \underset{充电}{\overset{放电}{\rightleftharpoons}} 2PbSO_4+2H_2O \tag{3-3}$$

3.1.2　锂/钠离子电池

锂离子电池(lithium-ion battery)的储能原理和钠离子电池(sodium-ion battery)相似，即通过锂/钠离子在正、负极之间移动实现充放电过程。目前，锂离子电池储能系统已得到广泛应用，但其发展受到原材料资源的制约。钠离子电池因原材料丰富、安全性高和成本低等优势，在电力储能领域具有良好的发展前景。以锂离子电池为例，充电过程中，Li^+从正极脱出，经过隔膜向负极移动，嵌入负极层叠结构的石墨层中；放电过程中，由于正、负极之间存在 Li^+浓度差，Li^+从石墨层中脱落并迁移至正极，参与还原反应，其工作原理如图 3-2 所示。正、负极反应和总反应方程式(以磷酸铁锂电池为例)分别如式(3-4)～式(3-6)所示：

$$LiFePO_4 \underset{放电}{\overset{充电}{\rightleftharpoons}} Li_{1-x}FePO_4 + xLi^+ + xe^- \tag{3-4}$$

$$6C + xLi^+ + xe^- \underset{放电}{\overset{充电}{\rightleftharpoons}} Li_xC_6 \tag{3-5}$$

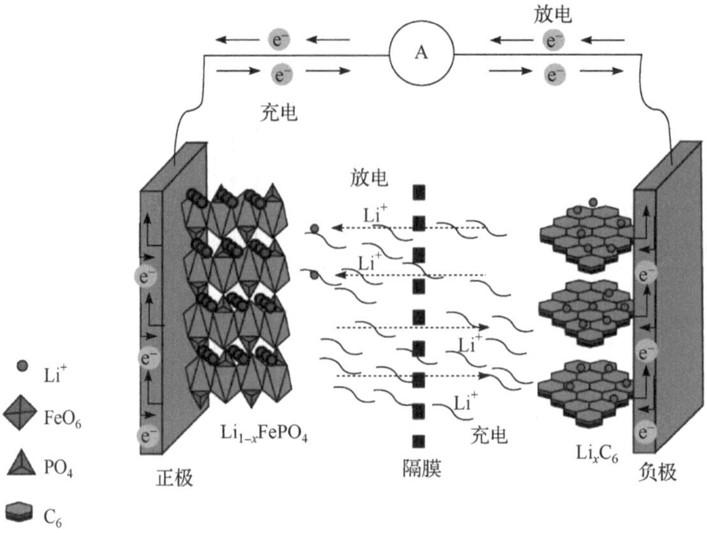

图 3-2　锂离子电池充放电过程工作原理

$$LiFePO_4 + 6C \underset{放电}{\overset{充电}{\rightleftharpoons}} Li_{1-x}FePO_4 + Li_xC_6 \tag{3-6}$$

锂/钠离子电池储能系统(battery energy storage system，BESS)主要包括电池系统(battery system，BS)、电池管理系统(battery management system，BMS)、储能变流器(power conversion system，PCS)和能量管理系统(energy management system，EMS)，如图 3-3 所示。电池系统是储能系统中能量存储和释放的核心设备。电池系统的集成设计包括：①多个单体电池串/并联形成电池包；②多个电池包串联组成电池簇；③多个电池簇并联形成电池系统。电池管理系统的基本功能包括数据采集、电池荷电状态(state of charge，SOC)与电池健康状态(state of health，SOH)等估计、均衡管理、能量管理、安全管理、热管理和通信交互。电池管理系统常采用分层式三层架构，按照电池模块单元、电池簇单元和电池阵列单元进行分层管理。储能变流器是储能系统与电网进行能量交换的关键设备，也称为功率变换系统，根据拓扑结构，可分为单级式储能变流器和多级式储能变流器。能量管理系统是储能系统管理的核心部分，实现对电池管理系统、储能变流器、电池系统和配电等设备的信息采集、处理、监视、控制和运行管理等功能。

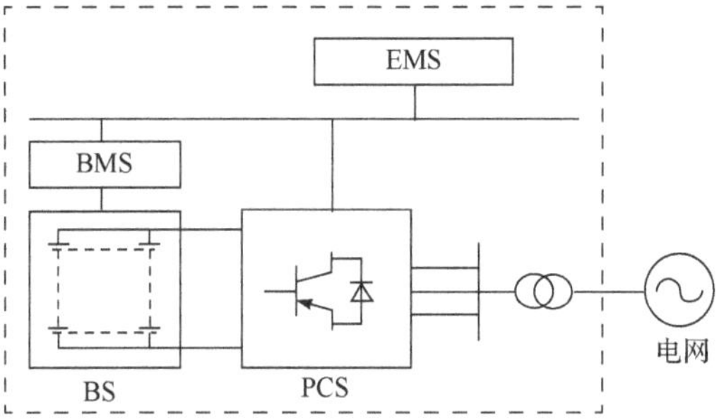

图 3-3　锂/钠离子电池储能系统基本架构

3.1.3　液流电池

液流电池储能原理与系统

液流电池(flow battery)可分为铁铬液流电池、锌溴液流电池和全钒液流电池等。本节以全钒液流电池储能系统为例进行介绍。全钒液流电池储能系统正、负极电解液分别存储于两个储罐，当电池工作时，电解液通过泵循环进入电堆发生电化学反应。图 3-4 为单元全钒液流电池储能系统的运行原理。充放电时，电池正极发生 VO^{2+}和 VO_2^+之间的电化学反应，电池负极发生 V^{3+}和 V^{2+}之间的电化学反应，正、负极反应和总反应方程式分别如式(3-7)～式(3-9)所示：

$$VO^{2+} + H_2O - e^- \xrightleftharpoons[\text{放电}]{\text{充电}} VO_2^+ + 2H^+ \tag{3-7}$$

$$V^{3+} + e^- \xrightleftharpoons[\text{放电}]{\text{充电}} V^{2+} \tag{3-8}$$

$$VO^{2+} + H_2O + V^{3+} \xrightleftharpoons[\text{放电}]{\text{充电}} VO_2^+ + V^{2+} + 2H^+ \tag{3-9}$$

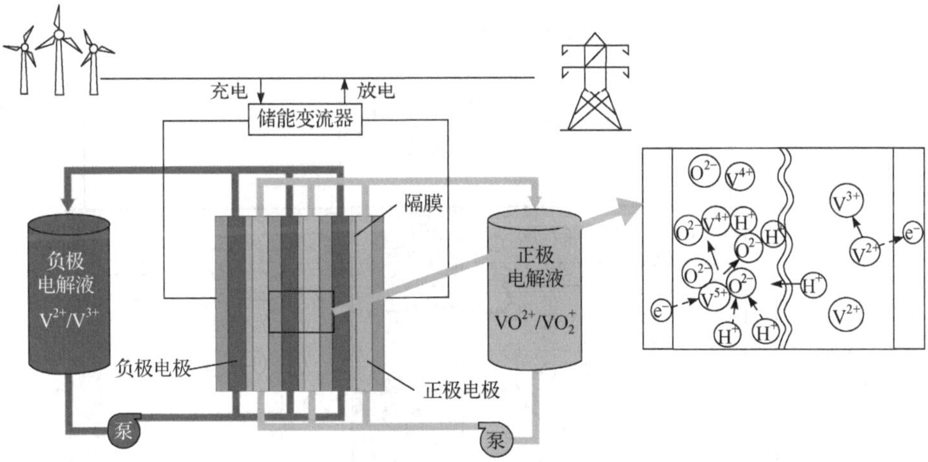

图 3-4　单元全钒液流电池储能系统的运行原理

兆瓦级全钒液流电池储能电站通常由多个单元电池系统串并联组成，单元电池系统由多个电堆模块串联组成，电堆模块由多个单体电池串联组成；同时，单元电池系统配套一对正负极电解液罐、一对循环泵和一台储能变流器，形成单元全钒液流电池储能系统，既可实现单套电池储能系统的启停运行，也可实现整套电池储能系统的启停运行。全钒液流电池储能系统主要包括全钒液流单元电池系统、电池管理系统、储能变流器和能量管理系统等。全钒液流电池管理系统的功能主要包括：①电压、电流、压力、温度和流量等状态信息监测；②电解液管路阀门控制、温度及流量调节；③电池荷电状态及电池健康状态估算；④与储能变流器、能量管理系统进行通信；⑤电池故障诊断及安全保护。电池管理系统通常采用分布式设计，包括电池监控单元和电池巡检单元。由于单元全钒液流电池输出电压波动范围较大，为实现储能系统输出电压与储能变流器直流侧电压相匹配，工程实际中储能变流器常采用 DC/DC 和 AC/DC 组成的双级式储能变流器。

3.1.4　钠硫电池

钠硫电池(sodium sulfur battery)的工作原理是基于高温下钠和硫之间的电化学反应，如图 3-5 所示。电池由液态钠(Na)作为负极，液态硫(S)作为正极，固态 β-氧化铝(β-Al_2O_3)陶瓷作为电解质隔膜。钠硫电池正、负极和总反应方程式分别如式(3-10)～式(3-12)所示，放电过程中，负极金属 Na 失去电子变为 Na^+，电子经由外电路由负极到达正极使 S 变为 S^{2-}，Na^+通过 β-Al_2O_3 隔膜迁移至正极与 S^{2-}结合形成多硫化钠产物，充电过程电极反应与放电过程相反。由于电池中的 Na 和 S 在充放电过程中均为液态，因此钠硫电池必须在高温(300～350℃)下工作。固态陶瓷电解质隔膜允许钠离子通过，同时隔开 Na 与 S，避免二者剧烈反应。

$$S^{2-} \underset{\text{放电}}{\overset{\text{充电}}{\rightleftharpoons}} S + 2e^- \tag{3-10}$$

$$2Na^+ + 2e^- \underset{\text{放电}}{\overset{\text{充电}}{\rightleftharpoons}} 2Na \tag{3-11}$$

$$Na_2S_n \underset{\text{放电}}{\overset{\text{充电}}{\rightleftharpoons}} 2Na + nS \tag{3-12}$$

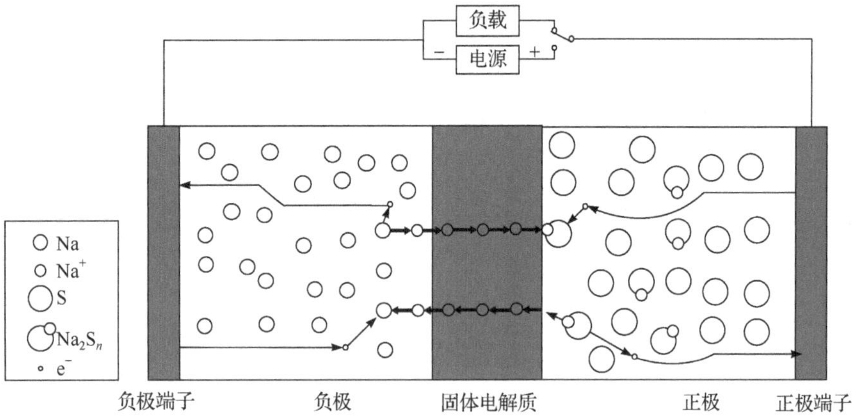

图 3-5　钠硫电池工作原理示意图

3.1.5　储能电池技术特性对比

各类储能电池在能量密度、功率密度、响应时间和循环次数等方面的技术特性对比如表 3-2 所示。不同类型的储能电池容量规模均达到百兆瓦·时，功率规模达数十兆瓦至百兆瓦，响应时间为毫秒至上百毫秒；钠硫电池的能量密度较高，锂离子电池的功率密度较高；全钒液流电池的循环次数较多，锂离子电池的充放电效率较高。

表 3-2　常见储能电池技术特性对比

参数	铅酸电池	磷酸铁锂电池	钛酸锂电池	镍钴锰酸锂电池	全钒液流电池	钠硫电池
容量规模	百兆瓦·时	百兆瓦·时			百兆瓦·时	百兆瓦·时
功率规模	几十兆瓦	百兆瓦			几十兆瓦	几十兆瓦
响应时间	毫秒	毫秒			百毫秒	毫秒

续表

参数	铅酸电池	磷酸铁锂电池	钛酸锂电池	镍钴锰酸锂电池	全钒液流电池	钠硫电池
能量密度/(W·h/kg)	40～80	120～180	60～80	170～240	12～40	150～300
功率密度/(W/kg)	150～500	1500～2500	3000	3000	50～100	22
循环次数	500～3000	3000～10000	10000	2000～6000	10000～15000	4500
充放电效率	70%～90%	85%～98%	>95%	>95%	75%～85%	75%～90%

3.2　电池与储能电站

3.2.1　单体电池

本节以锂离子单体电池为例进行说明。单体电池，也称为电芯，是锂离子电池的核心部分，其制造工艺包括卷绕和叠片工艺，如图 3-6 所示。卷绕技术是通过控制极片的速度、张力和相对位置，将分条后的正、负极片和隔膜卷制在一起，其工艺特点使其只能制备形状规则的电池。叠片技术是通过送片机构将正、负极片和隔膜交错堆叠，形成叠芯，可制备规则形状或异形电池，灵活度较高。

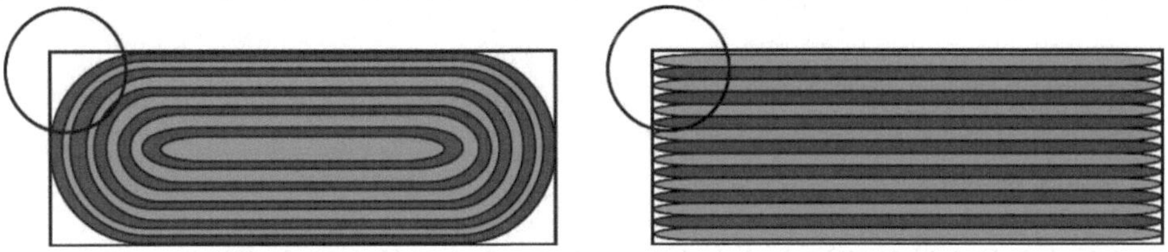

(a) 卷绕　(b) 叠片

图 3-6　卷绕和叠片工艺示意图

锂离子电池按封装形式可分为圆柱形电池、方形电池和软包电池，各类电池结构如图 3-7 所示。

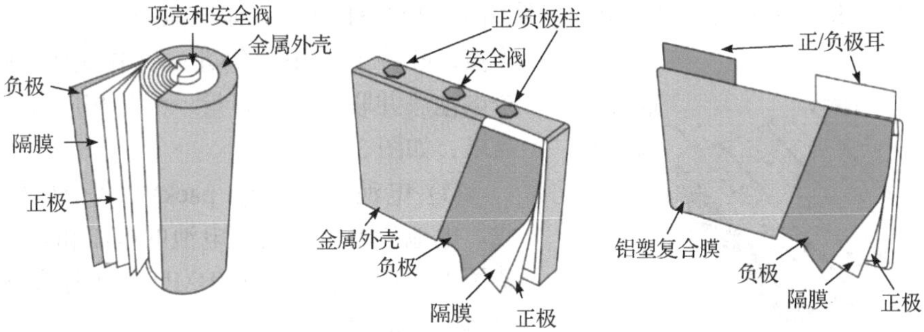

(a) 圆柱形电池　(b) 方形电池　(c) 软包电池

图 3-7　锂离子电池的形状分类和结构示意图

(1) 圆柱形电池内部是由一层层的正极、隔膜和负极材料卷绕而成，呈现圆柱形结构，壳体材料通常是钢制或铝制，具有较高的机械强度，可以较好地抵抗外部冲击，安全可靠性高。圆柱形电池工艺成熟，组装成本较低，电池包的电芯一致性较高，由于电池包散热面积大，其散热性能优于方形电池。圆柱形单体电池的能量密度高，但成组后受限于圆柱形的结构设计，空间利用率不高，导致散热设计难度大、能量密度相对较低。

(2) 方形电池一般采用叠片或卷绕工艺，电芯被封装在硬质方形壳体中，壳体材质通常为铝合金。方形电池的壳体强度较大，可有效避免内部材料的膨胀问题，结构稳定，封装及制造工艺简单，成组简便，模组监控与管理风险小。但由于方形电池内部结构紧凑，其散热性能一般，同时方形电池的单体差异性较大、电芯一致性一般，存在系统寿命远低于单体寿命的问题。

(3) 软包电池采用铝塑复合膜作为外壳，内部材料通常采用叠片方式堆积而成，电池形状灵活多变。软包电池采用了软包装材料(铝塑复合膜)，使其安全性能更好，与钢壳或铝壳电芯不同，发生安全问题时软包电池会鼓起裂开，而不发生爆炸，其重量较钢壳或铝壳电池更轻。软包电池的缺点包括易引发胀气，电芯鼓包变形；长时间使用后电池寿命下滑严重；电池外壳薄弱，需在模组层面加以保护。

按照应用类型，锂离子电池又可分为功率型电池和能量型电池。功率型电池具有较高的峰值功率输出和瞬间放电能力，但能量密度相对较低，循环寿命较短。能量型电池具有较高的能量密度和稳定的能量输出，但峰值功率输出较低，无法满足大功率瞬间需求。

3.2.2 电池的连接与安装

1. 电池连接方式

电池包中单体电池的连接方式有串联和并联。多个单体电池串联能提高整个电池包的输出电压，并联能增加电流和容量。并联状态下，单个单体电池出现故障时，其他单体电池也可继续提供电力。在储能领域，常使用串联方式，能提高系统的输出功率和供电时间，且结构简单，使电池包的组装和维护更为便捷。此外，串联方式允许选择不同容量和电压的电池进行组合，使储能系统能够更好地适应各种应用场景和环境条件。以典型的2.5MW/5MW·h储能电站为例，电池包采用了52个314A·h单体电池按1并52串(1P52S)连接，并将8个电池包进一步串联为电池簇，12个电池簇并联以提高容量，满足相应电压和容量需求，如图3-8所示。

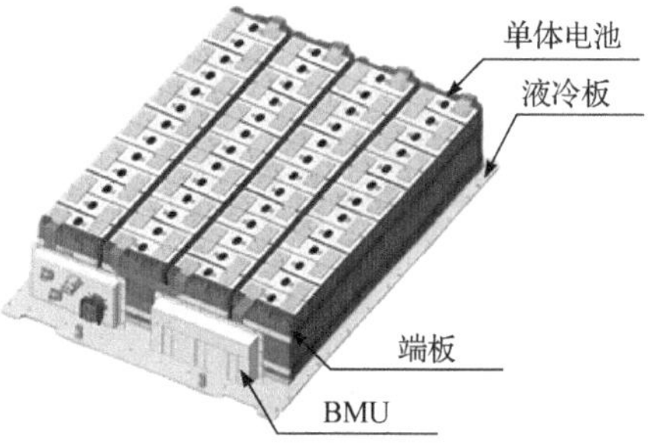

图 3-8　电池包(1P52S)组成示意图

(1) 电池包(battery pack)由多个单体电池组成。电池包不仅提高了电池的电压和容量，还配备了电池模组管理单元(BMU)来监控和保护单体电池。电池包中的单体电池通过串联或并联的方式连接，以满足不同的电力需求。电池包还具有外壳和连接器，用于保护单体电池，并方便与外部系统连接。

(2) 电池簇(battery cluster)是由多个电池包组成的更大容量的电池系统，通常采用串联方式连接以提高电压，并接入高压箱，如图 3-9 所示。高压箱内包括电池簇管理单元(BCMU)，用于对该电池簇的各 BMS 进行监测管理，并通过箱内电气元件，如直流断路器、熔断器、接触器等对储能系统进行控制和保护。

图 3-9　电池阵列组成示意图

(3) 电池阵列(battery array)通常由多个电池簇并联到汇流柜直流母排构成，以满足储能系统对更高能量和功率的需求，并通过电池阵列管理单元(BAMU)进行控制和管理。作为储能电站的核心部分，电池阵列与控制系统、冷却系统及电池管理系统等密切协作，确保运行中的安全性、可靠性和高效性。此外，电池阵列的规模和配置可根据具体应用需求进行调整，具备良好的可扩展性和维护便利性，适合大规模储能场景。电池阵列通过直流汇流柜送出到 PCS，再经过双分裂隔离变压器接入不同电压等级(6kV、10kV、35kV 等)。

2. 电池安装平台

电池安装平台是确保电化学储能系统稳定运行的基础，不仅提供必要的物理支撑，整合储能变流器、电池管理系统和能量管理系统等关键组件，实现系统的协同工作，而且可通过符合安全标准的设计，如防火、防爆和过温保护，以预防和控制潜在的安全风险。

电池安装平台主要有站房式、固定建筑式和预制舱式。站房式是将电池包安装在专门设计的站房内，适用于需要环境控制和安全防护的场合，可灵活调整以适应不同规模需求。固定建筑式是将电池包集成在固定建筑物内，能够提供更为完善的设施和支持系统，适用于对结构稳定性和耐久性要求较高的场合。预制舱式是采用预制舱体作为安装容器，预制舱体通常在工厂内完成制造和装配，运输到现场进行安装，适用于需要快速部署、模块化设计和标准生产的场合，能够适应不同场地和环境的限制，具备良好的密封性和防护性能。固定式建筑建设周期长、成本较高，而站房式和预制舱式在制造和运输成本方面都具有一定优势，目前较为常用的是预制舱式。除电池阵列本体外，电池预制舱内通常安装变流升压系统(变流器、变压器)、热管理系统(空调/冷水机组)、能量管理与监控系统(监控柜)等，如图 3-10 所示。此外，电池预制舱还需配置火灾报警系统、消防系统、视频监控系统、安全逃生系统等安全保障环节。

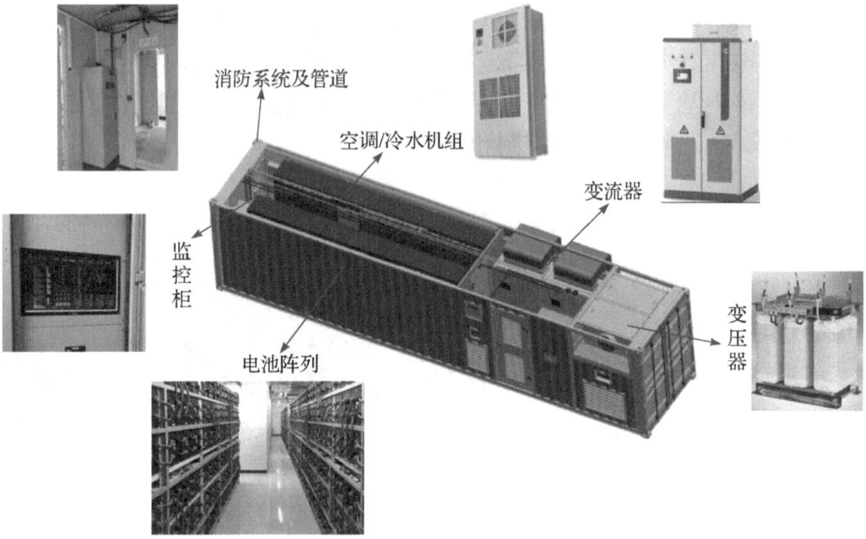

图 3-10　电池预制舱安装平台组成部分示意图

3.2.3　电池储能系统的电气结构

典型的电池储能系统电气结构简图如图 3-11 所示，一般包括主电路和控制电路两部分。主电路主要分为直流侧、储能变流器(PCS)及交流侧。其中直流侧回路自电池簇输出/输入端开始，经各高压箱、直流线缆至电池汇流柜(battery connection panel，BCP)中进行汇流，在这一线路上将设置必要的直流保护和开关器件，以配合电池管理系统，实现电池安全可靠并联、故障隔离及故障恢复后的再投入。BCP 与 PCS 直流侧相连，虽然 PCS 的直流侧通常具有比较完善的直流保护器件、开关器件和缓冲电路，但依然可在 BCP 中设置具有可视断点的开关器件以便于维护。对于交流侧，其并网接口可接入 400V/690V 低压电网，或经升压变接入 6kV 以上高压电网，也可在其中安装并离网切换装置，支持储能系统离网运行，为负荷独立供电。

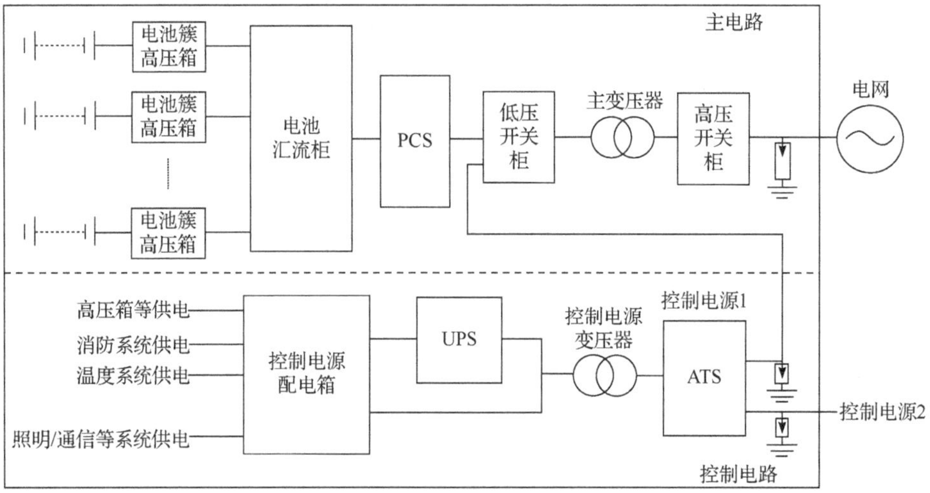

图 3-11　电池储能系统电气结构简图

控制电路主要为电池储能系统内部设备供电，其输入端可安装多路自动转换开关(automatic transfer switch, ATS)实现灵活取电。例如，控制电源 1 可从 400V 低压电网取电，而控制电源 2 预留从外部设备(如柴油发电机组)取电，实现储能系统离网状态启动。为隔绝外部电源谐波等干扰，需设置控制电源变压器。系统控制依据重要程度进行供电管理，一般而言，电池管理系统、本地控制器、故障录波及消防系统等设备，应由不间断电源(UPS)供电，尤其是消防系统，必须持续供电。

3.2.4　储能电站监控与能量管理系统

储能监控系统是整个储能系统的高级控制中枢，负责监控整个储能系统的运行状态，通过运行控制、绝缘检测、均衡管理、保护报警及通信等手段实时监测电池状态，确保储能系统能够在各种复杂环境下稳定运行。监控系统是电池储能系统的“大脑和眼睛”，通过实时监测状态并智能调整充放电策略，精确监测温度、电压、电流确保安全充放电并发出预警，实现储能电站的灵活控制。图 3-12 所示的整体储能监控系统采用三层架构，分别是调度集控中心层、储能电站监控层和储能基本单元层。储能电站监控层分为 EMS 和 BMS 数据分析平台两部分。能量管理系统(EMS)是储能电站的中枢，负责整个储能电站的数据采集、监控和多能协调优化管控。EMS 向下接收 PCS 信息，并将重要信息上传给调度集控中心层，同时向上接收调度 AGC、AVC 指令，根据控制策略对 PCS 下发充放电控制指令。储能电站 EMS 通过远动设备与电网调度中心进行通信连接，实现远程通信和控制。同时，EMS 与 BMS 数据分析平台通过数据总线交换数据，获得 BMS 采集的电池充放电数据并优化储能电池充放电策略，提高系统安全性和经济效益。EMS 的物理隔离

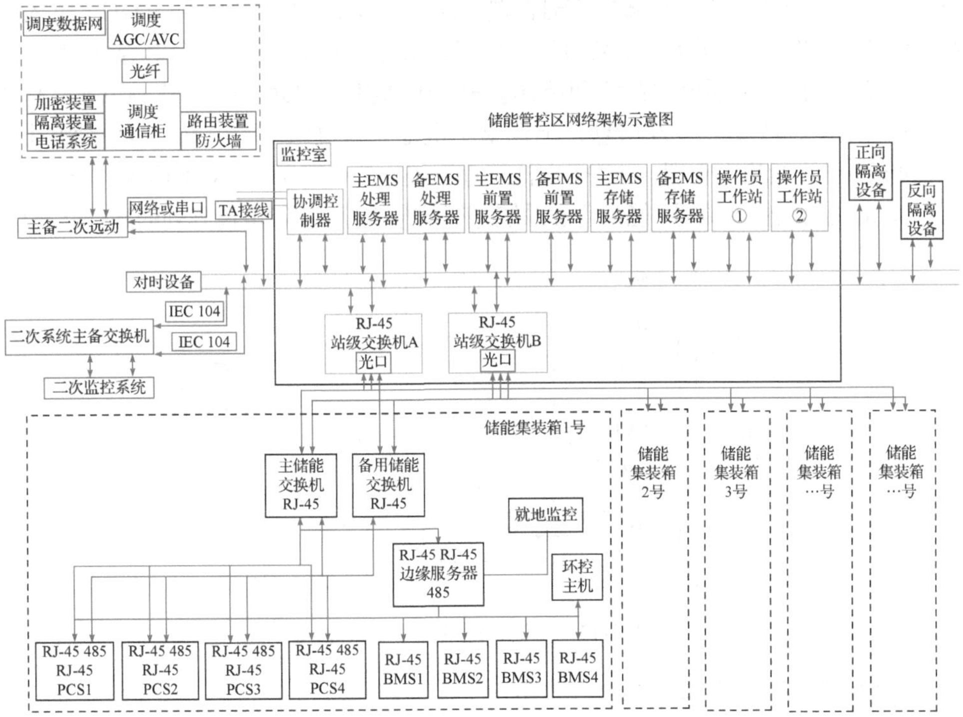

图 3-12　储能电站监控和能量管理系统架构

和反向隔离装置可以实现与低安全区的储能运行维护平台的信息传送与接收。

储能监控系统的主要功能有：系统站级监控与数据采集(SCADA)、诊断预警、全景分析、优化调度决策和有功无功控制、混合储能系统优化管理与控制、储能系统保护与控制。监控系统通过对电池、储能变流器及其他配套辅助设备等进行全面监控，实时采集有关设备运行状态及工作参数，并上传至上级调度层，结合调度指令和电池运行状态，进行功率分配，实现储能系统优化运行。

EMS 是运用自动化、信息化等专业技术，对储能系统的能源供应、存储、输送和消耗等环节实施集中扁平化的动态监控和数字化管理，实现能源预测、平衡、优化和系统节能降耗的管控一体化系统。EMS 的基本功能包括数据采集、处理、存储、系统控制、曲线报表、告警、权限管理和系统管理。数据处理核心在于获取电池管理系统(BMS)、储能变流器(PCS)和储能系统的各参数，如电压、电流、温度、SOC 和 SOH，实时处理确保数据准确性。数据存储功能将采集的数据保存于数据库，保障数据完整性。系统控制接收并执行上级系统的启停及功率指令，确保正常运行。曲线报表功能是统计工作和用电情况，并提供数据下载。告警功能是收集系统事件及报警信息，及时通知操作员。权限管理用于确保系统安全和可控，利用不同权限控制页面访问和下载。系统管理是监控电气接线、网络状态、显示结构拓扑及基本信息，保障系统稳定运行，以及监控控制单元状态，异常时及时显示。其他功能如 UPS 检测和复位清零，全面支持系统运行。

3.3　电池管理系统

BMS 是由电子电路设备构成的实时监测系统，一般由三层架构，即 BMU、BCMU 和 BAMU 组成，如图 3-13 所示。BMU 是电池管理系统中的最小单元，会对异常现象报警，并将相关信息上报至上层电池簇管理单元。BCMU 是电池管理系统的核心单元，作为中间层级承上启下，收集并转发信息，确保整个电池系统高效运行。BAMU 对整个储能电池阵列的电池进行集中管理，是整个电池管理系统中的最高层级，向下连接各个电池簇管理单元，向上则与储能变流器、能量管理系统进行信息交互，反馈电池阵列的运行状态信息。

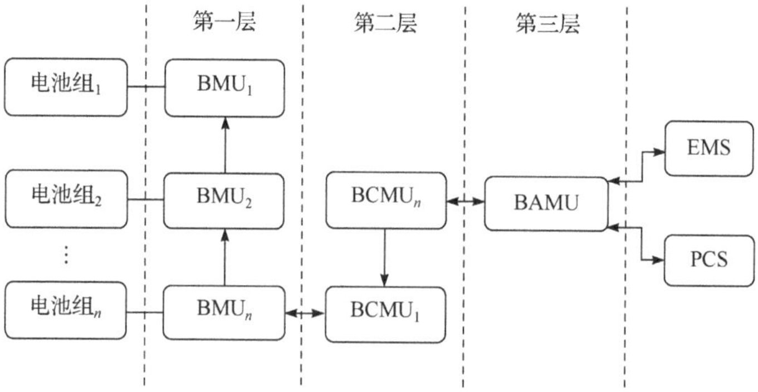

图 3-13　电池管理系统三级架构

3.3.1　电池管理系统的基本功能

电池管理系统的主要任务是对电池进行监测、管理和控制，防止电池出现过充电和过放电，延长电池的使用寿命，监控电池的状态，是储能电池的“保姆和管家”，其基本功能包括：数据采集、均衡控制、安全管理、热管理和通信交互等，如图 3-14 所示。

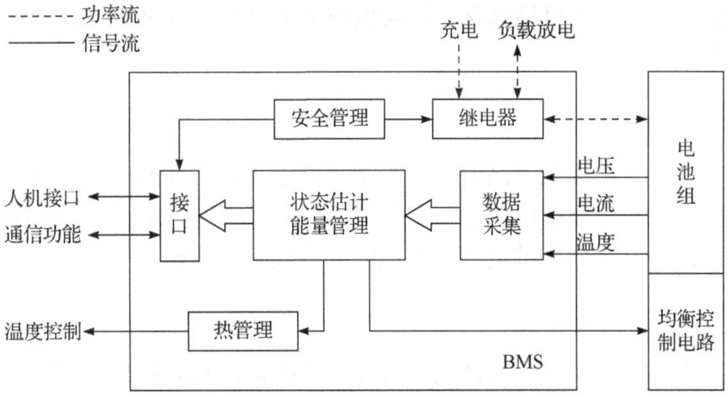

图 3-14　电池管理系统的功能

1. 数据采集

电池管理系统的所有算法均以采集的电池数据作为输入，采样速率、精度和前置滤波特性是影响电池系统性能的重要指标。数据采集主要包括电压、电流和温度等参数。

2. 状态估计

1) 荷电状态

SOC 属于 BMS 核心控制算法，表征当前电池的剩余容量状态。

2) 健康状态

SOH 表征当前电池的健康状态，为 0%～100%之间的数值，一般认为低于 80%的电池便不可再用。SOH 可以用电池容量或内阻变化来表示，准确获取 SOH 可提高电池衰减时其他模块的估算精度。

3) 功率状态(state of power，SOP)

SOP 表征电池功率状态，通常用短时峰值功率值来表示。

3. 均衡控制

均衡控制功能是为了消除单体电池不一致性问题。根据木桶短板效应，充电和放电时性能最差的单体电池先达到截止条件，而其他单体电池仍有部分能量未释放。为提高电池包的能量利用率，在电池包的充放电过程中需要设置均衡电路。

4. 能量管理

能量管理用以确保电池的实时能量输出和输入不超出电池和系统的承载能力。电池的充放电承载能力受温度、SOC 和 SOH 等因素的共同影响，同时在系统级别需避免过热、线路熔断等可能的风险，因此，能量管理是主要以电流、电压、温度、SOC 和 SOH 等作为输入的全局控制过程。

5. 安全管理

安全管理用于监视电池电压、电流和温度等是否超过正常范围。现代 BMS 对电池包既可进行整组监控，又可通过精细化管控对极端单体电池进行过充、过放和过温等安全状态管理。

6. 热管理

热管理是在电池工作温度过高时进行冷却，低于适宜工作温度下限时进行电池加热，使电池处于适宜的工作温度范围内，并在电池工作过程中保持单体电池间温度均衡。对于大功率放电和高温条件下使用的电池，电池的热管理至关重要。

7. 通信交互

通过与储能电站控制系统进行通信，实现对电池管理的远程监控和控制。根据应用需要，数据交换可采用不同的通信接口，如模拟信号、PWM 信号、CAN 总线或 I2C 串行接口等。

3.3.2　电池数据采集

电池的数据采集包括电池的温度、电压和电流等。其中，温度是影响储能电站电池安全性和稳定性的关键因素，电压和电流数据采集对于电池的使用寿命和性能评估至关重要。

1. 电池温度数据采集

电池的工作温度不仅影响电池的性能，而且直接关系到储能电站的安全运行，因此准确采集温度参数至关重要。采集温度的关键是如何选择合适的温度传感器，如热敏电阻、热电偶、热敏晶体管和集成温度传感器等。

2. 电池电压数据采集

单体电池电压采集模块是电池管理系统中的重要一环，其性能好坏或精度高低决定了系统对电池状态信息判断的准确程度，影响后续控制策略的实施。常用的单体电池电压采集方法有继电器阵列法、恒流源法、隔离运放采集法、压/频转换电路采集法和线性光耦合放大电路采集法。

3. 电池电流数据采集

单体电池电流采集方法有很多种，常用的电流采集方法有分流器、电流互感器、霍尔传感器、小信号放大器和光纤传感器等，各种方法的特点如表 3-3 所示。实际应用中，需要考虑特定的测量要求和储能电站中电池的实际情况，选择合适的采集方法。

表 3-3　常用电流采集方法的特点

特点	分流器	电流互感器	霍尔传感器	小信号放大器	光纤传感器
接入损耗	有	无	无	有	无
布置方式	并联电阻、嵌入主电路	开孔、导线	开孔、导线	需接入主电路	开孔、光纤接入

续表

特点	分流器	电流互感器	霍尔传感器	小信号放大器	光纤传感器
测量对象	直流、交流、脉冲	交流	直流、交流、脉冲	直流、交流、脉冲	直流、交流
使用便利性	精度高、温漂小、小信号放大、需电气隔离	使用较简单、需电气隔离	使用简单、响应快、需电气隔离	电路较为复杂、成本较高	较为复杂
适用场景	小电流、控制测量	大电流、交流测量、电网监控	控制、测量	小电流、实验室和工业等场景	高压测量、电力系统

3.3.3　电池状态估计

1. 电池 SOC 估计

SOC 是电池管理系统中最为重要的状态之一，为储能电站的电池安全管理、充放电控制和电站能量管理等功能提供了重要参考。精确估计电池 SOC 可避免意料之外的系统中断，防止电池过度充电和放电，延长电池寿命。

在电池管理系统中，SOC 可以定义为：在一定的放电倍率条件下，电池剩余容量与相同条件下额定容量的比值，即

$$\text{SOC}=\frac{\text{剩余容量}}{\text{额定容量}}\times 100\% \tag{3-13}$$

理论上，当电池的 SOC = 0%时，表示电池处于完全放电状态，电池可用电量为零；当 SOC = 100%时，表示电池处于完全充电状态，电池充满了电。

精准建立电池模型是精准估计电池 SOC 的基础。电池的内部化学反应是复杂的非线性过程，电池在充放电电流变化的瞬间发生极化，即电池端电压不表现出纯电阻特性，而是以非线性方式连续变化，电池的极化将导致充放电电流流经电池的电阻增加。长期使用后，电池会出现老化问题，如电池容量下降和内阻增加，将导致电池的充电状态严重偏离真实情况。不同单体电池之间存在个体差异，从单体电池到电池模块再到电池包，功率性能显著衰减。这些因素导致很难建立一个准确的电池模型来准确描述所有电池的性能，目前常用的电池模型包括电化学机理模型、等效电路模型和数据驱动模型。

1) 常用的电池模型

(1) 电化学机理模型。电化学机理模型是根据电池的内部机理建立电化学功率和传输方程，考虑正极和负极材料的物理化学性质、电池的内部扩散过程、电化学反应过程等因素，全面准确地描述电池的内部物理化学过程和外部特性。如图 3-15 所示，电化学机理模型采用一些偏微分方程来描述电池内部的电极特性、超电势变化等。电化学机理模型最早由 Neman 等提出，用于研究电池内部特性以及设计更高效的电池，对于优化电池参数与设计电池结构等具有重要的意义，但是该模型的偏微分方程表达式比较复杂，计算量较大。电化学机理模型主要包括伪二维模型(P2D)、单粒子模型(SP)以及其他简化的伪二维模型(SP2D)。

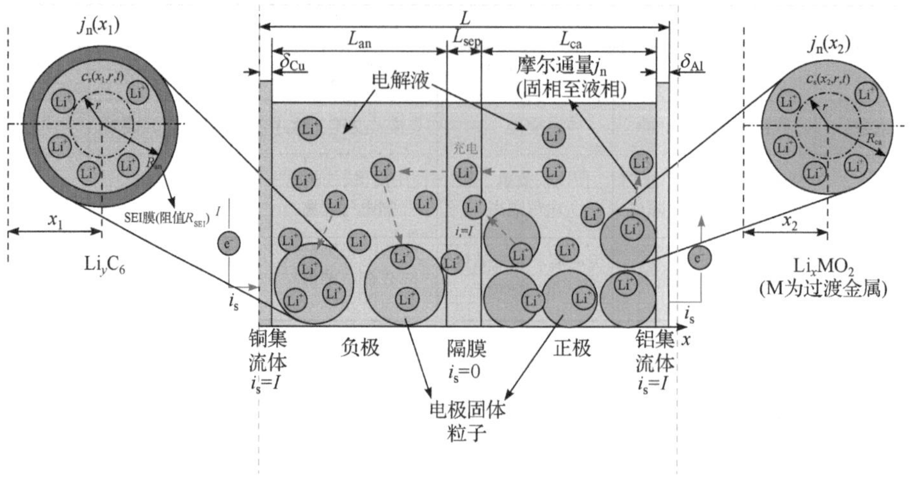

图 3-15　锂离子电池的电化学机理模型

(2) 等效电路模型。等效电路模型利用电阻、电容和恒压源等电路元件组成电路网络，模拟电池的动态特性。为准确估计电池的荷电状态值，要求该模型能更好地反映电池的静态特性和动态特性。但模型的阶数不宜过高，以减少处理器的计算量，便于工程实现。常见的整阶等效电路模型有 Rint 模型、Thevenin 模型、PNGV 模型和多阶模型，如图 3-16 所示。

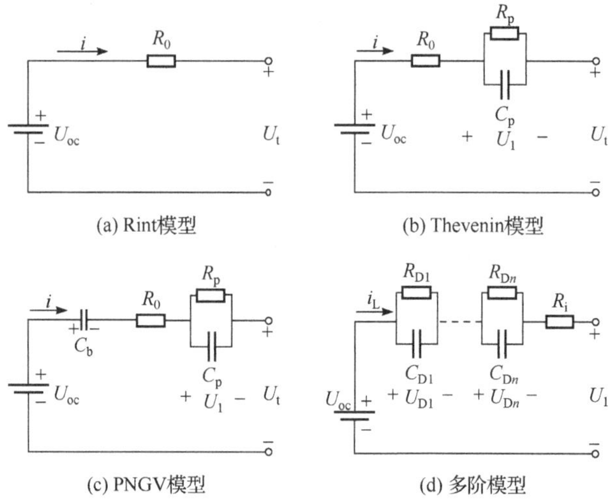

图 3-16　锂离子电池常用的等效电路模型

(3) 数据驱动模型。数据驱动模型具有灵活性和无模型性等优点，可以直接从电池外部特征参数中分析隐藏信息和演化规律。数据驱动方法在电池建模中应用广泛，具有高度的非线性和自学习特性，对非线性系统中电池 SOC 的估计具有良好的泛化能力。数据驱动模型主要包括神经网络模型、自回归模型和支持向量机模型。在数据驱动模型的建模过程中，由于没有明确的模型结构模拟电池的内部反应，只能使用足够的测试数据用于训练数据模型。然而，数据驱动模型需要大量的电池试验数据作为驱动，在数据样本数量较少的情况下，精度不高，通用性较差。此外，该算法的实现时间较长，应用程序的实时性难以保证。

2) 电池 SOC 估计方法

(1) 直接测量法。直接测量法是利用与 SOC 直接相关的物理量来估计 SOC 的方法，如开路电压法、安时积分法、内阻法、电化学阻抗谱法等。

(2) 基于数据驱动的 SOC 估计方法。在 SOC 估计中，模型的输入通常为电池的电流、端电压和温度等可测变量，输出为 SOC 估计值。基于数据驱动的 SOC 估计方法主要包括模糊逻辑、人工神经网络、遗传算法、粒子群算法、随机森林算法和支持向量机算法等。

2. 电池 SOH 估计

SOH 是电池管理系统中的重要参数之一，准确掌握电池 SOH 可以为电池自身检测与诊断提供依据，有助于及时了解电池包各单体电池的健康状态，及时更换老化的电池，延长电池包整体寿命。

SOH 是一个相对量，有多种定义方法，其中最常用的定义是电池当前状态充满电时的容量与额定容量的比值，即

$$\text{SOH}=\frac{\text{当前状态充满电的容量}}{\text{额定容量}}\times 100\% \tag{3-14}$$

基于欧姆内阻的 SOH 定义方法为

$$\text{SOH}=\frac{R_{\text{eol}}-R_{\text{current}}}{R_{\text{eol}}-R_0}\times 100\% \tag{3-15}$$

式中，R_{eol} 为电池达到生命周期结束时的内阻，Ω；R_{current} 为电池实际内阻，Ω；R_0 为新电池的内阻，Ω。

电池的放电深度是指电池所放出的容量与电池自身容量的比值，该值与电池可充电的次数成反比，即电池的放电深度越大，其可充电次数越少。从电池的放电深度角度定义 SOH 可表示为：在一定放电深度下，电池的剩余充电次数与最大充电次数的比值，即

$$\text{SOH}=\frac{\text{剩余充电次数}}{\text{最大充电次数}}\times 100\% \tag{3-16}$$

一般能量型电池使用基于容量的 SOH 定义法，功率型电池采用基于内阻的定义法。由于 SOC 估计和电池容量密切相关，容量的衰减会降低电池 SOC 的估计精度，为了增加电池分析的系统性，一般采用基于容量的 SOH 定义法。

目前电池 SOH 估计方法主要有试验测量法、模型驱动法和数据驱动法。

(1) 试验测量法：在特定条件下，利用特定的试验测试装置，分析锂离子电池内部的电化学特性，直接测试锂离子电池的健康状态。试验测量法可直接获得与电池老化状态相关的参数，如电池内阻、电解液浓度、电极活性和固体电解质界面厚度等，分析电池的衰减程度及老化机制，诊断电池当前的健康状态。试验测量法可以分为破坏性检测法和非破坏性检测法。

(2) 模型驱动法：通过建立不同的电池模型，观测模型参数变化趋势，通过获取电池容量模型参数实现电池的 SOH 估计及 RUL(remaining useful life)预测，其中 RUL 指的是

剩余循环使用寿命，为从当前周期到生命周期结束所经过的充放电周期数，用于表征电池的衰减情况。

(3) 数据驱动法：不同于模型驱动法需要精确的建模，数据驱动法不需要了解锂离子电池的内部化学反应和容量衰退机制，通常先构建一个粗糙的模型，随机初始化各项参数，通过大量数据训练使各项参数与训练数据逐渐一致，并利用训练迭代好的参数进行 SOH 估计。数据驱动法的输入通常为锂离子电池在实际运行过程中能直接测得的端电压(电池正、负两极间电压)、外壳温度以及 BMS 提供的电池初始容量、SOC、等效阻抗等数据。根据采用的智能学习算法原理，又可以将数据驱动法分为基于人工智能、基于滤波器、基于统计数据和基于时间序列的方法。一些基于数据驱动的 SOH 估计方法是无模型的，如增量容量分析法和差分电压分析法，通过找到从电池特性到容量的映射来进行预测。

3. 电池 SOP 估计

1) 电池峰值功率预测的主要内容

SOP 是在预定时间间隔内，电池所能释放或吸收的最大功率。进行电池峰值功率估计可评估电池在不同 SOC 和 SOH 下的充放电功率极限能力，最优匹配电池系统与储能系统性能间的关系，以满足储能系统高功率充放电性能，最大限度发挥储能系统削峰填谷能力，对于合理使用电池、避免电池出现过充或过放现象、延长电池使用寿命具有重要的理论意义和应用价值。

峰值功率预测精度与 SOC 估计、动态模型精度息息相关。电池包功率预测包括以下方面。

(1) 放电功率。基于当前电池包状态，预测在 Δt 时间内不超出电池包当前约束条件(包括单体电池电压、荷电状态、功率和电流等)的电池包最大可输出功率能力，主要用于大倍率放电工况。

(2) 充电功率。基于当前电池包状态，预测在 Δt 时间内不超出电池包当前约束条件(包括单体电池电压、荷电状态、功率和电流等)的电池包最大吸收功率能力，主要用于快速充电工况。

2) 电池峰值功率预测方法

(1) 复合脉冲法。

该方法是基于单体电池电压的限制来估计电池峰值功率。电路模型采用内阻模型，能够反映电池的极化特性，是电池 SOC 的函数。

假设电池包由 m 个单体电池组成，其中有 m_s 个模块串联，每个模块由 m_p 个单体电池并联组成，并满足 $m_s \times m_p = m$。对于电池包某一单体电池 n，该方法可表达为

$$u_n(t) = \mathrm{OCV}(s_n(t)) - R \times I_n(t) \tag{3-17}$$

式中，$u_n(t)$为单体电池 n 的工作电压，V；$s_n(t)$为单体电池 n 当前的 SOC 状态，%；$\mathrm{OCV}(s_n(t))$为单体电池当前 SOC 状态的开路电压或电动势，V；$I_n(t)$为电池的充电或放电电流，A；R 为充电或放电内阻，Ω。

为区分电池的充电与放电电流，假设电池放电电流、放电功率为正，电池充电电流、充电功率为负，单体电池 n 在一定的 SOC 下充、放电峰值功率分别为

$$\begin{cases} p_{\min,n}^{\text{chg}} = u_{\max} \times \dfrac{\text{OCV}\big(s_n(t)\big) - u_{\max}}{R_{\text{chg}}} \\ p_{\max,n}^{\text{dis}} = u_{\min} \times \dfrac{\text{OCV}\big(s_n(t)\big) - u_{\min}}{R_{\text{dis}}} \end{cases} \tag{3-18}$$

式中，$u_{\max}$、$u_{\min}$分别为单体电池充电时最高工作电压和放电时最低工作电压，V；$p_{\min,n}^{\text{chg}}$、$p_{\max,n}^{\text{dis}}$分别为单体电池峰值充、放电功率，W。电池包的峰值功率可表示为

$$\begin{cases} P_{\min}^{\text{chg}} = m_s m_p \max\limits_{n}\left(p_{\min,n}^{\text{chg}}\right) \\ P_{\max}^{\text{dis}} = m_s m_p \min\limits_{n}\left(p_{\max,n}^{\text{dis}}\right) \end{cases} \tag{3-19}$$

复合脉冲法主要考虑了电池包瞬时功率，不适用于给定时间内的持续峰值功率预测，并且没有考虑电流的约束，会造成估计功率比电池实际功率偏大。由于充放电脉冲较大，对内阻较大的电池可能导致过充/过放现象，引发安全问题，同时电池包的使用寿命会受到影响，因此测试时，一般要求电池 SOC 为 10%～90%。

(2) 基于电池 SOC 的方法。

该方法基于电池使用过程中最大或最小 SOC 的限制获得电池峰值充放电电流，进而计算电池包的峰值功率。假设电池从当前时刻 t 开始，在给定时间 Δt 内以恒定电流 I_n 放电(或充电)，则 $t+\Delta t$ 时刻第 n 个单体电池 SOC 可表达为

$$s_n(t+\Delta t) = s_n(t) - I_n(t)\left(\frac{\eta_i \Delta t}{C_r}\right) \tag{3-20}$$

式中，η_i 表示电池的库仑效率，是放电电流的函数；C_r 为电池的额定容量，A·h。理论上最大充、放电电流分别为

$$\begin{cases} I_{\min}^{\text{chg,soc}} \approx \dfrac{s(t) - s_{\max}}{\eta_{\text{chg}} \Delta t / C_r} \\ I_{\max}^{\text{dis,soc}} \approx \dfrac{s(t) - s_{\min}}{\eta_{\text{dis}} \Delta t / C_r} \end{cases} \tag{3-21}$$

式中，$s(t)$为电池包当前状态下的 SOC，%；η_{chg}、η_{dis}分别为电池的充、放电效率，%；$s_{\min}$、$s_{\max}$为单体电池最小、最大 SOC，%。

基于电池 SOC 的方法考虑了 Δt 时间内的持续峰值功率，符合电池实际充放电过程，但当 SOC 允许使用范围较大时，仅用 SOC 作为约束计算出的峰值电流结果偏大，一般将此方法与复合脉冲法结合使用。

除了上述两种传统的 SOP 估计方法之外，还有基于电池单体电压的峰值功率估计方法、基于 Thevenin 模型的多参数约束动态峰值功率估计方法等，这两种方法的基本原理与复合脉冲法和基于电池 SOC 的方法类似，只是考虑了电池正常工作时的一些其他特殊约束条件，如充放电过程中的极化效应等。

3.3.4 电池系统均衡管理

在电池系统中，与单体电池相比，成组后的电池系统的容量、寿命和安全性均会大幅度下降，其原因在于内部参数和外部环境导致的不一致性问题。因此，需设置均衡控制电路保障电池的一致性。

1. 电池成组应用的一致性

同一规格型号的单体电池构成电池包后，其电压、荷电量、容量及其衰退率、内阻及其变化率、寿命、温度、自放电率等参数存在一定的差别，称为电池成组应用的不一致性。电池一致性是用于表征这些差别的概念，差别越大，一致性越差，不一致性越高。不一致性产生的主要原因有两方面：①制造过程中，由于工艺问题和材质的不均匀性，电池极板活性物质的活化程度、厚度、微孔率、链条和隔板等存在微小差别，此类电池内部结构和材质上的不一致性，会使同一批次出厂的同一型号电池的容量和内阻等参数不可能完全一致；②储能电站运行时，由于电池包中各个电池的温度、散热条件、自放电程度和放电深度等存在差别，在一定程度上增加了电池电压、内阻及容量等参数的不一致性。根据使用中电池包不一致性扩大的原因和对电池包性能的影响方式，可把电池的一致性分为容量一致性、电压一致性和电阻一致性。

2. 电池系统均衡管理方法

为了平衡电池包中单体电池的容量和能量差异，提高电池包的能量利用率，在电池包的充放电过程中需使用均衡电路。根据均衡过程中电路对能量的消耗情况，可分为能量耗散型和能量非耗散型。能量耗散型是将多余的能量全部以热量的方式消耗，能量非耗散型是将多余的能量转化或转移到其他电池中。

1) 能量耗散型均衡管理

能量耗散型是通过单体电池的并联电阻进行分流，将较多的能量通过电阻消耗掉以实现均衡，如图 3-17 所示。该电路结构简单，均衡过程一般在充电过程中完成，对容量小的单体电池不能补充电量，存在能量浪费和增加热管理系统负荷等问题。能量耗散型一般有两类：一类是恒定分流电阻均衡充电电路，每个单体电池始终并联一个分流电阻。该方法可靠性高，分流电阻值大，通过固定分流以减小由于自放电导致的单体电池差异，其缺点在于电池充放电过程中，分流电阻始终消耗功率，能量损失大，适用于能够及时补充能量的场合。另一类是开关控制分流电阻均衡充电电路，分流电阻通过开关控制，在充电过程中，当单体电池电压达到截止电压时，均衡装置能阻止其过充并将多余的能量转化成热能。该方法在充电期间可对充电时单体电池电压偏高者进行分流，其缺点是由于均衡时

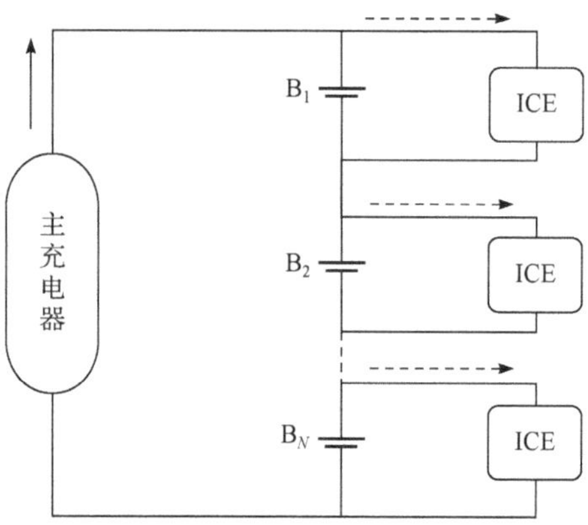

图 3-17 能量耗散型均衡原理图(ICE 为单体电池均衡器)

间的限制，导致分流时产生的大量热量需要及时通过热管理系统耗散，尤其在容量较大的电池包中更加明显。

2) 能量非耗散型均衡管理

能量非耗散型的耗能低于能量耗散型，但电路结构相对复杂，可分为能量转化式均衡和能量转移式均衡。

(1) 能量转化式均衡。

能量转化式均衡是通过开关信号，将电池包整体能量对单体电池进行能量补充，或将单体电池能量向整体电池包进行能量转化。其中单体电池向整体电池包的能量转化一般是在电池包充电过程中进行的，电路如图 3-18 所示。该电路把单体电池中的充电电流进行分流，降低充电电压，分出的电流经转移模块反馈回充电总线，达到均衡的目的。此外，有的能量转化式均衡可通过续流电感，完成单体电池到电池包的能量转化。

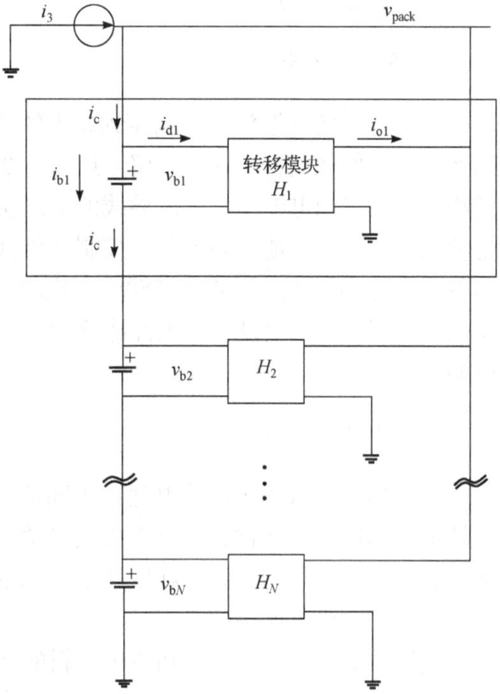

图 3-18　单体电池向整体电池包能量转化方式

电池包整体能量向单体电池转化方式也称为补充式均衡，即在充电过程中首先通过主充电模块对电池包进行充电，电压检测电路对每个单体电池进行监控。当任一单体电池的电压过高时，主充电电路关闭，由补充式均衡充电模块对电池包充电。

(2) 能量转移式均衡。

能量转移式均衡是利用电感或电容等储能元件，把电池包中容量高的单体电池的电量，通过储能元件转移到容量较低的电池。图 3-19 所示电路是通过切换电容开关传递相邻电池间的电量，将电量从电压高的电池传送到电压低的电池，达到均衡的目的。此外，可以通过电感储能方式，对相邻电池间进行双向传递。此电路的能量损耗较小，但均衡过程中必须有多次传输，均衡时间长，不适于多串的电池包。改进的电容开关均衡方式，可通过选择最高电压单体电池与最低电压单体电池间进行能量转移，加快均衡速度。

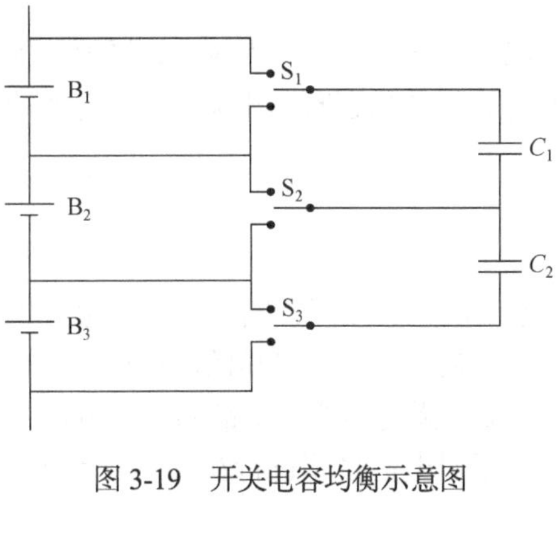

图 3-19　开关电容均衡示意图

除上述均衡方法外，在充电过程中，还可采用涓流充电的方式实现电池的均衡。该方法是对串联电池包持续用小电流充电，过充对电池的影响较小。由于已充满的电池无法将更多的电能转化成化学能，多余的能量将转化成热量，而未充满的电池可继续接收电能，直至到达满充点。经过较长的周期，所有电池均可达到满充状态，实现容量均衡。然而，该方法需要较长的均衡充电时间，且消耗能量较多。

现有的电池均衡方案中，通常以电池包的电压判断电池容量，属于电压均衡方式，对电压检测的准确性和精度要求较高，而电压检测电路漏电流的大小，直接影响电池包的一致性。因此，设计出简单、高效的电压检测电路是均衡电路需要解决的重要问题。

3.3.5 电池安全管理

1. 高压绝缘检测

成组之后的电池包工作电压远超人体的安全电压范围。电池包绝缘材料的绝缘性能会因磨损等在使用过程中逐渐下降，且湿度增加也会降低电池高压和储能电站金属部件之间的绝缘性能。当电池正、负极导线的绝缘层被磨穿，并且和电池包箱体接触时，会产生漏电流回路，影响电池管理系统、控制器等部件的正常工作，甚至工作人员的安全。当电池包的多个点和箱体之间的绝缘性能老化时，电路自放电，能量堆积，严重情况下可能会产生火灾。因此，必须设置绝缘性能检测装置，实时监控高压系统和储能集装箱之间的绝缘电阻。

2. 峰值功率约束

峰值功率可以用于评估电池在不同荷电状态下充放电的极限能力，对电池包和储能电站性能之间的匹配优化，以及发挥削峰填谷功能等具有重要的作用。然而，电池的峰值功率受到较多安全限制，只有在安全限度内的峰值功率才具有实际意义。

1) 基于温度的约束

电解质的电导率、正极和负极材料的活性随温度的改变而变化，因此电池的上限充放电功率会受到温度的影响。电极的反应速率随温度的降低而降低，温度也会影响离子和电子的传输速率，当温度升高时速率增加，反之亦然。此外，若温度过高，超过规定的温度限值，则电池内的化学平衡将被破坏，造成电池安全问题。

2) 基于 SOC 的约束

SOC 对 SOP 的约束是为了防止电池在工作过程中发生过充和过放，保证电池的安全性。在研究 SOP 与 SOC 的关系时，要考虑温度、充放电倍率等因素对于 SOC 的影响，提高 SOC 测量的精度。随着 SOC 的增加，放电功率增大，充电功率减小。

3) 基于欧姆内阻的约束

一般而言，电池的峰值功率与电池的欧姆内阻近似成反比。欧姆内阻越小，峰值功率越大。电池的温度、SOC 以及欧姆内阻的大小都与电池的安全状态密切相关，因此电池的 SOP 需满足三种要素对其的限制条件。

3. 故障诊断与风险预警

电池系统故障诊断常用方法可分为两大类：基于电池模型的故障诊断方法和无电池模型的故障诊断方法。基于电池模型的故障诊断方法的关键是建立精准可靠的电池模型，通过对比模型的预测值和实测值的差异，实现电池故障诊断。无电池模型的故障诊断方法主要依赖于样本数据，无须针对电池机理进行建模，避免了对电池模型进行在线参数更新。

此类故障诊断方法包括基于统计分析的故障诊断方法、基于数据驱动的故障诊断方法和基于专家系统的故障诊断方法等。电池系统常见故障类型包括电池本体、电池管理系统和连接组件故障等，其中电池本体故障包括由电池老化引发的故障(容量和性能衰退)，以及无明显征兆或短时征兆条件下电池储能系统突然失效或性能突然下降的突发性故障(如内短路、热失控和容量跳水等)。

在电池系统故障诊断的基础上，如何实现热失控风险的精准预测，是提高电池系统主动安全性的关键。在电池热失控预警方法中，主要分为基于电池外部表征参数(电压、电流和温度等)的热失控预警方法、基于电池内部状态预测的热失控预警方法和基于气体监测的预警方法。电池发生热失控时，电池电压、电流、温度以及释放气体产量和成分等会发生变化，因此，通常将电池电压、电流、温度、释放气体等作为电池热失控预警特征参数和信号，并将其引入热失控预警机制。

3.3.6　电池热管理

电池热管理涉及材料学、电化学、传热学和分子动力学等多学科，是根据温度对电池性能的影响，结合电池的电化学特性与产热机理，基于具体电池的最佳充放电温度区间，通过合理的设计，提升电池整体性能的技术方向。

电池的寿命、性能和安全性都与其工作温度密切相关，因此需要采取热管理措施维持其工作温度。电池热管理系统的主要功能包括：①准确测量和监控电池温度；②电池包温度过高时有效散热和通风；③低温条件下快速加热；④有害气体产生时有效通风；⑤控制电池包温度场分布均匀性。

1. 电池热管理系统的构成

电池热管理系统是从使用角度出发，用于确保电池系统工作在适宜温度范围内的管理系统，主要由导热介质、测控单元及温控设备构成。导热介质与电池包接触后通过介质的流动将电池系统内产生的热量传递至外界环境。电池热管理系统通常由以下几部分组成。

1) 散热系统

散热系统是电池热管理系统中的重要组成部分，其主要任务是通过散热器和风扇的配合，带走电池内部产生的热量，维持电池的正常工作温度。

2) 冷却系统

冷却系统对电池进行降温处理，包括制冷剂循环系统和导热介质循环系统。通过制冷剂的循环和导热介质的流动，有效降低电池工作温度，提高电池工作效率。

3) 加热系统

加热系统是低温条件下，利用加热元件、特殊设计的电气回路或液流管路对电池进行加热，快速提高电池温度，提升电池性能的装置。加热方式分为电池外部加热法(循环热风加热、液流加热和热源直接热辐射加热等)和电池内部加热法(脉冲交流加热和短路加热等)两种加热形式。

4) 管路、风道和连接器

管路、风道和连接器是电池热管理系统的主要硬件，用于连接热管理系统的各个组件，承载和输送导热介质。

5) 导热介质

导热介质的流动将电池系统内产生的热量散至外界环境(过温散热)，或将电池外部热量传递至电池内部对电池进行加热(低温加热)。导热介质主要有空气、液体与相变材料等。

6) 控制系统

控制系统通过传感器对电池的温度进行实时监测，并根据监测结果对散热系统和冷却系统进行智能调节。控制系统通常采用先进的控制算法和技术，确保对电池温度的精准控制和调节。

7) 热绝缘材料

热绝缘材料是电池热管理系统中的重要辅助部分，其主要任务是减少外部环境对电池内部的影响，同时也能够提高电池系统的安全性和可靠性。

2. 电池储能系统的超温冷却

在储能电站运行时，电池可能会出现高温负荷运行的异常状态或异常生热，需采用电池储能系统超温冷却技术减少温度对电池包的负面影响，提高电池的工作效率和使用安全性。电池储能系统常用的导热介质有空气、液体和相变材料。其中，空气冷却可分为被动式的自然冷却和主动式的强制冷却，通过空气流动带走电池产生的热量，其优势在于结构简单、成本低、环保无污染。液体冷却使用冷却液与电池进行热交换，能高效、迅速散热，分为间接液冷和直接液冷，其中间接液冷以冷板式液冷技术为主，直接液冷以浸没式液冷技术为主。相变材料冷却是一种被动式冷却方式，利用相变材料在相变过程中吸收或释放大量潜热，以调节电池温度，具体实现时，可以将相变材料封装成柔性薄膜，缠绕或贴附在电池表面。

3. 电池储能系统的低温加热

锂离子电池在低温环境下的性能会受到限制，除放电容量会严重衰退外，低温条件下锂离子在石墨中的扩散被抑制，电解液的导电率下降，导致嵌入速率降低而在石墨表面上发生析锂反应，产生锂枝晶。锂离子电池在低温下使用寿命下降的主要原因包括内部阻抗的增加与锂离子析出使容量衰减。针对锂离子电池低温性能差的问题，国内外常用的电池低温加热方法可分为两类：外部加热方法和内部加热方法，如图 3-20 所示。外部加热方

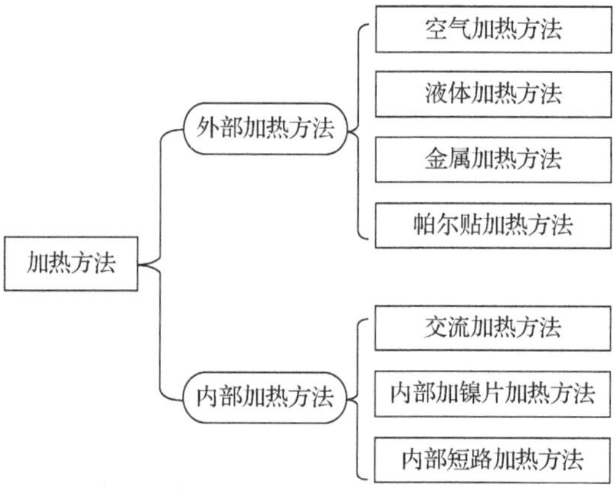

图 3-20　储能电池低温加热方法

法是一种热源在电池外部、通过导热介质等实现对电池加热的方法，内部加热方法是依靠电池自身热源、内置加热元件等方式对电池内部进行加热的方法。

4. 电池热管理系统的控制方法

电池热管理控制系统主要包括传感器、执行器和控制器，其目的是在保证电池性能良好、温度合理以及系统稳定运行的基础上，通过控制手段，实现对整个电池系统的能量管控，降低系统能耗，提高能量利用效率。

根据反馈类别不同，电池热管理系统控制方法一般分为开环控制和反馈控制。开环控制即通过试验标定手段，根据不同运行工况直接给出明确的控制量参数。该方法相对简单，控制系统稳定性高，但同时存在控制精度差、能耗高等问题。反馈控制在控制过程中对具体控制量的参数值并不明确，而是通过在目标量与控制量之间建立反馈逻辑关系，对热管理系统进行控制。在复杂的电池储能体系中，反馈控制的应用更加广泛。电池热管理系统常用的反馈控制方法包括启停控制、PID(proportion integration differentiation)连续控制、局部模型预测控制、全局模型预测控制以及结合其他智能算法的控制等。此外，在电池热管理系统的局部控制中，还有应用模糊控制、鲁棒控制、滑膜变结构控制、动态规划控制和极值搜索控制等方法。

3.4　电化学储能系统的性能指标

3.4.1　电化学储能系统的运行指标

常用的电化学储能系统运行指标包括电量指标、能效指标和时间指标等。其中，电量指标包括上网电量和下网电量、站用电量、电站运行小时数、电站等效利用系数、储能系统充电量和放电量等；能效指标包括电站综合效率、储能系统充放电效率、站用电率和各类损耗等；时间指标包括充放电响应时间、充放电调节时间和充放电转换时间等。

1. 电量指标

1) 上网电量和下网电量

上网电量为评价周期内储能电站向电网输送的电量总和。下网电量为评价周期内，储能电站从电网接收的电量总和。上网电量和下网电量应从储能电站与电网的关口计量表计取。

2) 站用电量

站用电量为评价周期内维持储能电站运行的监控系统、照明系统和冷却系统等所使用的电量总和，可通过监控系统，从站用电回路中的计量表计取。

3) 电站运行小时数

在评价周期内，分别统计各储能单元的运行时间，并按照各储能单元的额定功率加权平均，即

$$\mathrm{UTH}=\frac{1}{P_{\mathrm{B}}}\sum_{i=1}^{N}P_{\mathrm{B}i}\times\mathrm{UTH}_{i} \tag{3-22}$$

式中，UTH 为储能电站评价周期内运行小时数，h；P_B 为储能电站额定功率，kW；P_{Bi} 为第 i 个储能单元的额定功率，kW；UTH_i 为第 i 个储能单元评价周期内运行小时数，h。

4) 电站等效利用系数

在评价周期内，分别统计各储能单元的等效利用系数，并按照额定功率加权平均，即

$$EAF = \frac{1}{P_B}\sum_{i=1}^{N} P_{Bi} \times EAF_i \tag{3-23}$$

$$EAF_i = \frac{E_{Ci} + E_{Di}}{P_{Bi} \times PH} \times 100\% \tag{3-24}$$

式中，EAF 为储能电站等效利用系数，%；EAF_i 为第 i 个储能单元等效利用系数，%；E_{Ci} 和 E_{Di} 分别为第 i 个储能单元在评价周期内的充电量和放电量，kW·h；PH 为评价周期内统计时间小时数(h)，当评价周期为 1 年时，PH 取值为 8760h。

5) 储能系统充电量和放电量

充电量和放电量分别为评价周期内，储能系统交流侧充电量的总和与放电量的总和。需要注意的是，全钒液流电池储能系统应考虑充放电过程中的辅助设备能耗。

在稳定运行状态下，可在额定功率充放电条件下对储能系统进行充放电能量测试，其测试流程如图 3-21 所示。测试结束后，应根据以下公式计算储能系统的额定充电量和额定放电量：

$$E_C = \frac{(E_{C1} + W_{C1}) + (E_{C2} + W_{C2}) + (E_{C3} + W_{C3})}{3} \tag{3-25}$$

$$E_D = \frac{(E_{D1} - W_{D1}) + (E_{D2} - W_{D2}) + (E_{D3} - W_{D3})}{3} \tag{3-26}$$

式中，E_C 和 E_D 分别为额定功率充放电条件下，储能系统的充电量和放电量，kW·h；W_C 和 W_D 分别为评价周期内，储能系统充电过程和放电过程的辅助设备能耗，kW·h。

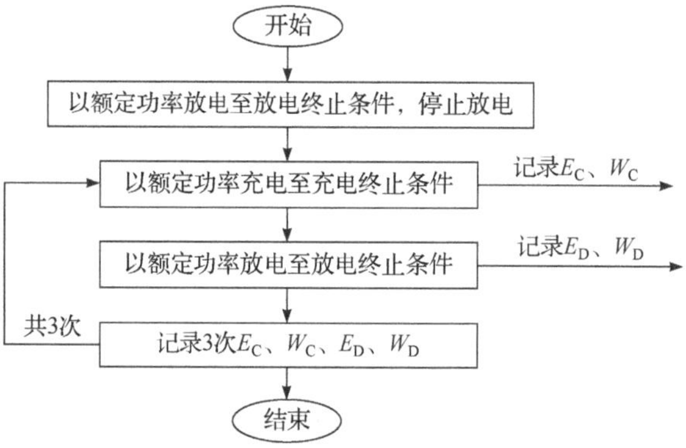

图 3-21 储能系统额定功率充放电能量测试步骤

2. 能效指标

1) 电站综合效率

储能电站综合效率为评价周期内储能电站运行过程中上网电量和下网电量的比

值，即

$$\eta_{\text{BESS}} = \frac{E_{\text{on}}}{E_{\text{off}}} \times 100\% \tag{3-27}$$

式中，η_{BESS} 为储能电站综合效率，%；E_{on} 和 E_{off} 为评价周期内，储能电站的上网电量和下网电量，kW·h。

2) 储能系统充放电效率

锂/钠离子电池储能系统充放电效率为评价周期内储能系统总放电量与总充电量的比值；全钒液流电池储能系统充放电效率为评价周期内储能系统总放电量减去辅助设备能耗与总充电量加上辅助设备能耗的比值。若依据稳定运行状态、额定功率充放电条件下的储能系统充放电能量测试结果，可得到锂/钠离子电池储能系统和全钒液流电池储能系统的充放电效率，如式(3-28)和式(3-29)所示。

$$\eta_{\text{Li/Na-BESS}} = \frac{E_{\text{D1}} + E_{\text{D2}} + E_{\text{D3}}}{E_{\text{C1}} + E_{\text{C2}} + E_{\text{C3}}} \times 100\% \tag{3-28}$$

$$\eta_{\text{AVRF-BESS}} = \frac{(E_{\text{D1}} - W_{\text{D1}}) + (E_{\text{D2}} - W_{\text{D2}}) + (E_{\text{D3}} - W_{\text{D3}})}{(E_{\text{C1}} + W_{\text{C1}}) + (E_{\text{C2}} + W_{\text{C2}}) + (E_{\text{C3}} + W_{\text{C3}})} \times 100\% \tag{3-29}$$

式中，$\eta_{\text{Li/Na-BESS}}$ 为锂/钠离子电池储能系统充放电效率，%；$\eta_{\text{AVRF-BESS}}$ 为全钒液流电池储能系统充放电效率，%。

3) 站用电率及各类损耗

站用电率为评价周期内站用电量与下网电量的比值，即

$$R_{\text{S}} = \frac{\sum E_{\text{S}}}{E_{\text{off}}} \times 100\% \tag{3-30}$$

式中，R_{S} 为站用电率，%；$\sum E_{\text{S}}$ 为评价周期内储能电站的站用电量，kW·h。

电站储能损耗率为储能电站在评价周期内，各储能系统充电、放电以及能量存储过程中的电能损耗与下网电量的比值，即

$$R_{\text{BESS}} = \frac{\sum E_{\text{C}} - \sum E_{\text{D}}}{E_{\text{off}}} \times 100\% \tag{3-31}$$

式中，R_{BESS} 为电站储能损耗率，%；$\sum E_{\text{C}}$ 为评价周期内储能系统的总充电量，kW·h；$\sum E_{\text{D}}$ 为评价周期内储能系统的总放电量，kW·h。

电站变配电损耗率为评价周期内储能系统配套的输变电设备在运行过程中的电能损耗与下网电量的比值，如式(3-32)或式(3-33)所示：

$$R_{\text{T}} = \frac{\left(E_{\text{off}} - \sum E_{\text{S}} - \sum E_{\text{C}}\right) + \left(\sum E_{\text{D}} - \sum E_{\text{on}}\right)}{E_{\text{off}}} \times 100\% \tag{3-32}$$

$$R_{\text{T}} = 1 - \eta_{\text{BESS}} - R_{\text{BESS}} - R_{\text{S}} \tag{3-33}$$

式中，R_{T} 为电站变配电损耗率，%。

3. 时间指标

1) 充放电响应时间

热备用状态下，储能系统自接收控制信号起，从热备用状态转至充电/放电状态，直到充电/放电功率首次达到90%额定功率 P_N 的时间称为充放电响应时间，如图 3-22 所示。

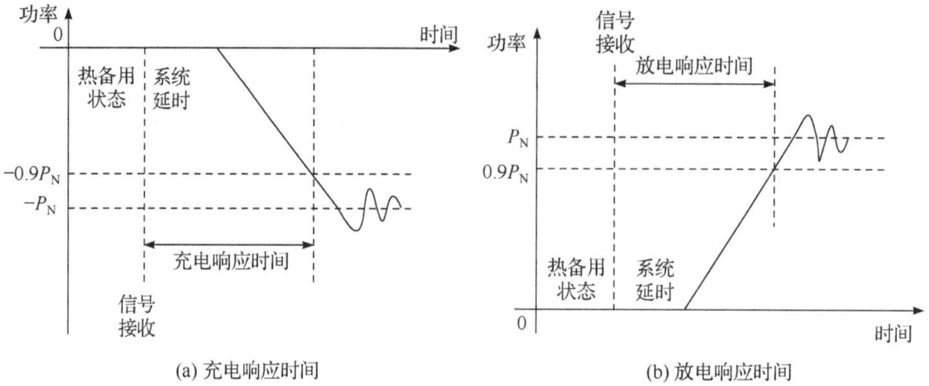

图 3-22　储能系统的充放电响应时间

充放电响应时间可根据图 3-23 中的步骤进行测试。测试结束后，根据以下公式计算得到充放电响应时间，即

$$\mathrm{RT_C} = t_{C2} - t_{C1} \tag{3-34}$$

$$\mathrm{RT_D} = t_{D2} - t_{D1} \tag{3-35}$$

式中，$\mathrm{RT_C}$、$\mathrm{RT_D}$ 分别为充、放电响应时间，s。

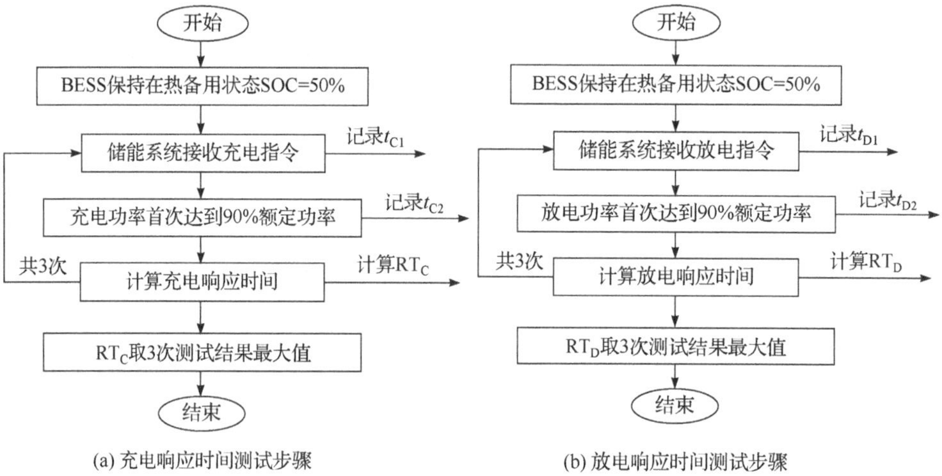

图 3-23　储能系统充放电响应时间的测试步骤

2) 充放电调节时间

热备用状态下，储能系统自接收控制信号起，从热备用状态转至充电/放电状态，直到充电/放电额定功率 P_N，且功率偏差始终控制在±2%以内的起始时刻的时间称为充放电调

节时间，如图 3-24 所示。

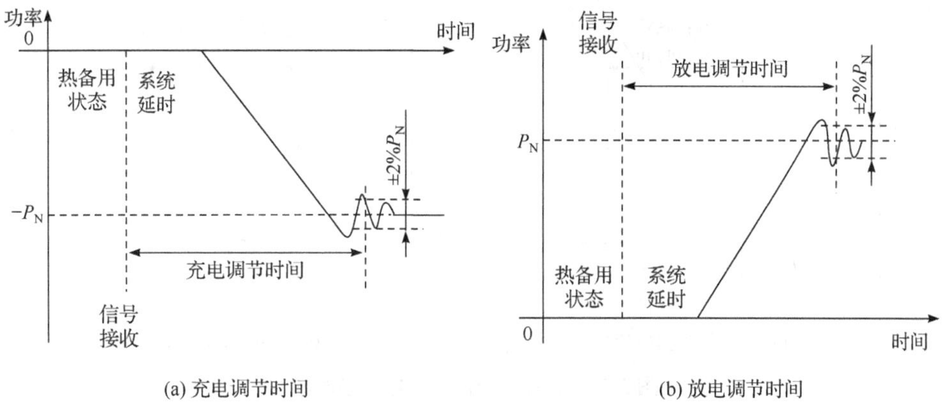

图 3-24　储能系统的充放电调节时间

充放电调节时间可根据图 3-25 中的步骤进行测试。测试结束后，根据以下公式计算得到充放电调节时间，即

$$AT_C = t_{C4} - t_{C3} \tag{3-36}$$

$$AT_D = t_{D4} - t_{D3} \tag{3-37}$$

式中，AT_C、AT_D分别为充、放电调节时间，s。

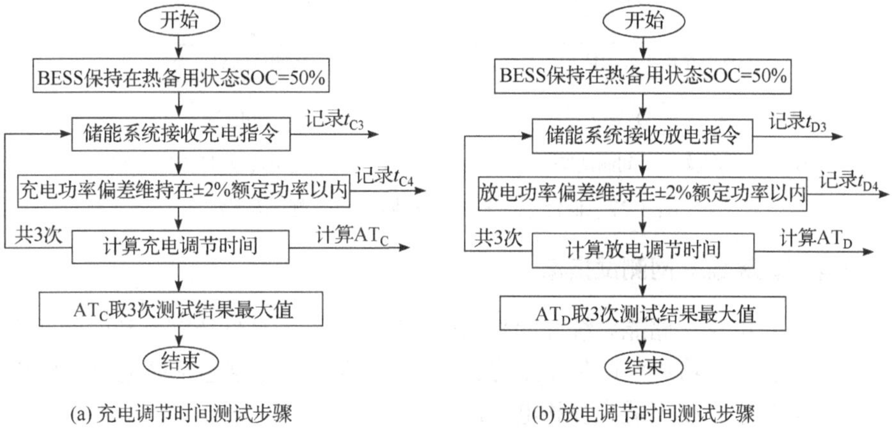

图 3-25　储能系统充放电调节时间的测试步骤

3) 充放电转换时间

稳定运行状态下，储能系统从 90%额定功率 P_N 充电状态转换至 90%额定功率 P_N 放电状态的时间(放电至充电转换类似)称为充放电转换时间，如图 3-26 所示。

充放电转换时间测试可根据图 3-27 中的步骤进行测试。测试结束后，充放电转换时间应取 3 次测试结果的最大值。

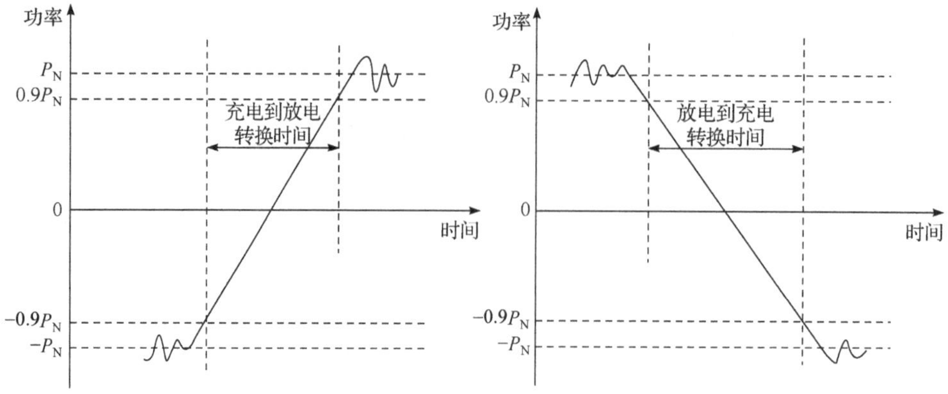

(a) 充电至放电转换时间　　(b) 放电至充电转换时间

图 3-26　储能系统的充放电转换时间

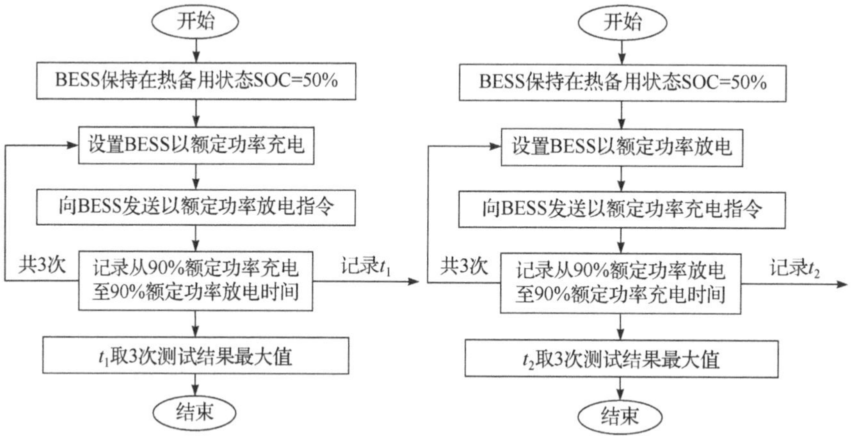

(a) 充电至放电转换时间测试步骤　　(b) 放电至充电转换时间测试步骤

图 3-27　储能系统充放电转换时间的测试步骤

3.4.2　电化学储能系统并网测试指标

一般情况下，电化学储能系统并网测试包括功率控制、高低压穿越和电网适应性等。其中，功率控制包括有功功率控制和无功功率控制；高低压穿越包括高电压穿越和低电压穿越；电网适应性包括频率适应性和电压适应性。

1. 功率控制

1) 一般规定

电化学储能系统应具备恒功率控制、恒功率因数控制和恒充电/放电电流控制功能，可按照计划曲线和下发指令方式连续运行。此外，电化学储能系统在其变流器额定功率运行范围内，应具备四象限功率控制功能，有功功率和无功功率应在图 3-28 所示的阴影区域内动态可调。

图 3-28 中，P_N 为电化学储能系统的额定功率，P_A 和 P_R 分别为系统当前运行的有功功率和无功功率。

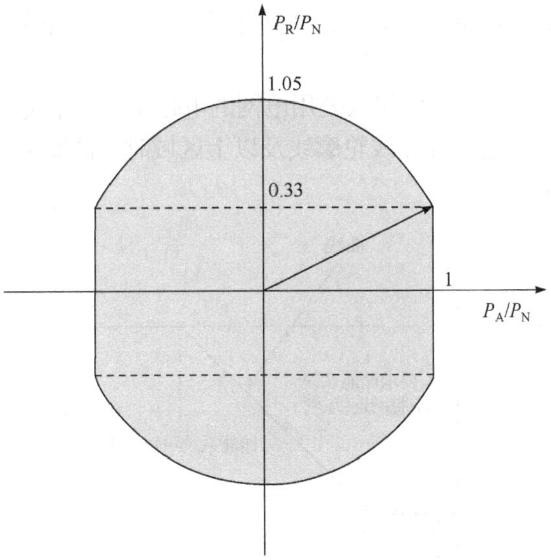

图 3-28　储能系统四象限功率控制

2) 有功功率控制

接入 10(6)kV 及以上电压等级公用电网的电化学储能系统，应具备就地和远程充放电控制功能，且具备能够自动执行电网调度机构下达指令的功能。接入 110(220)kV 及以上电压等级公用电网的电化学储能系统，应具有参与一次调频的能力，并具备自动发电控制(AGC)功能。此外，系统动态响应特性应满足：①储能系统功率控制的充放电响应时间不大于 2s，充放电调节时间不大于 3s，充放电转换时间不大于 2s；②调节时间后，系统实际出力曲线与调度指令或计划曲线偏差不大于±2%额定功率。

3) 无功功率控制

通过 10(6)kV 及以上电压等级公用电网的电化学储能系统，应同时具备就地和远程无功功率控制和电压调节功能。

2. 高低压穿越

1) 高电压穿越

通过 10(6)kV 及以上电压等级接入公用电网的电化学储能系统，应具备图 3-29 所示的高电压穿越能力。并网点电压在曲线轮廓线及以下区域时，储能系统应不脱网连续运行；

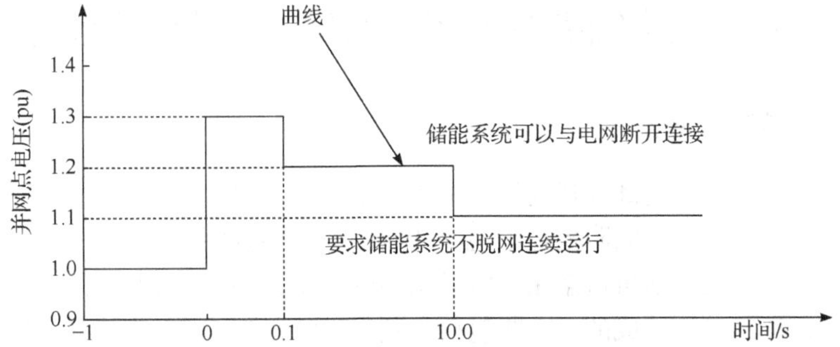

图 3-29　储能系统的高电压穿越要求

并网点电压在曲线轮廓线以上区域时，允许储能系统与电网断开连接。

2) 低电压穿越

通过 10(6)kV 及以上电压等级接入公用电网的电化学储能系统，应具备图 3-30 所示的低电压穿越能力。并网点电压在曲线轮廓线及以上区域时，储能系统应不脱网连续运行；否则，允许储能系统脱网。

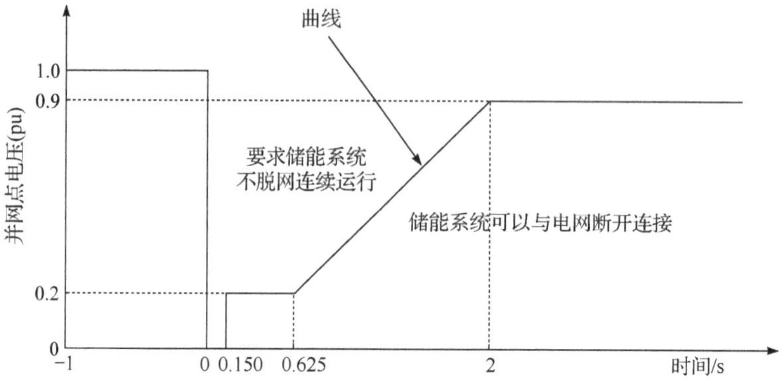

图 3-30 储能系统的低电压穿越要求

3. 电网适应性

1) 频率适应性

接入公用电网的电化学储能系统，应满足如下频率运行要求：①当 f < 49.5Hz 时，储能系统不应处于充电状态；②当 49.5Hz ≤ f ≤ 50.2Hz 时，储能系统应连续运行；③当 f > 50.2Hz 时，储能系统不应处于放电状态。

2) 电压适应性

接入公共连接点的电化学储能系统，引起该点负序电压不平衡度允许值一般为 1.3%，短时不超过 2.6%，根据连接点的负荷状况以及临近发电机、继电保护和自动装置安全允许要求，该允许值可适当调整，但需保证电网正常运行时负序电压不平衡度不超过 2%，短时不超过 4%。接入 220kV 及以下电力系统公共连接点的电化学储能系统，各次间谐波电压含有率限值应满足：电压等级大于 1000V 时，间谐波小于 100Hz 的限值为 0.16%，间谐波处于 100～800Hz 的限值为 0.4%；电压等级为 1000V 及以下时，间谐波小于 100Hz 的限值为 0.2%，间谐波处于 100～800Hz 的限值为 0.5%。

3.5 电池储能系统热安全与储能电站消防系统

3.5.1 电池热失控和热安全

电池热失控是指电池内部放热连锁反应导致电池自身温升速率急剧升高，引发起火、冒烟和爆炸等现象。热失控的防控是电池储能电站的重要方面。

热失控的诱因主要包括机械滥用、电滥用与热滥用，如图 3-31 所示。机械滥用一般是由电池遭受碰撞和挤压造成的，主要包括穿刺、碰撞和挤压等；电滥用一般是由电压管理不当或电气元件故障引起的，主要包括过充电、过放电、内短路和外短路等；热滥用是

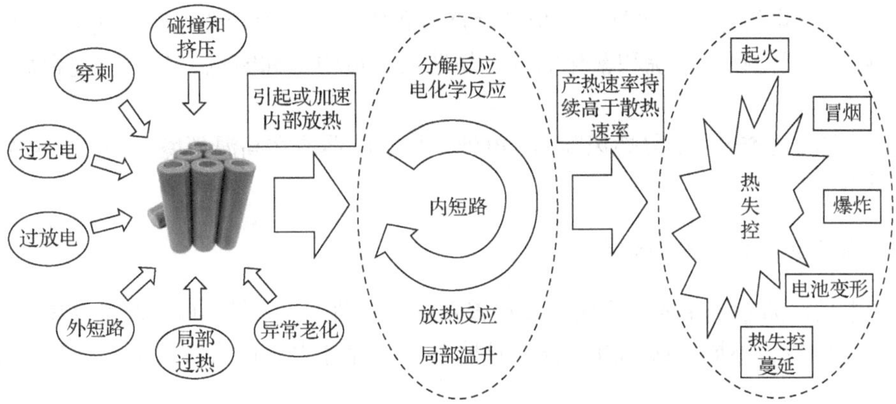

图 3-31　电池热失控触发方式及过程

由温度管理不当造成的，电池周围环境过热可能会导致电池热滥用。以上三种触发机理并非完全独立，而是存在一定的内在联系。例如，当发生机械滥用时，电池会产生机械变形，可能导致电池内部的隔膜破裂，正负电极直接接触发生内短路，导致电滥用。另外，在发生电滥用时电池可能产生大量热量，造成热量积累以及温度升高，导致热滥用。

电池储能系统中，某一单体电池发生热失控后，其剧烈反应会产生大量热量，同时可能引发燃烧或爆炸等现象，由此造成的高温或机械冲击，可能成为邻近电池热失控的触发条件。因此，单体电池热失控容易在电池储能系统中扩展，造成大量能量的快速释放，引发安全事故。实际使用条件下的电池热安全问题机理复杂，影响因素较多，主要表现在以下方面。

(1) 单体电池热安全与其内部的电化学体系类型、材料构成、结构形式、封装形式、容量以及工艺状况等直接相关。

(2) 根据电池发生热失控的触发条件不同，电池过热、过充电、外界撞击、挤压、穿刺和电池短路等均可触发热失控。

(3) 在电池储能系统热失控扩展方面，环境条件、热失控触发方式及加载状态、电池成组连接方式、电池热管理形式、始发热失控电池在系统内的位置等均影响热失控扩展过程。

由于上述特点，电池热安全管理至关重要。电池热安全管理系统的设计一般从热失控前预报警、热失控中延缓扩展和热失控后减小损失的目标出发，进行安全防护控制策略开发，以及高安全性电池材料、内部结构和成组方式设计等。

3.5.2　储能电站消防系统

1. 储能电站的火灾特点

(1) 事故发生导火索多，起因多样化：主要包括电池短路、过充过放、高温环境和机械损伤等，其中电池短路是最常见的原因，主要由电池内部正负极材料、电解液等发生异常反应引起。

(2) 荷载能量较大，燃烧速度快：电池燃烧时，由于电解液中的可燃气体瞬间释放，火焰传播速度快，燃烧剧烈，短时间内即可形成大面积燃烧。

(3) 产生有毒气体，危害性大：电池燃烧过程中会产生大量有毒有害气体，如氢气、一氧化碳、二氧化碳、甲烷和氟化氢等，易造成人员中毒和窒息，甚至引起爆炸，危害极大。

(4) 火灾救援难度大，复燃风险高：电池燃烧后的残渣在高温环境下仍可能再次燃烧，造成复燃事故。

2. 储能电站消防系统的构成

储能电站消防系统主要由火灾自动报警系统、自动灭火系统、应急疏散系统以及通风排烟系统等构成，不同系统相互协作，预防和应对储能电站的火灾事故，保障电站安全运行。

1) 火灾自动报警系统

火灾自动报警系统由火灾探测器、报警控制器和消防联动控制器等设备组成。火灾探测器监测电站内的温度、烟雾和火焰等火灾信号，当探测到异常情况时，立即向报警控制器发送信号。报警控制器接收到信号后，启动声光报警器，通知电站工作人员，及时发现火灾并采取有效措施。同时，消防联动控制器控制相关消防设备进行灭火或疏散操作。

2) 自动灭火系统

自动灭火系统是储能电站消防系统的核心部分，包括自动喷水灭火系统、气体灭火系统和泡沫灭火系统等。自动喷水灭火系统通过喷洒泵、供水管道和喷头等设备，在火灾发生时自动喷水灭火；气体灭火系统利用二氧化碳、七氟丙烷和全氟己酮等气体，通过稀释氧气或减缓化学反应速率灭火；泡沫灭火系统通过喷洒泡沫灭火剂，降低可燃物温度，隔绝空气来灭火。

3) 应急疏散系统

应急疏散系统由安全疏散系统、应急照明系统和消防广播系统等组成。

(1) 安全疏散系统：由安全疏散指示灯、防火门和防火卷帘门等组成，为人员疏散指示方向，并对火和烟进行隔离。

(2) 应急照明系统：由消防应急工作照明灯、消防应急疏散指示照明灯以及其他发光标志组成，为人员疏散提供明确的方向。

(3) 消防广播系统：也称为消防应急广播系统，可以实现应急广播、对讲、报警和视频联动等功能，在火灾发生时，消防应急广播信号通过音源设备发出，经功率放大后，由广播切换模块切换到指定区域的音响实现应急广播。

4) 通风排烟系统

火灾发生时，烟雾和有毒气体会迅速蔓延，影响人员疏散和火灾扑救。通风排烟系统通过排烟机和通风管道等设备，将烟雾和有毒气体排出室外，保持站内空气流通，为人员疏散和火灾扑救创造有利条件。

3. 储能电站消防系统的设计原则

(1) 安全性原则：储能电站消防系统设计应把安全放在首位，采取多种措施提高消防系统的可靠性和稳定性，最大限度地降低火灾风险。

(2) 适应性原则：消防系统的设计应与储能电站的实际情况相结合，充分考虑地理环境、气候条件和电站规模等因素，确保消防系统能够满足不同情况下的消防需求。

(3) 综合性原则：消防系统设计应综合考虑经济效益、环境影响和运行维护等多个方面，以实现消防系统的综合效益最大化。

3.6　电化学储能系统的应用案例

本节将针对电化学储能系统在电力系统发电侧、电网侧及用户侧的部分应用案例进行介绍。

3.6.1　发电侧应用

1. 国家电网有限公司国家风光储输示范工程

国家风光储输示范工程位于河北省张家口市，是集风力发电、光伏发电、储能系统、智能输电“四位一体”的新能源综合示范项目。示范工程储能电站一期规划总装机容量为 20MW/95MW·h，其中包括 14MW/63MW·h 磷酸铁锂电池储能系统、2MW/8MW·h 液流电池储能系统及其他储能系统。磷酸铁锂电池储能系统分布于占地约 0.88 万 m^2 的三座厂房内，分为 9 套储能单元，共安装约 27.4 万节单体电池。该项目为我国探索风光储多组态、多功能、可调节、可调度的联合发电新模式提供了重要示范场景。

2. 广东省能源集团有限公司火储联合调频示范项目

火储联合调频是指通过火力发电机组与电化学储能系统的协同工作，共同参与电网频率调节，以提高电网的稳定性和火电机组的运行效率。该方式利用火电机组的持续输出特性和储能系统的快速响应特性来优化调频性能。广东省能源集团有限公司 20MW 新型储能系统示范项目是广东省首个“锂电+超级电容器”火储联合调频项目，已列入国家重点研发计划“储能与智能电网技术”重点专项。该项目位于广东省珠海市，通过采用“16MW/8MW·h 磷酸铁锂电池”和“4MW × 10min 超级电容器”组合新型储能技术，有效提升了燃煤机组灵活性调节能力。

3.6.2　电网侧应用

1. 华电国际莱城独立储能项目

华电国际莱城发电厂磷酸铁锂与铁铬液流电池长时储能电站项目位于山东省济南市莱芜区莱城发电厂，建设由 100MW/200MW·h 磷酸铁锂电池与 1MW/6MW·h 铁铬液流电池组成的长时储能调峰电站。储能电站中磷酸铁锂电池储能系统包含 5 套 6.62MW/13.25MW·h 储能单元、9 套 7.45MW/14.9MW·h 储能单元，铁铬液流电池储能系统包含 1 套 1MW/6MW·h 储能单元，共计 15 套储能单元。储能单元之间采用环形接线，每 2 套磷酸铁锂电池储能单元组成 1 回 10kV 电缆线路，通过 7 回 10kV 电缆线路接至 10kV 母线；铁铬液流电池储能单元经 1 回 10kV 电缆线路接至 10kV 母线。10kV 母线经新建 120MVA 主变压器升压，通过 1 回 220kV 送出线路接入山东电网。

2. 国家电投滨海独立储能项目

国家电力投资集团有限公司(简称国家电投)滨海独立储能项目位于江苏省盐城市，占地面积为 3.2 万 m^2，总装机容量为 200MW/400MW·h，采用磷酸铁锂电池储能方式。该储能电站中电池系统及储能变流器均采用户外预制舱布置方案，电站共有 59 套储能单元，每套单元包括 1 个电池预制舱与 1 个升压变流预制舱。该项目可为江苏省内存量新能源电站及新增新能源项目提供 200MW 调峰服务。

3.6.3 用户侧应用

山东能源互联网绿色低碳示范基地位于山东省济南市。项目以全生命周期低碳为导向，建设融合建筑一体化光伏、分布式储能、直流用电及负荷柔性互动、“光储直柔”及园区微电网等节能低碳技术为一体的智慧绿色低碳示范园区。该项目采用光伏建筑一体化系统，将光伏发电系统与新建筑物同时设计、施工和安装。设计分布式一体化室外储能系统，选用固态磷酸铁锂/钛酸锂电池，总容量为 2MW/2MW·h；建设 V2G(vehicle-to-grid)充电基础设施(直流入网、车桩网融合与电力双向响应)，利用电动汽车动力电池等作为电网和新能源的缓冲。构建微电网系统，提高消纳分布式电源和波动负载的能力，并通过末端负荷侧的柔性调节(感应调控/自动调节)，将末端需求反馈给供能端，实现供需平衡。

习　　题

3-1　简述锂离子电池和全钒液流电池储能系统的储能原理与基本架构。
3-2　储能电站的能效指标有哪些？列出其表达式。
3-3　简述电池管理系统的一般架构及其功能。
3-4　简述储能电站能量管理系统的功能。
3-5　什么是电池成组应用的不一致性？产生原因是什么？
3-6　电池为何要加入热管理系统？电池热管理系统的主要功能包括什么？
3-7　为何要对电池数据进行采集？需要采集的参数有哪些？
3-8　储能电站的时间指标有哪些？简述其定义。
3-9　什么是电池热失控？并简要分类说明锂离子电池热失控的主要诱因？

第 4 章　压缩空气储能技术与系统

空气是自然界最广泛存在的物质之一，取之不尽、用之不竭，是理想的环境友好型储能介质。压缩空气储能充分利用了空气介质的优点，遵循电能-空气势能-电能的转化流程，采用机械设备实现电能的存储和转移，符合能源结构绿色低碳转型发展的需求。本章首先阐述压缩空气储能技术的概念与发展历史、基本原理、系统组成和分类，随后介绍压缩空气储能系统的能量转化过程及其性能评价指标，概述压缩空气储能系统不同部件的选型与设计，并介绍压缩空气储能系统的部分实际工程应用案例，最后总结压缩空气储能技术发展面临的技术挑战与解决方案。

4.1　压缩空气储能系统的原理及分类

压缩空气储能原理与系统

4.1.1　压缩空气储能概述

压缩空气储能(compressed air energy storage，CAES)是以空气为介质，通过压缩、存储和膨胀三个主要环节，实现电能的时空转移与高效利用的储能技术。压缩空气储能系统利用低谷电、富余电力或新能源电力(风电、太阳能发电等)驱动压缩机工作，把环境中的常压空气压缩成高压状态并存储在储气装置中，如天然洞穴、废弃矿井、人工硐室和特制储气罐等，将电能转化为空气势能。在用电高峰阶段，系统通过控制阀门释放高压气体至膨胀机中，推动其旋转并带动发电机发电，将存储的空气势能转化为电能。此外，也可直接采用外部机械能驱动压缩机，或利用膨胀机对外输出机械能。

压缩空气储能技术起源于 20 世纪 40 年代。1949 年，德国工程师 Stal Laval 提出了利用地下空间储气的压缩空气储能系统，该系统通常被视作压缩空气储能的雏形。20 世纪 60 年代，世界各国逐渐开始研发压缩空气储能技术。1978 年，德国在下萨克森州北部建成了第一座压缩空气储能电站(Huntorf 电站)，利用盐穴作为储气设施，标志着压缩空气储能正式进入商业化运营阶段。1991 年，美国在亚拉巴马州建成了第二座压缩空气储能电站(McIntosh 电站)。21 世纪以来，压缩空气储能技术不断发展，系统的环保性和经济性等不断提升。压缩空气储能系统具有装机容量大、储能时间长、建设周期短和使用寿命长等优点，可在电网削峰填谷和大规模新能源并网等领域发挥重要作用。表 4-1 所示为国内外部分压缩空气储能应用案例及技术参数。

表 4-1　国内外部分压缩空气储能应用案例及技术参数

序号	项目	规模	储气装置	效率
1	德国 Huntorf 电站	290MW	盐穴	42%
2	美国 McIntosh 电站	110MW	盐穴	54%

续表

序号	项目	规模	储气装置	效率
3	日本上砂川町压缩空气储能示范项目	2MW	煤矿坑	—
4	贵州毕节 10 兆瓦先进压缩空气储能系统	10MW	储气罐	60.2%
5	河北张家口百兆瓦先进压缩空气储能国家示范项目	100MW/400MW·h	人工硐室、储气罐	70.4%
6	湖北应城 300 兆瓦级压缩空气储能电站示范项目	300MW/1500MW·h	盐穴	70%
7	山东肥城 300 兆瓦先进压缩空气储能国家示范电站项目	300MW/1800MW·h	盐穴	72.1%

4.1.2　压缩空气储能技术原理及系统组成

1. 基本原理

压缩空气储能系统的工作流程可分为三个主要阶段：压缩、存储和膨胀，其基本原理示意图如图 4-1 所示。

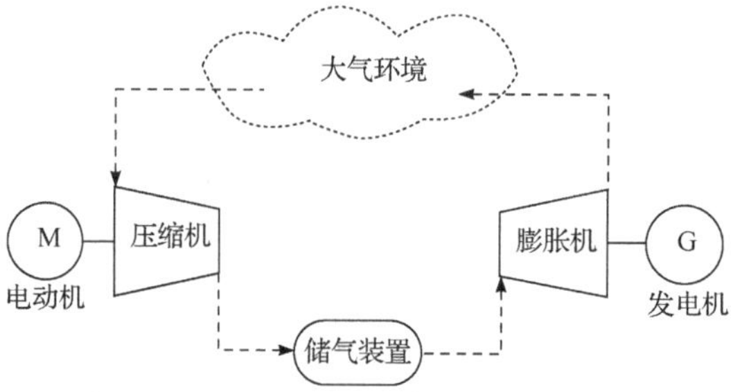

图 4-1　压缩空气储能系统的基本原理示意图

1) 压缩阶段

系统利用低谷电、富余电力或新能源电力驱动压缩机，将空气压缩至高压状态，电能转化为空气势能，此阶段空气体积显著减小。

2) 存储阶段

压缩后的高压空气被输送至储气装置。储气装置能够承受高压，有利于安全存储大量高压空气。此阶段高压空气可存储数小时至数月，几乎不产生能量损失。

3) 膨胀阶段

在电力需求高峰阶段，存储的高压空气释放，通过膨胀机做功。膨胀过程中，空气势能转化为机械能，通过发电机转化为电能。

2. 系统组成

压缩空气储能系统的主要部件包括压缩机、储气装置、膨胀机及其他辅助设备(如冷却系统、换热器等)。

1) 压缩机

压缩机是压缩空气储能系统中用于增加空气压力的设备，其主要功能是将电能转化为空气势能。在压缩过程中，空气的温度会升高，若热量未被回收利用，则会引起部分能量损失。因此，高效的压缩空气储能系统不仅要考虑压缩效率，还需考虑如何管理压缩过程中产生的热量。

2) 储气装置

储气装置用于存储高压空气，是压缩空气储能系统的关键组成部分。储气装置的材料和结构必须能够承受长时间的高压环境。根据是否埋于地下，储气装置主要分为地下储气装置和地表储气装置。地下储气装置包括盐穴、废弃矿井和人工硐室等，该类装置利用地质结构的自然承压能力，可以大规模存储高压空气。例如，盐穴储气是利用水溶开采方式，以在地下较厚的盐层采矿后形成的空腔作为储气装置，具有体积大、密闭性好、储气压力高、成本低、力学性能稳定和占地面积小等优点。废弃矿井是利用已经开采完毕的矿井存储高压空气。人工硐室主要以混凝土作为衬砌，配合密封层和围岩组成，存储的高压空气所产生的压力由围岩承担，混凝土衬砌配合密封层实现良好的密封性。地表储气装置(如储气罐)通常用于较小规模的项目或作为试验项目，虽然建造和维护成本较高，但容易监控和维护。此外，也有利用深水压力承压的水下储气装置，即在深水中构建球形或圆柱形容器存储高压空气，尤其适合于近海的风力发电项目。

对于地下和水下储气装置，主要考虑其密封性和抗压能力，而地表储气装置则更注重材料的耐腐蚀性和结构稳定性。储气装置的材料主要有钢材、混凝土和合成材料等。钢材是制造地表储气罐的常见材料，因其具有较高的强度和较好的耐压性而被广泛使用。混凝土常用于需要额外重量或增强结构稳定性的储气装置。有些现代储气装置可能使用高性能合成材料，如玻璃纤维增强塑料，以提高耐腐蚀性和减轻重量。

储气装置的维护是确保系统长期稳定运行的关键，包括定期检查结构完整性，监控压力和温度变化，检查密封系统的有效性，特别是地下和水下储气装置，还需关注地质动态和环境因素，以防止漏气或其他潜在的安全问题。

3) 膨胀机

压缩空气势能通过膨胀机转化为机械能，驱动发电机发电。常见的膨胀机为涡轮机，其结构设计和效率直接影响整个压缩空气储能系统的性能。涡轮机基于高压空气的热力膨胀原理工作，当存储的高压空气释放时，通过一个或多个逐渐扩大的涡轮叶片通道，空气势能转化成叶轮的机械能。涡轮轴带动发电机运行，将机械能转化为电能。

4) 其他辅助设备

(1) 冷却系统：在压缩过程中，需通过冷却系统控制空气的升温过程，不仅有助于提高能效，还可防止设备因过热而损坏。冷却系统通常包括水或空气冷却单元。

(2) 换热器：在压缩空气储能系统中，可利用换热器及蓄热设备存储压缩过程中产生的热能，并用于加热膨胀机进气，提高储能系统的整体效率和经济性，减少对外部能源的依赖。换热器的设计需要考虑热能转移效率和系统中的压力损失。

4.1.3　压缩空气储能系统的分类

广义上，凡是通过压缩空气实现能量存储和转化的储能方式均可称为压缩空气储能系统。例如，以压缩空气作为驱动能源的车辆，空气被加压存储于汽车的储气装置，当车辆行驶时，压缩空气的能量通过气缸活塞和曲柄连杆机构转化为车辆的动能。狭义的压缩空气储能系统是指通过对空气施加压缩功，将电能或机械能转化为空气势能后，以高压空气为载体进行存储，并利用高压空气对外输出膨胀功实现能量再生的系统。

狭义的压缩空气储能系统包括多种形式，如图 4-2 所示。根据空气的存储形态，压缩空气储能系统可分为气态存储型和液态存储型，常见的一般是气态存储型。此外，气态存储型又可分为补燃式和非补燃式。补燃式压缩空气储能通过化石燃料燃烧提供热能来加热膨胀机进气，非补燃式则采用非燃烧、无化石燃料的技术满足膨胀阶段的空气加热需求。根据热能的来源和应用方式不同，非补燃式压缩空气储能可进一步划分为绝热式、复合式和等温式三种形式。

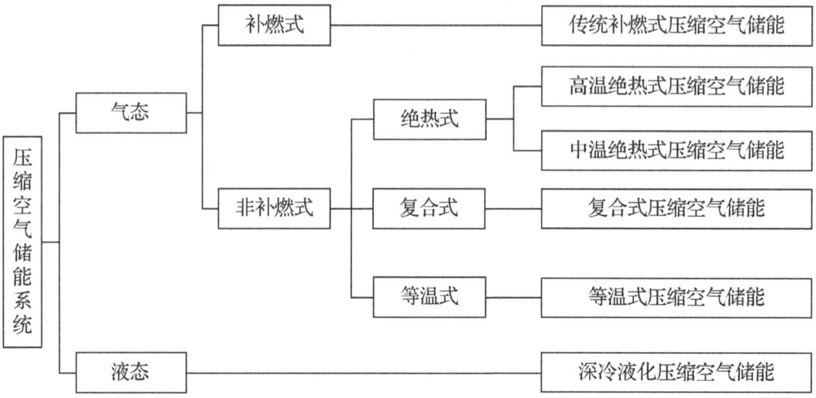

图 4-2　压缩空气储能系统分类

此外，根据装机容量和规模的不同，压缩空气储能系统可分为小容量系统、中等容量系统和大容量系统。根据安装地理位置的不同，可分为在岸系统和离岸系统，其中在岸系统即在陆地建设，离岸系统是在水域内建设的水下压缩空气储能系统，可与海上风电、潮汐发电等技术相结合使用。

1. 补燃式压缩空气储能

传统的燃气动力循环过程中，空气经压缩机压缩后，采用天然气等燃料与高压空气混合燃烧的方式提升燃气轮机的进气温度。借鉴燃气动力循环技术，补燃式压缩空气储能系统在膨胀机前设置了燃烧器。图 4-3 所示为补燃式压缩空气储能系统流程图。在压缩阶段，环境空气经压缩机压缩后存储于储气装置中，在膨胀阶段，储气装置释放高压空气进入燃烧器，与天然气等燃料混合燃烧，提高膨胀机的进气温度。然而，燃气动力循环和补燃式压缩空气储能系统在结构上存在显著的区别：燃气动力循环中，压缩机与燃气轮机采用

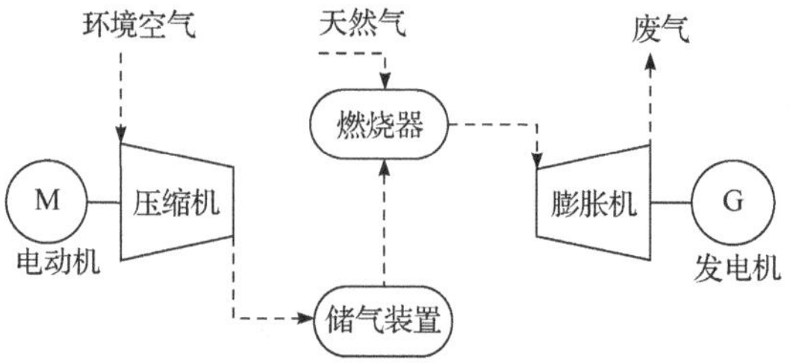

图 4-3　补燃式压缩空气储能系统流程图

同轴设计，燃气轮机输出的部分轴功直接用于驱动压缩机；而在补燃式压缩空气储能系统中，压缩机与燃烧器则相对独立，压缩机的动力来源于外部电力或机械能，不消耗自身轴功。

2. 绝热式压缩空气储能

通过实施有效的保温隔热措施，减少压缩机与环境之间的热交换，使压缩过程能够最大限度地接近绝热压缩过程(准绝热压缩过程)。同时，通过提高压缩机的单级压缩比，可获得较高温度的压缩空气和较高品质的压缩热能。将压缩热能存储起来，在膨胀阶段用于加热膨胀机进气，实现无须额外补充燃料的非补燃式压缩空气储能过程，称为绝热式非补燃压缩空气储能系统或先进绝热式压缩空气储能系统。根据蓄热温度的不同，该类储能系统又可分为高温绝热式和中温绝热式。

图 4-4 所示为一种高温绝热式压缩空气储能系统流程图。该系统一般利用固体填充床作为换热/蓄热装置，填充床内部通常填充鹅卵石、人造陶瓷颗粒、金属颗粒或颗粒化封装的相变材料等，满足 600℃甚至 1000℃以上的蓄热需求。在压缩阶段，系统首先通过大压缩比的压缩机，以准绝热压缩方式将环境空气压缩至高温高压状态。其次，高温高压空气进入换热/蓄热装置，将热能传递给蓄热材料，温度降低后进入储气装置中存储。在膨胀阶段，储气装置释放的高压空气进入换热/蓄热装置，吸收蓄热材料所存储的压缩热能，再次达到高温高压状态，随后进入膨胀机做功，做功后的乏气排入环境。整个过程既达到了压缩空气储能的目的，同时也使空气压缩过程中产生的热能得到有效转化和利用，提高了系统的环保性和经济性。

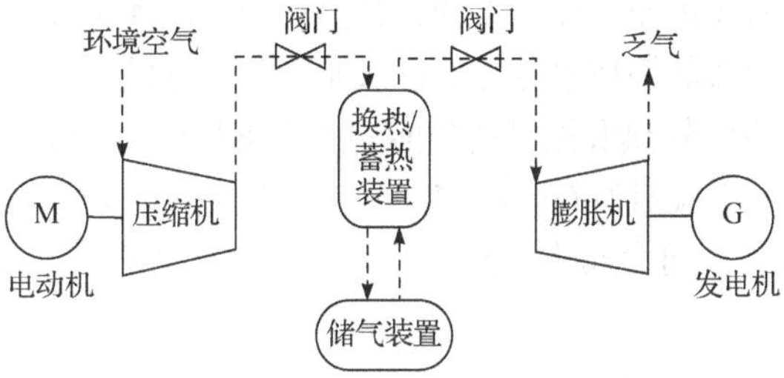

图 4-4　高温绝热式压缩空气储能系统流程图

图 4-5 所示为一种中温绝热式压缩空气储能系统流程图。该系统适当降低了压缩机排气温度(通常不超过 400℃)。在压缩阶段，系统通过多级准绝热压缩，并在各级压缩之后设置蓄热换热器，逐步压缩空气，以达到预定的储气压力，高压空气经冷却器冷却后存储于储气装置中。与补燃式压缩空气储能系统相比，中温绝热式压缩空气储能系统的压缩机单级压缩比更大，因此能够产生较高品质的压缩热。为实现换热和蓄热过程的高效控制，通常采用液体(如水、导热油)作为蓄热工质，蓄热工质在蓄热换热器内吸收压缩热升温后存储于高温储罐。在膨胀阶段，储气装置内的高压空气在回热换热器内吸收蓄热工质所存储的热量，升温后进入膨胀机做功，做功后的乏气排入环境，而蓄热工质降温后返回低温储罐。

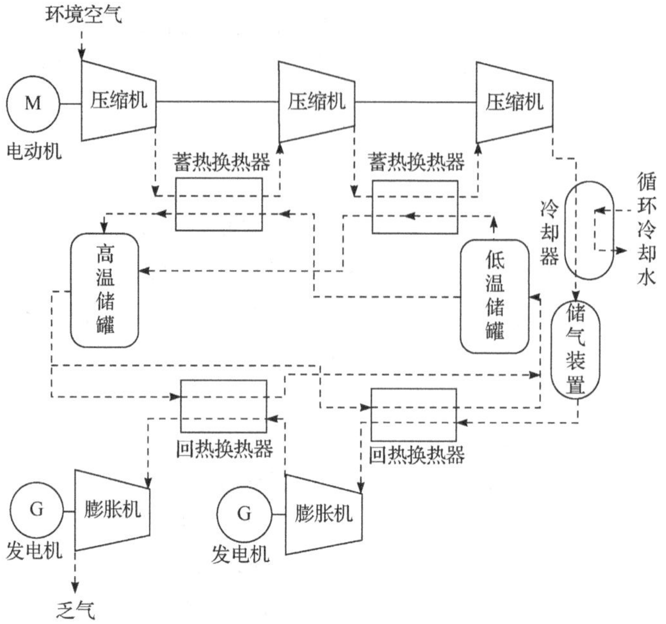

图 4-5　中温绝热式压缩空气储能系统流程图

3. 复合式压缩空气储能

太阳能、地热能和工业或电厂余热等均可为压缩空气储能系统膨胀过程提供所需的加热能量，此类采用多种能源复合实现非补燃式压缩空气储能的系统称为复合式非补燃压缩空气储能系统，简称为复合式压缩空气储能系统，其流程图如图 4-6 所示。在压缩阶段，环境空气经压缩机压缩，通过冷却器循环水冷却后进入储气装置存储。在膨胀阶段，储气装置释放的高压空气通过换热器吸收外热源提供的热能，随后进入膨胀机做功，做功后的乏气排入环境。复合式压缩空气储能系统具有较强的多能联储、多能联供能力，可实现多种形式能量的存储、转化和利用，满足不同形式的用能需求，提升系统能量综合利用效率。

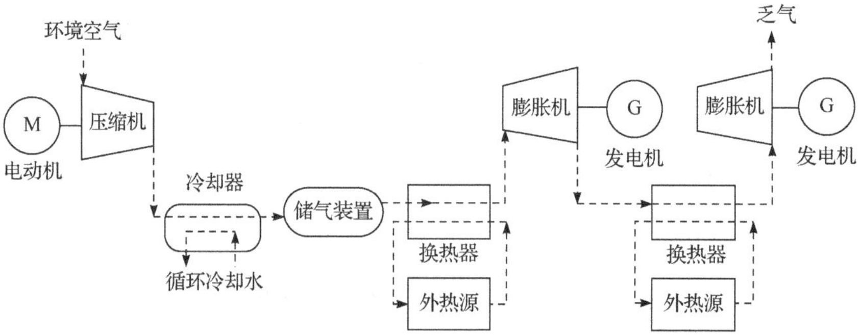

图 4-6　复合式压缩空气储能系统流程图

4. 等温式压缩空气储能

等温式非补燃压缩空气储能系统是一种采用准等温压缩过程的储能系统，简称为等温式压缩空气储能系统。该系统在压缩阶段实时分离压缩热能和空气势能，确保空气在压缩过程中不会发生显著的温升。相应地，在膨胀阶段，该系统能够将存储的压缩热能实时反馈给高压空气，使高压空气在膨胀时不发生明显的温降。

图 4-7 所示为一种等温式压缩空气储能系统流程图。在压缩阶段，电动机驱动活塞向上移动，压缩气缸内的空气。同时，喷雾装置向气缸内喷入适量的低温雾化水。低温雾化水与高压空气混合，能有效控制压缩过程中空气的温升，使其稳定在预设的温度水平。压缩完成后，气液混合物进入气液分离器，其中干燥的高压空气存储于储气装置，水进入高温储罐中存储。在膨胀阶段，高压空气进入气缸膨胀使活塞下移，带动发电机发电。喷雾装置向气缸内喷入适量的高温雾化水，高温雾化水与高压空气混合，加热并维持空气的温度，使膨胀过程中的温度基本不变，即准恒温膨胀。通过精确控制喷水量和雾化水的温度，系统能够确保压缩和膨胀过程中空气温度保持相对稳定，提高储能系统的效率和可靠性。

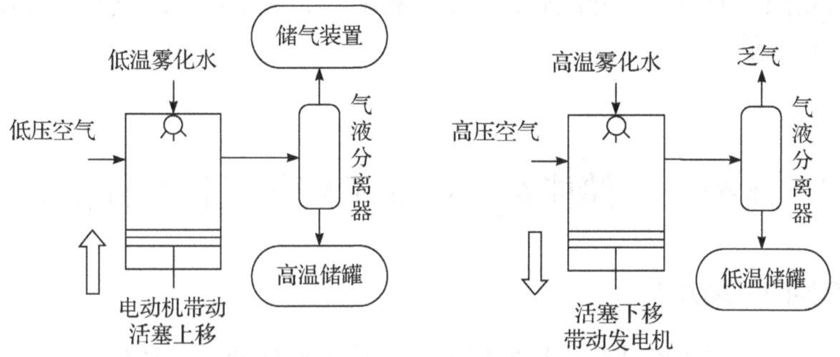

图 4-7　等温式压缩空气储能系统流程图

5. 深冷液化压缩空气储能

深冷液化压缩空气储能也称为液态空气储能，该技术在先进绝热式压缩空气储能技术的基础上引入低温过程和蓄冷系统，以低温液态的形式存储空气。图 4-8 所示为一种液态空气储能系统流程图，系统主要包括压缩系统、蓄热系统、蓄冷系统、液态空气储

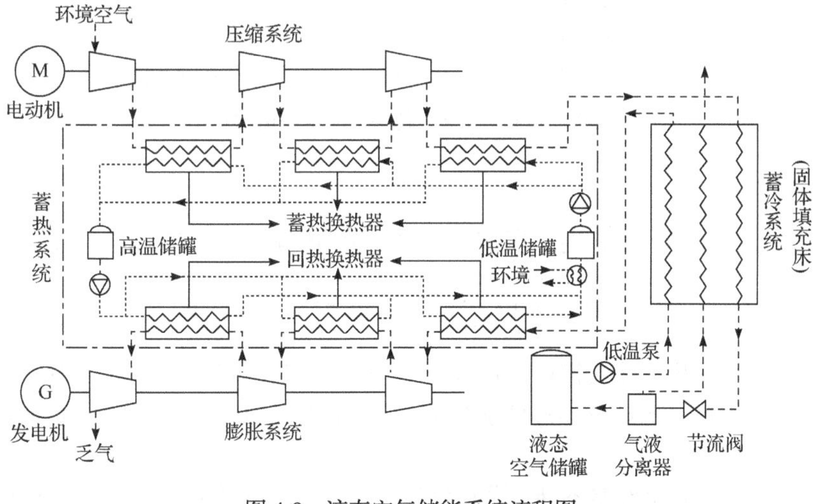

图 4-8　液态空气储能系统流程图

罐和膨胀系统等关键组成部分。其中，压缩系统采用三级压缩，膨胀系统采用三级膨胀，蓄热系统可采用导热油作为换热和蓄热工质，蓄冷系统可采用固体填充床作为蓄冷工质和设备。

在压缩阶段，系统驱动多级压缩机将空气压缩至高压状态。在此过程中，利用蓄热工质在蓄热换热器吸收压缩过程中产生的压缩热，并存储于高温储罐。随后，高压空气通过蓄冷系统冷却，转化为低温高压的液态空气。液态空气经过节流装置节流至接近常压状态，形成气液混合物进入气液分离器，液态空气被送入液态空气储罐中存储，气态空气则返回蓄冷系统，提供部分冷量用于冷却后续的高压空气。

在膨胀阶段，液态空气通过低温泵升压后进入蓄冷系统，并在其中气化至接近环境温度。气化过程中产生的冷能通过蓄冷系统回收，用于后续循环。气化后的高压空气进入回热换热器吸收蓄热工质热量，升温后进入膨胀机做功，做功后的乏气排入环境，而蓄热工质降温后返回低温储罐。

4.2　压缩空气储能系统的能量转化过程及性能评价

4.2.1　系统部件的能量方程

基于热力学第一定律可计算压缩空气储能系统各部件的能量转化特性，在应用能量方程分析系统各部件能量转化问题时，应根据具体问题的不同条件，作出相应的假定和简化。下面以压缩机、换热器和膨胀机为例进行说明。各部件的能量平衡示意图如图 4-9 所示。

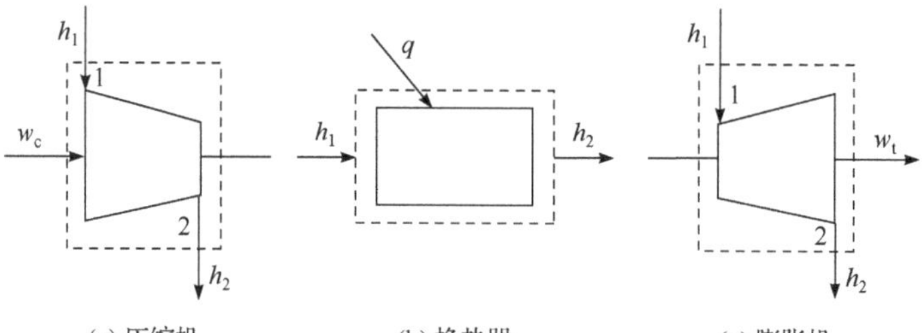

图 4-9　压缩空气储能各部件能量平衡示意图

1. 压缩机

单位质量空气流经压缩机时，压缩机对空气做功使其升压，其能量方程为

$$q=(h_2-h_1)+\frac{1}{2}\left(v_{f2}^2-v_{f1}^2\right)+g\left(z_2-z_1\right)-w_c \tag{4-1}$$

式中，q 为空气与外界的热交换量，J；h_1、h_2 分别为进、出口空气焓值，J；v_{f1}、v_{f2} 分别为进、出口空气速度，m/s；z_1、z_2 分别为进、出口高度，m；w_c 为压缩机对单位质量空气的做功量，J。

在绝热条件下，q 可忽略不计。若压缩机进、出口空气动能差和势能差也可忽略，则压缩机对单位质量空气的做功量为

$$w_c = h_2 - h_1 \tag{4-2}$$

2. 换热器

工质流经换热器时，和外界或其他工质存在热量交换而没有功的交换，且动能差和势能差也可忽略不计。若工质流动稳定，则单位质量工质与外界或其他工质交换的热量 q 为

$$q = h_2 - h_1 \tag{4-3}$$

3. 膨胀机

单位质量空气流经膨胀机时，高压空气膨胀做功，其能量方程为

$$q = (h_2 - h_1) + \frac{1}{2}\left(v_{f2}^2 - v_{f1}^2\right) + g\left(z_2 - z_1\right) + w_t \tag{4-4}$$

式中，w_t 为单位质量空气在膨胀机内的做功量，J。

在绝热条件下，与外界热交换量 q 可忽略不计。膨胀机进、出口空气动能差和势能差较小，均可忽略不计。因此，单位质量空气进入膨胀机所做的功为

$$w_t = h_1 - h_2 \tag{4-5}$$

4.2.2　系统部件的㶲损失特性

热力学第二定律是分析压缩空气储能系统各部件㶲损失特性的理论基础。根据热力学第二定律，对于由高温热源、低温热源和热机构成的热力系统，高温热源可驱动热机做功向低温热源传热，而低温热源无法驱动同一个热机反向做功。高温热源驱动热机对外输出可供利用的功，称为可用功。在给定的环境和约束条件下，能量中可转化为可用功的最高份额，称为㶲。㶲用于衡量能量的“品质”，㶲值越高，能量的“品质”越高，可转化为其他形式能量的份额越多。利用㶲分析可衡量压缩空气储能过程各部件的㶲损失特性。

1. 压缩机

压缩机的㶲损失可表示为

$$\Delta E_{x,c} = P_c - \dot{m}_c(e_{x,c,2} - e_{x,c,1}) \tag{4-6}$$

式中，$\Delta E_{x,c}$ 为压缩机的㶲损失，W；P_c 为压缩机的功耗，W；$e_{x,c,1}$ 和 $e_{x,c,2}$ 分别为压缩机进口和出口空气的比㶲值，J/kg；$\dot{m}_c$ 为压缩机内空气的质量流量，kg/s。

2. 换热器

换热器的㶲损失可表示为

$$\Delta E_{x,he} = \dot{m}_{hot}(e_{x,hot,1} - e_{x,hot,2}) - \dot{m}_{cold}(e_{x,cold,2} - e_{x,cold,1}) \tag{4-7}$$

式中，$\Delta E_{x,he}$ 为换热器的㶲损失，W；$e_{x,hot,1}$ 和 $e_{x,hot,2}$ 分别为热流体进口和出口的比㶲值，J/kg；$e_{x,cold,1}$ 和 $e_{x,cold,2}$ 分别为冷流体进口和出口的比㶲值，J/kg；$\dot{m}_{hot}$ 和 $\dot{m}_{cold}$ 分别为热流体和冷流体的质量流量，kg/s。

3. 膨胀机

膨胀机的㶲损失可表示为

$$\Delta E_{x,t} = \dot{m}_t(e_{x,t,1} - e_{x,t,2}) - P_t \tag{4-8}$$

式中，$\Delta E_{x,t}$为膨胀机的㶲损失，W；$e_{x,t,1}$和$e_{x,t,2}$分别为膨胀机入口和出口空气的比㶲值，J/kg；$\dot{m}_t$为膨胀机内空气质量流量，kg/s；P_t为膨胀机的输出功率，W。

4.2.3 性能评价

压缩空气储能系统常用的性能评价指标包括热耗、电耗、总效率和电能存储效率等。

(1) 热耗(HR)是指系统发电过程总消耗热量与膨胀机总膨胀功的比值，如式(4-9)所示，反映了系统每发一度电(即 1kW·h)所消耗的燃料。热耗越低，系统热效率越高。

$$\text{HR} = \frac{Q_{hr}}{W_t} \tag{4-9}$$

式中，Q_{hr}和W_t分别为总消耗热量和总膨胀功，J。

(2) 电耗(ER)是指压缩机总压缩功与膨胀机总膨胀功的比值，如式(4-10)所示，反映了单位产出能量所消耗的电能。

$$\text{ER} = \frac{W_c}{W_t} \tag{4-10}$$

式中，W_c为总压缩功，J。

(3) 总效率(η_{ee})是指系统总膨胀功与总输入能量之比，数值上等于热耗和电耗之和的倒数，如式(4-11)所示，反映了压缩空气储能系统对能量的总利用率。

$$\eta_{ee} = \frac{W_t}{Q_{hr} + W_c} = \frac{1}{\text{HR} + \text{ER}} \tag{4-11}$$

(4) 电能存储效率(η_{es})的计算公式如式(4-12)所示，其反映了压缩空气储能系统对电能的存储和转化效率。

$$\eta_{es} = \frac{W_t}{\eta_{sys}Q_{hr} + W_c} \tag{4-12}$$

式中，η_{sys}为系统效率，表示发电系统中热能转化为电能的效率，与发电系统的类型相关。

4.3 压缩空气储能系统的部件选型与设计

4.3.1 压缩机选型

常规压缩机可以分为容积型与速度型。根据运动方式的不同，容积型压缩机又可分为往复式和回转式。往复式压缩机是指通过气缸内活塞或隔膜的往复运动使缸体容积周期性变化并实现气体增压和输送的压缩机，又称为活塞式压缩机。回转式压缩机是通过一个或几个部件的旋转实现压缩腔内部容积变化，通过容积变化改变气体压力，主要包括滑片式、螺杆式和涡旋式等。速度型压缩机是通过叶轮的高速旋转提高气体速度，使气体获得巨大动能，随后在扩压器中将气体部分动能转化为势能。根据压缩机内气体流动方向的不同，速度型压缩机又可分为轴流式和离心式，其中轴流式压缩机中气体沿轴向流动，离心式压缩机中气体沿径向流动。不同类型的压缩机的适用场景如表 4-2 所示。

表 4-2　不同类型的压缩机的适用场景

类型	适用场景
往复式	工作压力范围为 0.5～700MPa，流量小于 700m³/min
回转式	压力不超过 2MPa，流量不超过 500m³/min
轴流式	压力不超过 1MPa，流量不低于 10000m³/min
离心式	压力不超过 70MPa，流量区间为 50～5000m³/min

工作压力和工作流量是影响压缩机选型的主要因素，在压缩空气储能系统中，压缩机应具有流量大和压力高的特点。适用于压缩空气储能系统的压缩机类型主要为往复式、轴流式和离心式。不同类型的压缩机的优缺点对比如表 4-3 所示。

表 4-3　不同类型的压缩机的优缺点

类型	优点	缺点
往复式	效率高，排气压力较高，适用压力范围广	结构复杂，维护成本较高，转速低
轴流式	效率高，单位面积流量大，径向尺寸小	制造工艺要求高，稳定工况区较窄
离心式	排气均匀，运行平稳，维护成本较低	效率可能不及轴流式与往复式压缩机，可能发生喘振

4.3.2　储气装置设计

储气装置主要分为等容式和等压式两种类型。等容式储气装置在储气和放气过程中保持容积不变，而等压式储气装置则保持内部压力恒定。

1. 等容式储气装置

在压缩空气储能系统中，等容式储气装置根据容量需求的不同，选择有所差异。中小容量系统通常采用专门制造的储气装置，如钢制压力容器、管线钢钢管阵列等；而大容量系统则多利用地下洞穴等地质结构。

普通钢制压力容器的设计和制造技术成熟，能够承受较高压力，因此在压缩气体领域应用广泛。然而，普通钢制压力容器存在重量大和体积大等弊端。在中小容量压缩空气储能系统中，管线钢钢管阵列是较为理想的储气装置。单根管线钢钢管的长度一般为 100m 左右，根据管径不同，当其壁厚为 1～3cm 时，即可承受 10MPa 以上的压力。当利用管线钢钢管储气时，可通过调整阵列中钢管数量来调节压缩空气储能系统的容量，同时可根据需要将其阵列化布置于地上，或浅埋于地下。

大容量压缩空气储能系统多采用地下盐穴、煤矿巷道、废弃矿井和硬石岩洞等地下洞穴作为储气装置，容量大，占地面积小。天然矿藏开采后为压缩空气储能提供了良好的储气环境，大部分洞穴仅需简单改造后即可用于存储高压空气。以地下盐穴为例，通常采用人工方式在盐层厚度大、分布稳定的盐丘或盐层中制造洞穴形成存储空间。此外，盐穴压缩空气储能具有成本低、密封性好和使用寿命长等优点，且盐岩具有较低的渗透率与良好的裂隙自愈能力，能够保证存储空间的密闭性，其力学性能较为稳定，能够适应因充放气和壁面换热引起的存储压力变化。

2. 等压式储气装置

等容式储气装置容积固定，其内部压力会随着膨胀过程逐渐减小，可能造成一定的能量损失，因此等压式储气装置逐渐受到关注，例如，可将地下储气装置与地上蓄水池相结合，利用二者之间的高度落差形成一个基本稳定的水压头，维持储气装置内压力基本稳定。

由于陆地地理条件限制，离岸压缩空气储能概念逐渐兴起，该技术的主要流程为从岸边挖掘气道通往湖底或海底连接大型承压气囊，气囊由重物固定，利用水压增强空气的压缩效果，储能时把高压空气从岸上基地沿气道通入水底气囊，在需要时释放高压空气用于发电。承压气囊壁面具有柔性或伸缩性，可使外部水压与内部气压平衡。加拿大多伦多水电与 Hydrostor 公司合作，率先开展了离岸压缩空气储能试验，该项目将气囊固定在水底，通过管路与陆地的压缩机和膨胀机分别连通，此时气囊中的空气压力与所处深度位置的水压相等，实现等压充气和放气。此外，可以直接将重物放置于等压式储气装置上，通过重物重力和储气装置内压缩空气压力之间的平衡关系实现压力的调节与控制。

4.3.3 膨胀机选型

膨胀机是空气膨胀过程中的关键能量转化设备，其工作流程与压缩机相反，主要作用是利用高压空气膨胀降压对外输出机械功。应用于压缩空气储能系统的膨胀机类型主要有活塞式和透平式。其中，根据气体流动方向的不同，透平式膨胀机又可分为轴流式和径流式。不同类型的膨胀机的优缺点如表 4-4 所示。

表 4-4 不同类型的膨胀机的优缺点

类型	优点	缺点
活塞式	结构简单，制造技术成熟，适用压力范围广	流量小，转速低，做功不连续，不适合大型场合应用
轴流式	通流能力强，易实现多级串联，效率较高	制造工艺要求高，小流量运行时摩擦损失增大，效率降低
径流式	比功大，重量轻，结构简单可靠	径向外壳尺寸较大，流量受到约束

4.3.4 控制系统与安全系统

在设计压缩空气储能系统时，控制系统和安全系统的设计尤为关键，控制系统通常采用自动控制技术，并结合相应的安全措施，二者共同保障系统的高效运行并预防潜在风险。

基于自动控制技术，控制系统实时监控压缩空气储能系统的关键操作参数，如压缩机、膨胀机的运行参数，以及储气装置的压力等。系统监测不限于物理参数的实时追踪，还包括能效分析和预测性维护。通过对收集数据的深入分析，系统能够识别关键操作参数的变化趋势和潜在问题，实现故障预防和性能的持续改进。例如，控制系统通过分析压缩机的运行数据，能够预测维护或更换部件的最佳时机，有效避免系统故障和非计划停机。

在压缩空气储能系统的安全设计中，安全措施包括但不限于防爆、防泄漏和防腐蚀设计，例如，储气装置和管道采用特定材料与厚度，避免因压力或化学反应导致管道破裂和泄漏。此外，系统还应配备紧急关停设施和自动阀门，确保在检测到异常情况时能够迅速切断压缩空气的流动，特别是涉及热能管理和可能使用燃料的部件，如膨胀机的加热系统，系统应配备火灾探测和灭火系统。

综上所述，压缩空气储能系统的控制和安全设计是确保系统高效、安全运行的核心。通过集成先进的自动控制技术、全面的系统监测和多层次的安全措施，能够最大限度地降低运营风险，保障设备和人员的安全。

4.4　压缩空气储能系统的应用案例

自压缩空气储能概念提出以来，全球范围内多个国家和地区开展了丰富的理论研究与实践应用。我国压缩空气储能技术研究起步较晚，但技术发展较为迅速，多个省市地区已建设/投运了百兆瓦级压缩空气储能项目。本节将介绍国内外压缩空气储能系统在电力系统、工业生产和交通运输领域的部分应用案例。

4.4.1　电力系统应用

1. 江苏金坛盐穴压缩空气储能国家试验示范项目

江苏省常州市金坛盐穴压缩空气储能国家试验示范项目是我国首个压缩空气储能领域商业电站项目，于 2022 年投运，标志着全球首个非补燃压缩空气储能电站正式并网发电。该储能电站的工艺流程图如图 4-10 所示，系统由电动机、压缩系统、盐穴储气系统、蓄热系统、透平膨胀系统和发电机等组成。在压缩阶段，利用低谷电或新能源电力驱动压缩机，将常压空气压缩为约 14MPa 的高压空气，空气温度可升至 300℃以上，为保障系统安全运行，高温高压空气被冷却至约 40℃后注入盐穴，同时利用导热油在蓄热换热器内吸收空气热量后存储于地面的大型高温导热油罐内。当需要向电网供能时，高压空气由盐穴释放，在回热换热器内经导热油加热至 300℃以上，随后高温高压空气在膨胀机中做功，并带动发电机发电，而导热油降温后进入常温导热油罐存储。

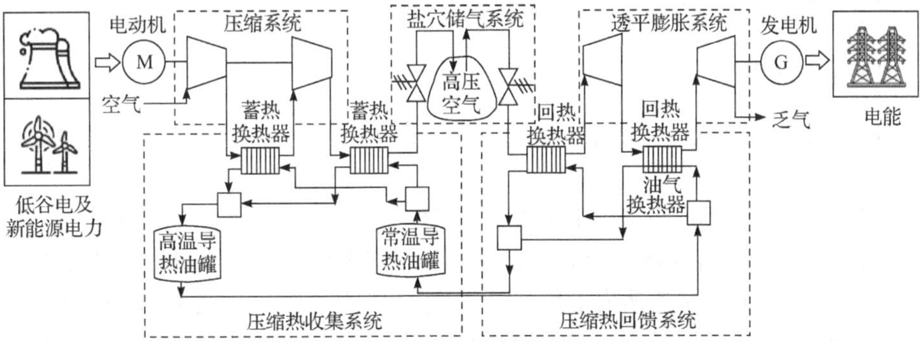

图 4-10　项目工艺流程图

金坛拥有约 1000 万 m^3 的地下盐穴资源，多分布在地下 800～1000m 深度，抗压能力较强。该项目使用的茅八井盐穴位于地下 1000m 左右，腔体最大直径约为 80m，高度超过 100m，容积超过 22 万 m^3，最高可承受约 20MPa 的压力。项目一期系统储能功率和发电装机容量均为 60MW，储能容量为 300MW·h，通过采用非补燃式技术，将电能转化效率提升至 60%以上。

2. 湖北应城 300 兆瓦级压缩空气储能电站示范项目

湖北省应城 300 兆瓦级压缩空气储能电站是国家新型储能试点示范项目，同时也是全球首台(套)300MW 级压缩空气储能电站。该项目提出并应用了基于高压热水储热的中温绝热式压缩技术路线、大容量恒压式球形储罐储热系统、大容量低压损高效翅片管式换热器和全周进气+补气阀进气调节 300MW 级空气透平技术。电站利用地下约 500m 处的废弃盐矿作为储气装置，采用非补燃式技术，电能转化效率约为 70%。电站储能规模达 1500MW·h，每天可储能 8h，释能 5h，全年储气量达 19 亿 m^3，发电量约 5 亿 kW·h。

3. 山东肥城 300 兆瓦先进压缩空气储能国家示范电站项目

山东肥城 300MW 盐穴先进压缩空气储能国家示范电站采用了中国科学院自主研发的先进压缩空气储能技术。该项目攻克了多级宽负荷压缩机和多级高负荷透平膨胀机技术、高效超临界蓄热换热器技术、系统全工况优化设计与集成控制技术，研制出了 300MW 多级高负荷透平膨胀机、多级宽负荷压缩机和高效紧凑式蓄热换热器等核心装备。该电站建设规模为 300MW/1800MW·h，系统额定设计效率为 72.1%，可实现连续放电 6h，年发电约 6 亿 kW·h，在用电高峰期可为 20 万～30 万户居民提供电力保障。

4. 国外压缩空气储能示范项目

国外方面，日本、英国和澳大利亚等多个国家开展了压缩空气储能电站的示范工程建设。日本北海道空知郡建设了上砂川町 2MW 压缩空气储能示范项目，储气压力为 8MPa。英国曼彻斯特建设了液态空气储能示范项目，容量为 5MW/15MW·h。该项目利用电力系统多余电能制备液态空气(−196℃)，存储于隔热的真空储罐内，在释能时液态空气经加压后气化，驱动膨胀机组输出电能。南澳大利亚州压缩空气储能示范项目将一处废弃锌矿洞穴改造为地下储气洞穴，建设 5MW/10MW·h 的压缩空气储能示范电站，该电站可为南澳大利亚州电网提供削峰填谷、辅助调频等服务。

4.4.2　工业生产应用

压缩空气是工业领域应用的重要动力源之一，在特定领域可替代传统化石能源，以降低能耗与污染物排放。

以露天采矿行业为例，凿岩施工是露天采矿的第一道工序，随着露天采矿日趋大型化，化石能源消耗大和粉尘控制困难等问题日益突出，同时国家环保要求日益严格，凿岩施工工艺优化势在必行。湖北楚道凿岩工程有限公司提出了压缩空气储能(CAES)绿色低碳湿法采矿技术。该技术以空气为介质，通过压缩机将其压力提升数倍后形成空气能，利用长距离高压输气管网实现空气储能与输送，结合多种气动机械设备进行钻爆和破碎等施工。以该技术在安徽省池州市神山灰岩矿项目的应用为例，项目使用了组合式高压压缩空气供气站代替传统的柴油动力，并采用了 8000m 长的压缩空气储能输气管道和 5000m 长的储能配气管道，可供应近 40 台多功能凿岩机同时施工。结合电动高压集气、储能输气和成网配气采矿的方法，项目实现了利用清洁能源代替化石能源穿孔爆破，同时采用压缩空气储能技术回收凿岩过程中的能量，实现节能降耗。

4.4.3　交通运输领域应用

压缩空气动力汽车使用高压空气作为动力源，将空气势能转变为机械能，从而驱动汽车行驶。该类汽车主要由气动发动机、储气装置、降压装置、换热器、传动系统和辅助设备等部件组成。其中，气动发动机是汽车的核心部件，包括机体、气缸、活塞、连杆、曲轴和配气设备等部分，运行过程中储气装置内的空气推动发动机缸体内的活塞运动，驱动汽车行驶；储气装置用于存储高压空气，需具备较高的承压能力；降压装置用于降低高压空气的压力，为气动发动机运行提供低压空气保障；由于高压空气在降压过程中温度下降，会影响系统整体做功能力，因此需设置换热器为气动发动机提供热能；辅助设备包括控制系统和能量回收系统等，用于控制汽车行驶和提高汽车能量利用率。法国标致汽车公司曾展示了一款压缩空气混合动力汽车，将传统汽油动力系统与液压/压缩空气动力系统相结合，作为汽车动力来源。

尽管压缩空气动力汽车的环保性较好，但由于汽车容积有限，储气装置的体积和材质选择限制了其在车辆上的应用。此外，压缩空气动力汽车的动力输出与储气装置内空气压力密切相关，随着空气的消耗，动力输出逐渐减弱，影响汽车续航里程和速度稳定性。

4.5　技术挑战与解决方案

在压缩空气储能技术的发展过程中，面临的技术挑战主要包括以下方面。

(1) 储能效率低。在压缩空气过程中，部分能量以热能形式消散而没有被回收利用，同时在膨胀过程中需消耗能源用于加热膨胀机进气。此外，储能系统运行的关键部件，如压缩机和膨胀机等部件的效率有待提高。

(2) 储气装置限制。气态存储型压缩空气储能系统的能量密度较低，需采用大规模的储气装置，使用盐穴和废弃矿井等作为储气装置时依赖特定的地理条件，限制了压缩空气储能的容量与应用范围。

(3) 化石燃料。传统的补燃式压缩空气储能系统需要使用化石燃料燃烧提供热量，然而化石燃料资源日趋枯竭，且其燃烧过程会产生二氧化硫、氮氧化物、一氧化碳和粉尘等污染物。

为解决压缩空气储能技术发展面临的问题，提出了关键部件设计优化、压缩空气储能技术研发和运行方式优化等解决方案。不同技术挑战的解决方案如表 4-5 所示。

表 4-5　不同技术挑战的解决方案

分类	解决方案
提升效率	优化系统关键部件的设计和加工工艺，采用多级中间冷却压缩和多级再热膨胀等技术提高压缩机和膨胀机的效率； 利用强化传热方法改善换热器效率，采用高性能蓄热/保温材料提高蓄热效率； 通过系统的耦合优化以提高系统性能，如应用压缩机进气冷却和回收利用膨胀机排气余热等
建设储气装置	开展地质勘探与地质学研究，筛选适合作为大型压缩空气储能系统的废弃矿井、盐穴和洞穴等； 提高压缩空气储能系统的储气压力，采用液态空气储能等技术提高能量密度，减小储气装置体积，减轻储气装置对地理环境的依赖
燃料替代	引入蓄热、非补燃式技术，回收压缩空气过程中的热量代替化石燃料； 与新能源发电技术相结合，利用太阳能等新能源代替化石燃料； 采用工业和电厂余热或废热作为热源

习　　题

4-1　概述压缩空气储能的工作原理及能量转化过程。

4-2　简述压缩空气储能系统的主要组成部分及其功能。

4-3　简述补燃式和非补燃式压缩空气储能系统的区别，分析非补燃式压缩空气储能系统效率较高的原因。

4-4　简述非补燃式压缩空气储能系统的分类，并分析不同非补燃式压缩空气储能系统的特点。

4-5　在压缩空气储能系统的设计中，选择储气装置时，以下哪个因素不是主要考虑点？

A. 储气装置材质的耐压性　　B. 储气装置的热绝缘性能

C. 储气装置容积与储能容量的关系　　D. 储气装置外观的美观性

4-6　若某压缩机进口空气焓值为 200kJ/kg，流速为 50m/s；压缩机出口空气焓值为 500kJ/kg，流速为 20m/s。假设系统与外界热交换量、势能差可忽略不计，试计算 1kg 工质流经压缩机时，压缩机对工质的做功量。

4-7　根据图 4-10，简述金坛压缩空气储能项目的工艺流程。

4-8　如何提高压缩空气储能系统的效率？

第 5 章　抽水蓄能技术与系统

抽水蓄能技术遵循电能-势能-电能的转化流程，采用机械方式实现电能的存储和转移。作为大规模储能技术，抽水蓄能具有能量转化效率稳定、环境友好、使用寿命长等优势。自 1882 年瑞士苏黎世奈特拉抽水蓄能电站建成以来，至今已历经百余年发展。为解决电网调峰等问题，我国从 20 世纪 60 年代开始研究抽水蓄能技术。

抽水蓄能系统(抽水蓄能电站)是技术成熟、经济性优异、具备大规模开发条件的电力系统绿色低碳清洁灵活调节电源。发展抽水蓄能产业，是保障电力系统安全稳定运行和构建以新能源为主体的新型电力系统的重要支撑。本章首先概述抽水蓄能技术及其发展历程，随后阐述抽水蓄能电站的基本原理、典型结构组成和分类，介绍抽水蓄能电站的性能指标，总结抽水蓄能电站的功能、运行特性与应用场景，最后介绍抽水蓄能电站的应用案例。

5.1　抽水蓄能技术概述

5.1.1　抽水蓄能技术简介

抽水蓄能(pumped hydro storage，PHS)又称抽蓄发电，是目前较为成熟的大容量储能方式之一，是电力系统安全防御体系的重要组成部分。常规水电站主要利用天然水流的势能发电，抽水蓄能电站则是能将水从低处输送至高处存储并在用能高峰时释放的水电站，兼具发电和储能功能，可用于电网调峰、调频、调相、事故备用和黑启动等场合，具有容量大、工况多、速度快、可靠性高和经济性好等技术经济优势，在保障电网安全稳定、促进新能源消纳等方面发挥着重要作用。抽水蓄能电站具备“源网荷储”全要素特性，是能源互联网的重要组成部分，也是推动能源转型发展的重要支撑。然而，抽水蓄能电站需要合适的地理条件建造水库，存在建设周期长和初期投资巨大等局限。

在抽水蓄能电站具体应用中，最重要的两个技术指标是功率和容量，抽水消耗功率和发电功率均与抽水的体积流量及水头成正比，蓄能容量取决于上水库总蓄水量和水头高度。我国大部分抽水蓄能电站为高水头水电站，一般建设在河流上游的高山地区。此类水电站由于上下游水位相对稳定，水头变化幅度相对不大，其出力和发电量基本可通过水量控制，系统综合效益较高。

5.1.2　抽水蓄能技术发展概况

世界上第一座抽水蓄能电站于 1882 年诞生在瑞士苏黎世，较具规模的抽水蓄能技术研发始于 20 世纪 50 年代，世界范围内抽水蓄能技术主要经历了四个发展时期。

(1) 20 世纪上半叶：抽水蓄能电站以蓄水为主要目的，通过汛期蓄水、枯水期发电等解决常规水电站发电的季节不平衡问题，该阶段抽水蓄能电站发展缓慢。

(2) 20 世纪 60～80 年代：抽水蓄能电站主要承担调峰和备用功能，以满足建设核电站带来的调峰需求，该时期为抽水蓄能电站蓬勃发展的黄金时期。

(3) 20 世纪 90 年代～21 世纪初：抽水蓄能电站的发展进入成熟期，其发展逐渐放缓，该时期内发达国家的经济增速缓慢，导致电力负荷增长放慢，同时抽水蓄能电站因其地理条件限制导致电站成本升高。此外，以天然气为燃料的燃气轮机发电技术成本大幅下降，成为电网调峰的有效手段。

(4) 21 世纪以来，电网对大规模调峰、大规模低谷电和新能源电力消纳的需求同时增加，具有“吸收”能力的抽水蓄能电站成为保障新能源发电的重要手段，抽水蓄能技术再一次进入快速发展时期。

我国抽水蓄能技术的发展主要经历了四个阶段。

(1) 20 世纪 60 年代(起步阶段)：我国先后在华北地区建成岗南(11MW)和密云(22MW)两座小型混合式抽水蓄能电站，逐渐开始抽水蓄能电站的开发研究。

(2) 20 世纪 70 年代～90 年代末(学习探索阶段)：为配合核电、火电运行及作为重点地区安保电源，我国相继建成潘家口、十三陵和天荒坪等大中型抽水蓄能电站。至 2000 年底，我国抽水蓄能电站总装机容量约 0.55 万 MW。

(3) 21 世纪初(快速发展阶段)：“十一五”期间，吉林白山、山东泰安、安徽琅琊山、河北张河湾和湖北白莲河等大型抽水蓄能电站相继建成投产。至 2010 年底，我国抽水蓄能电站总装机容量约 1.69 万 MW。

(4) 2011 年以来(全面发展阶段)：“十二五”、“十三五”期间，为适应新能源和特高压电网快速发展，抽水蓄能技术发展迎来新的高峰，相继有浙江宁海、江西洪屏和江苏溧阳等抽水蓄能电站投产发电。据《中国的能源转型》白皮书显示，至 2023 年底，我国已投运抽水蓄能电站总装机容量突破 5 万 MW，已建和在建规模均居世界首位。

抽水蓄能原理与系统

5.2 抽水蓄能电站的原理与结构

5.2.1 基本原理

抽水蓄能电站的工作流程可分为抽水蓄能和释能发电两个阶段，如图 5-1 所示。

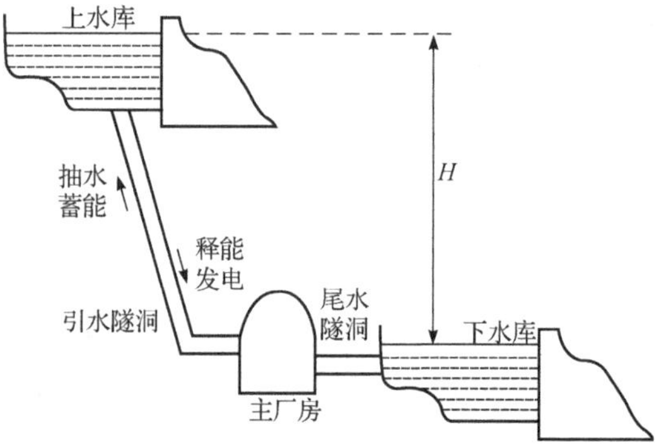

图 5-1 抽水蓄能电站的工作流程示意图

1. 抽水蓄能阶段

系统利用低谷电、富余电力或新能源电力驱动电动机，带动水泵把水由地势较低的下水库输送至地势较高的上水库，将电能转化为水的势能进行存储。

2. 释能发电阶段

当电力需求增加时，上水库开闸放水，水从上水库流至水轮发电机组位置，推动水轮发电机组发电，将水的势能转化为电能。

5.2.2　系统结构

抽水蓄能电站的基本结构包括上下水库、水道系统、厂房系统和电气系统等。

1. 上下水库

抽水蓄能电站中最主要的部分是上下水库，水库通常包括前池和后池，是系统的储能载体。上水库选择有多种形式，可利用天然湖泊或已建水库，也可采用垭口筑坝、台地筑环形坝和开挖库盆等方式形成上水库。下水库一般由挡水建筑物或泄水建筑物组成，也可利用下游的水库或天然湖泊。上下水库的关键技术问题包括上下水库防渗技术、严寒地区冰冻防控技术和拦排沙技术等。

2. 水道系统

抽水蓄能电站中，水道系统连接上下水库，一般由上水库进/出水口、引水隧洞、引水调压室、高压管道、尾水调压室、尾水隧洞和下水库进/出水口等组成。水道系统一般沿山体埋设，根据装机台数，水道系统分为单管道、多管道，单管单机、单管多机或多管多机等形式。水道系统涉及的关键技术问题包括高水头大 *HD* 值(水头与主管直径的乘积)钢岔管技术、钢筋混凝土衬砌高压管道技术和钢板衬砌高压管道技术等。

3. 厂房系统

厂房系统一般由主厂房、副厂房、主变压器室、开关站、出线场和附属洞室组成。抽水蓄能电站厂房的位置布置需考虑电站运行要求、地形地质条件及上下水库位置。抽水蓄能电站具有较高的水头，需要完成不同工况下的快速转换，导致机组易产生较大振动，因此厂房系统对结构刚度和振动控制具有较高要求。

4. 电气系统

电气系统包括主接线和电气设备、监控系统、电气设备故障诊断系统等。其中，主要电气设备包括变压器、断路器、隔离开关、电抗器、电容器、互感器和避雷器等高压电气设备，各种测量表计(电流表、电压表、有功功率表、无功功率表、功率因数表等)、继电保护及自动装置和直流电源设备(蓄电池、浮充电装置)等。

5.2.3 机组部件

抽水蓄能电站的机组部件主要包括水泵、水轮机、电动机和发电机四种部件。

1. 水泵和水轮机

抽水蓄能机组可使用独立的水泵和水轮机，使抽水蓄能和释能发电过程均保持较高的效率。水泵是输送水体或使水体增压的机械，按作用原理可分为叶片式泵(如离心水泵、轴流泵、混流泵和旋涡泵等)、容积式泵(如活塞泵、柱塞泵、隔膜泵和齿轮泵等)及其他类型泵(如射流泵、水锤泵、真空泵和气泡泵等)。水轮机是把水流的能量转化为旋转机械能的动力机械，属于透平机械。在抽水蓄能电站中，上水库中的水经引水管引向水轮机，推动水轮机转轮旋转，带动发电机发电，做完功后水通过尾水管道排向下水库。

按照水泵水轮机的结构，抽水蓄能机组可分为组合式和可逆式两种，如图 5-2 所示。组合式水泵水轮机可分为四机式和三机式机组。可逆式水泵水轮机根据水头大小不同，可分为混流式、轴流式、斜流式和贯流式机组。

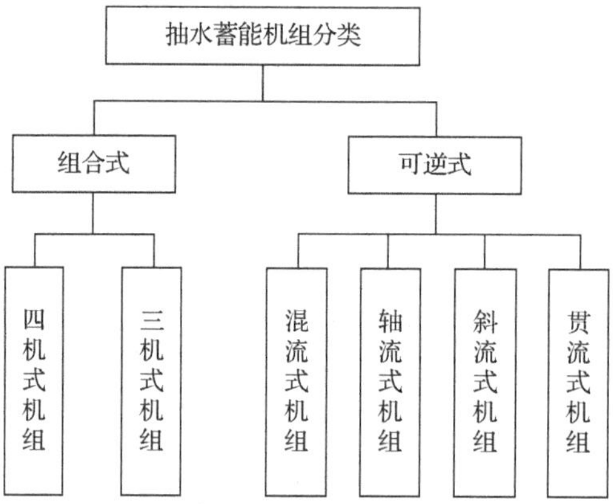

图 5-2　抽水蓄能机组分类

1) 组合式水泵水轮机

组合式水泵水轮机是在同一根轴上分别装有水泵转轮和水轮机转轮，在不改变旋转方向的条件下可以作为水泵或水轮机运行的水力机械。水泵和水轮机分别按照电站的具体要求进行设计，可保证在各自运行条件下高效工作。组合式水泵水轮机具有以下优点：

(1) 水泵和水轮机参照各自的参数分别设计，能最大限度保证在高效率区工作；

(2) 水泵和水轮机的旋转方向一致，可缩短两种工况之间的切换操作时间；

(3) 机组电机的旋转方向不变，有利于轴承设计，可节省电气设备倒换相序的开关组；

(4) 机组由静止启动抽水时，可以用水轮机启动水泵，不需要额外启动设备。

组合式水泵水轮机存在以下缺点：

(1) 水泵和水轮机是独立设备，机组设备多、尺寸大；

(2) 需要在水泵上加装联轴器，立式机组在水泵下方安装止推轴承，水泵和水轮机需要单独的蜗壳、尾水管和进口阀门，使机组的机械设备增多；

(3) 空转的水泵或水轮机转轮存在一定损耗，影响整个机组的运行效率。

2) 可逆式水泵水轮机

可逆式水泵水轮机是将水泵和水轮机集成为一体，既可以作水泵使用，又可以作水轮机使用。该类水泵水轮机源于 20 世纪 30 年代，与组合式水泵水轮机相比，其重量轻、造价低，得到了广泛应用。

混流式、轴流式、斜流式和贯流式水泵水轮机主要用于不同水头的抽水蓄能电站。混流式水泵水轮机的工作水头范围大，可在 30～800m 范围内使用，应用较为广泛；轴流式水泵水轮机的工作水头小于 20m；斜流式水泵水轮机的工作水头为 30～130m；贯流式水泵水轮机一般用于潮汐抽水蓄能电站，其工作水头一般为 15～20m。

2. 电动机和发电机

除水泵和水轮机外，电动机和发电机也是抽水蓄能机组的重要部件。四机式机组中，水泵、水轮机、电动机和发电机分开布置，电动机与水泵连接运行，发电机与水轮机连接运行。三机式和可逆式机组中，发电机和电动机集成为一体，称为可逆电机。可逆电机在水泵工况可作为电动机运行，在水轮机工况作为发电机使用，且两者在电气性能和效率方面无较大区别。

在抽水蓄能电站中，与可逆式水泵水轮机配合运行的可逆电机具有以下特点。

1) 双向旋转

可逆式水泵水轮机在抽水蓄能和释能发电工况下的旋转方向相反，与之配套的可逆电机也需要做双向旋转运行。为此，要求可逆电机的电源相序能够转换，需要在电气主接线和开关装置上实现转换，此外，通风冷却系统和轴承等机械部件能够适应双向工作的要求。

2) 启动、停机频繁且工况转换迅速

抽水蓄能电站在电力系统中承担削峰填谷任务，启停频繁的同时还需做调频、调相运行，工况调整和转换频繁、迅速。因此需要考虑可逆电机在不同运行条件下的内部温度变化，防止电机绕组在频繁变换的运行工况下出现大的温度应力、变形及温差导致电机内部结露等问题。

3) 需要专门的启动措施

可逆电机为同步电机，作为发电机使用时可由水泵水轮机启动，即水流从上水库流向下水库带动水轮机旋转，并带动电机转子旋转，实现启动过程。作为电动机运行时，由于没有启动力矩，需要专门的启动措施将机组从静止状态加速到额定转速再并入电网。常用的启动方法包括基于电力电子技术的变频器启动方法、同轴安装小电动机的启动方法和转子安装阻尼绕组或实心转子的异步启动方法。

4) 设计和制造难度大

抽水蓄能机组的工况转换过程中要经历复杂的水力过渡过程和机械、电气瞬态过程，机组将承受复杂的受力和振动，对可逆电机的设计和制造提出了较为严格的要求。

5.2.4　抽水蓄能电站分类

抽水蓄能电站可根据天然径流条件、开发方式、水库座数、发电厂房形式、水头高低、机组形式及水库调节周期等因素进行分类，如图 5-3 所示。

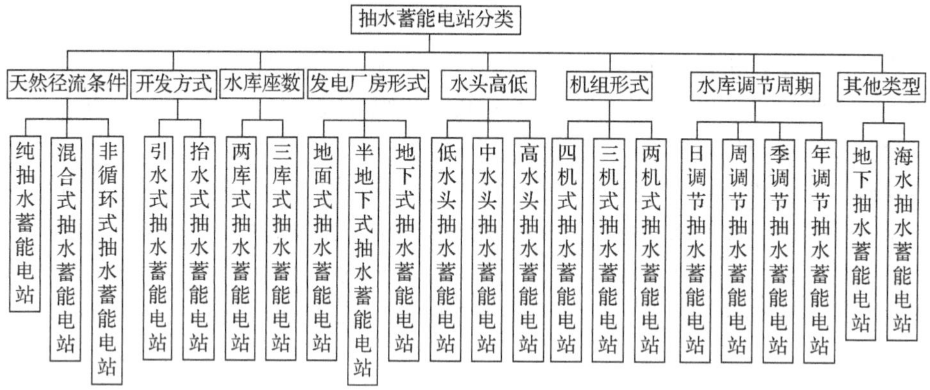

图 5-3　抽水蓄能电站分类

1. 按天然径流条件分类

按照天然径流条件分类，可将抽水蓄能电站分为纯抽水、混合式和非循环式。

纯抽水蓄能电站基于一定的蓄水量在上下水库之间循环进行抽水蓄能和释能发电，电站的上水库一般没有水源或天然水流量较小，上水库蓄水需要从下水库抽取，因而抽水和发电的水量基本相等。纯抽水蓄能电站通常没有综合利用的要求，仅用于调峰、调频，不能作为独立电源存在，需与电力系统中承担基本负荷的火电厂和核电厂等协调运行。纯抽水蓄能电站不依赖天然水源，选址灵活。我国的广州抽水蓄能电站、浙江天荒坪抽水蓄能电站、北京十三陵抽水蓄能电站和山东泰安抽水蓄能电站都属于典型的纯抽水蓄能电站。

图 5-4 所示为混合式抽水蓄能电站示意图。混合式抽水蓄能电站一般修建在河道上，上水库具有天然径流汇入优势，电站内装有抽水蓄能机组和常规水轮发电机组，既可进行能量转化，又能实现径流发电，可调节发电和抽水的比例以增加峰荷的发电量。我国典型混合式抽水蓄能电站包括北京密云抽水蓄能电站、河北岗南抽水蓄能电站和河北潘家口抽水蓄能电站等。

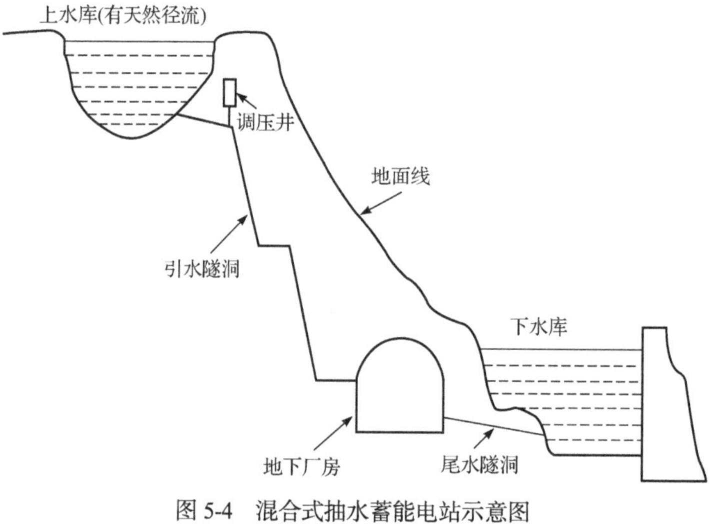

图 5-4　混合式抽水蓄能电站示意图

非循环式抽水蓄能电站的上水库位于两条河流的分水岭，分水岭两边河谷具有不同的高度差，且高度差小的一侧具有足够的天然径流来源。该类电站在分水岭上修建上水库，高度差小的河谷一侧修建下水库或取水口，设置抽水站；高度差大的一侧河谷修建常规水电站，电站布置示意图如图 5-5 所示。

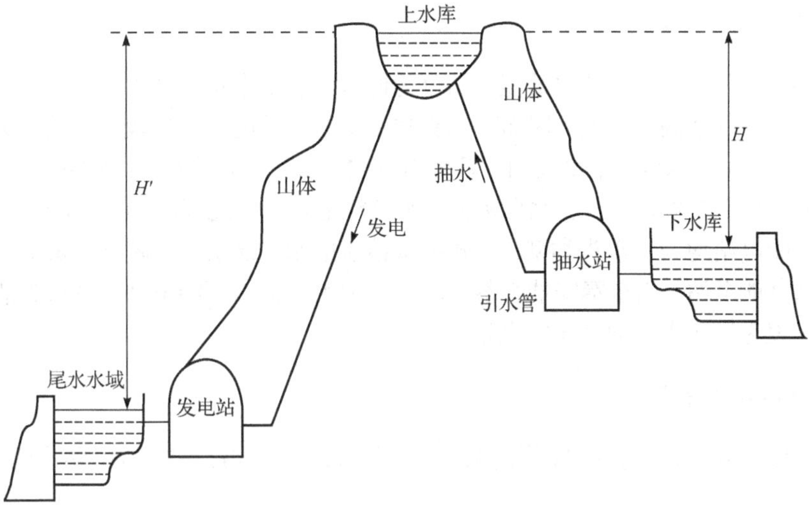

图 5-5　非循环式抽水蓄能电站示意图

2. 按开发方式分类

按开发方式分类，可将抽水蓄能电站分为引水式和抬水式。引水式抽水蓄能电站的上下水库天然落差较大，一般建在天然高度落差大、流量小的山区或丘陵地区的河流上。根据厂房在水道系统中的位置，引水式抽水蓄能电站可进一步分为首部式布置、中部式布置和尾部式布置三种。首部式布置的抽水蓄能电站将厂房布置在水道系统的上游侧，靠近上水库。中部式布置的抽水蓄能电站一般将厂房布置在水道系统的中部。尾部式布置的抽水蓄能电站则将厂房布置在水道系统的下游侧，靠近下水库。

抬水式抽水蓄能电站通过在天然河道中拦河筑坝形成上水库，以抬高上下水库的高度落差。抬水式抽水蓄能电站的布置形式主要分为坝后式布置和河岸式布置。坝后式抽水蓄能电站将厂房布置在拦河坝的后侧，一般为地面式，不需要承受水压。河岸式抽水蓄能电站将厂房布置在河岸边或河岸内，其引水道多采用山体隧洞。

3. 按水库座数分类

按水库座数和位置的差异，可将抽水蓄能电站分为两库式和三库式。两库式抽水蓄能电站具有上水库和下水库两座水库。三库式抽水蓄能电站一般有一座上水库和两座下水库。两座下水库可以是相邻梯级水电站水库，实现同流域抽水蓄能；也可以是相邻流域水电站水库，实现跨流域抽水蓄能。

4. 按发电厂房形式分类

按发电厂房形式分类，可将抽水蓄能电站分为地面式、半地下式和地下式。地面式抽水蓄能电站适用于水头不高、下游水位变化不大和地质条件受限等情况。半地下式抽水蓄能电站的厂房主体大部分在地面以上，可适应抽水蓄能机组较大的淹没深度和下游水位较大的变幅。地下式厂房不受地形限制，一般布置在地质条件较好的地区，能够适应尾水水位的变化，满足抽水蓄能机组对较大淹没深度的需求。

5. 按水头高低分类

按水头高低分类，可将抽水蓄能电站分为低水头、中水头和高水头。抽水蓄能电站的单位造价随水头的增高而降低，因而高水头抽水蓄能电站的经济性较高。低水头抽水蓄能电站的水头在 100m 以内，中水头抽水蓄能电站的水头在 100～700m 范围内，高水头抽水蓄能电站的水头在 700m 以上。北京密云抽水蓄能电站、河北岗南抽水蓄能电站、河北潘家口抽水蓄能电站均为低水头类型；广州抽水蓄能电站、北京十三陵抽水蓄能电站、浙江天荒坪抽水蓄能电站、山东泰安抽水蓄能电站为中水头抽水蓄能电站；高水头抽水蓄能电站的典型代表为河北丰宁抽水蓄能电站。

6. 按机组形式分类

按机组形式分类，可将抽水蓄能电站分为四机式(分置式)、三机式(串联式)和两机式(可逆式)。

四机式抽水蓄能电站将水泵、水轮机、电动机和发电机分开布置和设计，分别执行特定功能，也称为分置式抽水蓄能电站。按照主轴布置形式，可将其分为卧式机组和立式机组两类。该类型机组的各部件运行时可达到各自的最优效率，具有较高的运行效率。在欧洲多山地的一些国家，抽水蓄能电站具有两个以上水库时，四机式机组具有明显的优越性；当抽水扬程和发电水头相差悬殊时，也可采用四机式布置，将抽水机组和发电机组分别布置于不同厂房。然而，四机式机组存在设备多、制造工作量大、机组布置复杂、占地面积大、厂房土建工程投资大和运行维护费用高等问题。

三机式抽水蓄能电站将发电机和电动机集成为同步电机，并同时与水轮机和水泵相连接，也称为串联式抽水蓄能电站。三机式抽水蓄能电站结构示意图如图 5-6 所示，抽水蓄能阶段，电动机带动水泵抽水；释能发电阶段，水轮机带动发电机发电。三机式抽水蓄能电站的发电工况与抽水工况转换速度快，极大地提高了系统的灵活性。

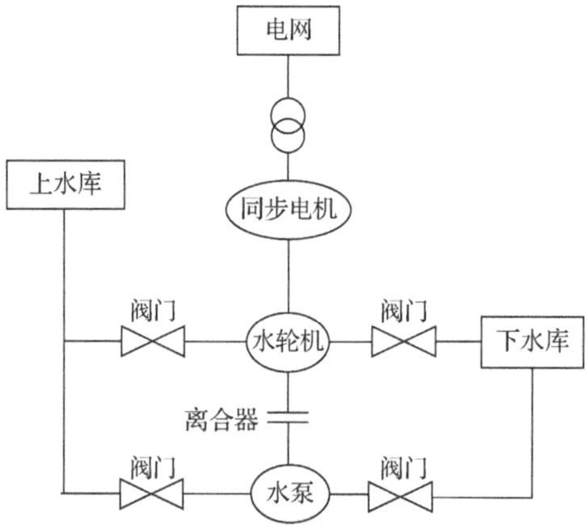

图 5-6　三机式抽水蓄能电站结构示意图

两机式抽水蓄能电站也称为可逆式抽水蓄能电站，其在三机式基础上，将水泵和水轮机集成为一体，构成可逆式水泵水轮机。可逆式水泵水轮机正向旋转为水轮机工况，逆向旋转为水泵工况。两机式机组布置简化、机组尺寸变小、工程投资降低，通常采用立式布置，小型机组可采用卧式。由于水泵工况要求安装高程较低，因此两机式机组的发电厂房多为地下式。我国投运的大多数两机式抽水蓄能电站均采用定速机组，即使用同步电机与水泵水轮机连接，如图 5-7 所示。相较于定速机组，变速抽水蓄能机组能实现变速、恒频运行，通过降速可快速向电网注入有功功率，响应速度为秒级甚至毫秒级，能够快速适应电网的功率波动。变速抽水蓄能包括变级变速、全功率变速和交流励磁变速等技术。其中，交流励磁变速抽水蓄能电站结构示意图如图 5-8 所示。电站设有双馈感应电机、水泵水轮机和交流励磁变频器，交流励磁系统可使励磁电流的相位快速变化，实现无功功率的快速调节，提高电力系统的静态稳定性。

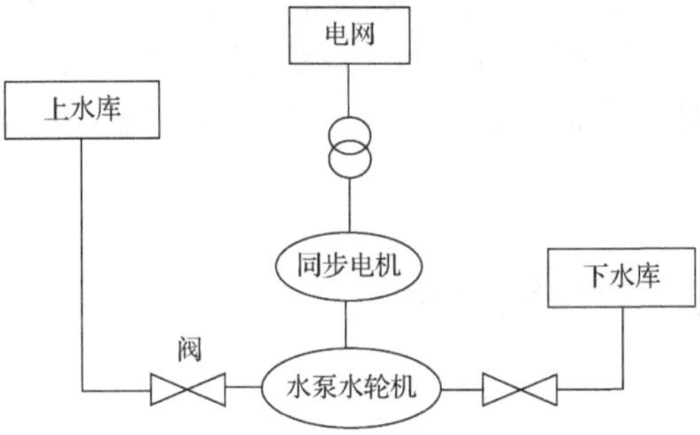

图 5-7　两机式定速抽水蓄能电站结构示意图

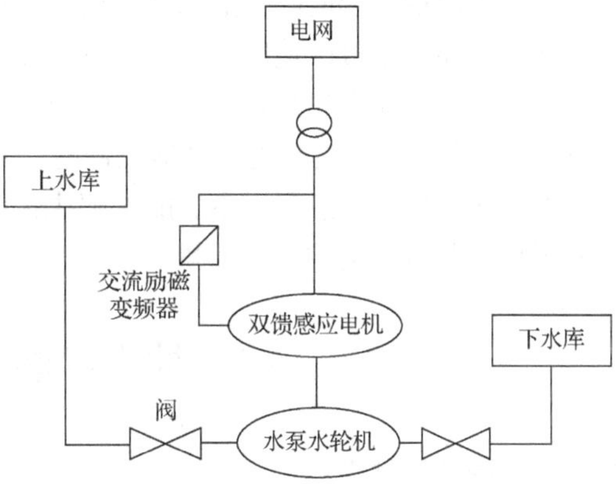

图 5-8　交流励磁变速抽水蓄能电站结构示意图

7. 按水库调节周期分类

按水库调节周期分类，可将抽水蓄能电站分为日调节、周调节、季调节和年调节型。

日调节抽水蓄能电站是指以日为循环周期的抽水蓄能电站，目前大部分纯抽水蓄能电站均属于日调节抽水蓄能电站。在电网负荷处于低谷时，电站使用电网低谷电将下水库的水抽至上水库，直至上水库蓄满水；电网负荷处于高峰时，释放上水库的水至下水库进行发电，其发电时长一般为 5～6h。

以周为循环周期的抽水蓄能电站称为周调节抽水蓄能电站，福建仙游抽水蓄能电站即为典型的周调节抽水蓄能电站。在一周的工作日内，周调节抽水蓄能电站的工作模式与日调节型类似，且电站每日的放水量大于抽水量；周末利用多余电能进行蓄水储能。为满足电力系统一周以内的调峰需求，周调节抽水蓄能电站的库容较大。

季调节抽水蓄能电站以季度为循环周期，可满足一个季度以内的调峰需求，广州抽水蓄能电站为典型的季调节抽水蓄能电站。该类电站一般在汛期，利用季节性多余电能将常规水电站过剩的水量抽到季调节抽水蓄能电站的上水库加以存储；在枯水期进行放水发电，实现调峰功能。

年调节抽水蓄能电站是以年为调节周期的抽水蓄能电站，典型代表有西藏羊卓雍湖抽水蓄能电站和福建邵武高峰抽水蓄能电站。年调节抽水蓄能电站在汛期抽水蓄能，枯水期释能发电，其上水库库容比季调节抽水蓄能电站大得多，而下水库库容要求较小，能满足连续抽水需要即可。

8. 其他类型

传统抽水蓄能技术需要特殊的地理条件建造两个水库，投资成本高，对生态环境有一定影响，并且对淡水资源依赖严重。近年来涌现出一些新型抽水蓄能技术，其中最具有代表性的是地下抽水蓄能技术和海水抽水蓄能技术。

地下抽水蓄能电站利用地下洞穴作为下游蓄水池。根据下游蓄水池的类型，可将地下抽水蓄能分为人工挖掘地下空间的地下抽水蓄能和利用废弃矿井改造的地下抽水蓄能等。其中，人工挖掘地下空间的地下抽水蓄能电站通过向地下挖开空间形成地下的下水库和厂房，系统还包括位于地面的上水库、地上与地下的连接通道等设施。利用废弃矿井改造的地下抽水蓄能是通过改造废弃矿井的地下空间建设地下抽水蓄能电站。

海水抽水蓄能电站是在传统抽水蓄能电站的基础上，利用海水作为工质的新型抽水蓄能电站。在距海边一定距离的高地上修建上水库，海洋作为下水库。该系统的水位变幅小，减少了水库建设及其投资成本，能够解决传统抽水蓄能电站对淡水资源的利用问题，在临海地区具有非常广阔的应用前景。

5.3　抽水蓄能电站的性能指标

5.3.1　能量转化过程

抽水蓄能电站的能量输入和输出均为电能，遵循电能-势能-电能的转化流程，采用机械方式实现电能的存储和转移。抽水蓄能电站能量转化过程如图 5-9 所示。在抽水蓄能阶段，利用电网低谷电、富余电力或新能源电力经变压器调压后输送至抽水蓄能电站的电动机，将电能转化为机械能；电动机带动水泵工作，将水体从下水库输送至上水库，此时机械能转化为水位势能进行存储。在释能发电阶段，上水库中水体流经水轮机，将水位势能转化为机械能；水轮机带动发电机发电，将机械能转化为电能，经变压器调压后输送至电网，以弥补电网系统的调峰需求。

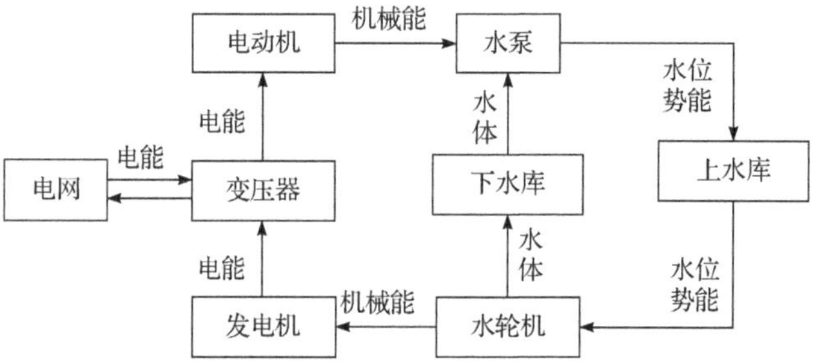

图 5-9　抽水蓄能电站能量转化过程

为方便学习，首先了解抽水蓄能电站的水位、水头和库容等相关概念。

1. 水位

水库水位是指水库水面相对于基准面的垂直高度。水库的两个特征水位为正常蓄水位和死水位，两者之间的高度落差称为水库工作深度。正常蓄水位和死水位分别是指抽水蓄能电站正常运行情况下，水库蓄水的最高水位和最低水位。

2. 水头

水头是指抽水蓄能电站上水库和下水库的水面高度落差。抽水蓄能电站工作时，上水库和下水库水面高度的变化将形成不同的水头值。其中，最大值称为最大水头，即为上水库正常蓄水位与下水库死水位之间的高度落差，计算公式如式(5-1)所示。最小值称为最小水头，即为上水库死水位与下水库正常蓄水位之间的高度落差，计算公式如式(5-2)所示。

$$H_{\mathrm{max}} = Z_{\mathrm{UN}} - Z_{\mathrm{LD}} \tag{5-1}$$

$$H_{\mathrm{min}} = Z_{\mathrm{UD}} - Z_{\mathrm{LN}} \tag{5-2}$$

式中，H_{max}、H_{min}、Z_{UN}、Z_{LD}、Z_{UD}和Z_{LN}分别表示最大水头、最小水头、上水库正常蓄水位、下水库死水位、上水库死水位和下水库正常蓄水位，m。

水头是抽水蓄能电站的重要参数之一，在容量和蓄能量相同的前提下，抽水蓄能电站的有效水头越大，单位造价越低。对于抽水蓄能电站，释能发电时上下水库的水面高度落差称为水头，抽水蓄能时上下水库的水面高度落差称为扬程。

3. 库容

库容是指水库的蓄水容量。蓄能库容是指在正常蓄水位与死水位之间的库容，死库容是指死水位以下的库容，总库容是指正常蓄水位以下的全部容积，是蓄能库容和死库容的总和。总库容与系统发电时间相关，而具体发电时间取决于电力系统的调峰要求。

对于纯抽水蓄能电站，如上水库由人工挖掘而建，蓄能库容为

$$V_{\mathrm{x}} = 3600 h_{\mathrm{x}} G_{\mathrm{x}} K_{\mathrm{x}} \tag{5-3}$$

式中，V_{x}为蓄能库容，$\mathrm{m^3}$；h_{x}为日发电小时数，一般应换算成秒计算；K_{x}为系数，通过考虑进出口要求、库面蒸发、水库渗漏和事故库容等工作条件后确定，数值不小于 1；G_{x}为发电流量，$\mathrm{m^3/s}$。G_{x}与调峰容量关系为

$$G_{\mathrm{x}} = \frac{N}{9.81 \eta_{\mathrm{T}} \overline{H}} \tag{5-4}$$

式中，N为调峰容量，kW；η_{T}为发电工况运行效率，%；$\overline{H}$为平均水头，m。则式(5-3)可变为

$$V_{\mathrm{x}} = 3600 h_{\mathrm{x}} \frac{N}{9.81 \eta_{\mathrm{T}} \overline{H}} K_{\mathrm{x}} = 367 \frac{E_{\mathrm{T}}}{\eta_{\mathrm{T}} \overline{H}} K_{\mathrm{x}} \tag{5-5}$$

式中，E_{T}为调峰电量(发电量)，kW·h。由式(5-5)可知，在一次完整的释能发电运行过程中，发电量可由蓄能库容、发电工况运行效率和平均水头等进行计算，即

$$E_{\mathrm{T}} = \frac{V_{\mathrm{x}} \overline{H} \eta_{\mathrm{T}}}{367 K_{\mathrm{x}}} \tag{5-6}$$

一次完整的抽水运行过程中，耗电量计算公式为

$$E_{\mathrm{P}} = \frac{V_{\mathrm{x}} \overline{H}}{367 K_{\mathrm{x}} \eta_{\mathrm{P}}} \tag{5-7}$$

式中，E_{P} 表示耗电量，kW·h；η_{P} 为抽水工况运行效率，%。

纯抽水蓄能电站的上下水库若均为新建水库，则上下水库的蓄能库容相等。混合式抽水蓄能电站的上水库多有综合利用要求，下水库容积可由机组容量所需的发电水量来确定。抽水蓄能电站库容设计的原则是尽可能满足电力系统需要的调峰容量，如由于机组机型和地质条件限制等因素导致库容不能满足需求，则需根据库容确定电站装机容量。

4. 水泵水轮机允许工作水头变化幅度

为保证水泵水轮机的正常运行，避免出现超幅度振动、噪声及转速不同步无法并网等问题，水泵水轮机工作水头的变化幅度要在允许范围内。抽水蓄能电站水头变化的最大幅度是最大抽水扬程与最小发电水头之差，抽水蓄能电站的特征水位如图 5-10 所示。

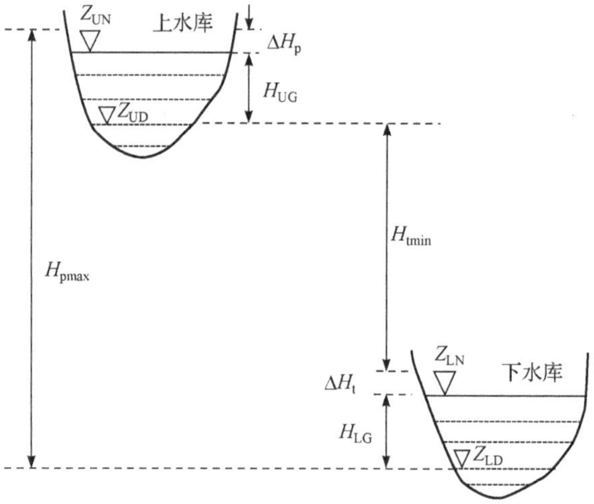

图 5-10　抽水蓄能电站的特征水位示意图

考虑发电工况的水头损失，则最小发电水头为

$$H_{\mathrm{tmin}} = Z_{\mathrm{UD}} - Z_{\mathrm{LN}} - \Delta H_{\mathrm{t}} = Z_{\mathrm{UD}} - Z_{\mathrm{LD}} - H_{\mathrm{LG}} - \Delta H_{\mathrm{t}} \tag{5-8}$$

考虑抽水工况的水头损失，则最大抽水扬程为

$$H_{\mathrm{pmax}} = Z_{\mathrm{UN}} - Z_{\mathrm{LD}} + \Delta H_{\mathrm{p}} = Z_{\mathrm{UD}} - Z_{\mathrm{LD}} + H_{\mathrm{UG}} + \Delta H_{\mathrm{p}} \tag{5-9}$$

式(5-8)和式(5-9)中，H_{tmin} 为发电工况最小水头，m；H_{pmax} 为抽水工况最大扬程，m；H_{UG} 为上水库工作深度，m；H_{LG} 为下水库工作深度，m；ΔH_{p} 为抽水工况水头损失，m；ΔH_{t} 为发电工况水头损失，m。水头损失主要与抽水流量、发电流量及输水道截面尺寸相关。

抽水蓄能电站水头变化的最大幅度为

$$H_{\mathrm{pmax}} - H_{\mathrm{tmin}} = H_{\mathrm{UG}} + H_{\mathrm{LG}} + \Delta H_{\mathrm{p}} + \Delta H_{\mathrm{t}} \tag{5-10}$$

5.3.2　效率计算

1. 抽水工况和发电工况的运行效率

在电能-势能转化过程中，抽水工况运行效率是系统存储的水的势能与消耗电能之比，即

$$\eta_P = \frac{W_P}{3.6\times10^6\times E_P} \quad (\text{按 1kW·h 换算 } 3.6\times10^6\text{ J 计算}) \tag{5-11}$$

式中，W_P为抽水工况系统存储的水的势能(J)，可根据重力势能方程获得，即

$$W_P = mgH = \rho VgH \tag{5-12}$$

式中，m 为水的质量，kg；ρ 为水的密度，kg/m^3；V 为蓄水体积，m^3；g 为重力加速度，m/s^2；H 为水头高度，m。

在势能-电能转化过程中，发电工况运行效率是水轮发电机组产生的电能与系统释放的水的势能之比，即

$$\eta_T = \frac{3.6\times10^6\times E_T}{W_T} \quad (\text{按 1kW·h 换算 } 3.6\times10^6\text{ J 计算}) \tag{5-13}$$

式中，W_T为发电工况系统释放的水的势能，J。

2. 综合效率

抽水蓄能电站实际运行过程中，其能量损失包括管道渗漏损失、管道水头损失、变压器损失、摩擦损失、流动黏性损失和湍流损失等。为衡量抽水蓄能电站在一个循环过程中的电量转化效率，定义抽水蓄能电站的综合效率η为抽水蓄能过程耗电量E_P与释能发电过程发电量E_T之间的转化效率，即为抽水工况运行效率(η_P)与发电工况运行效率(η_T)的乘积：

$$\eta = \frac{E_T}{E_P} = \eta_P\times\eta_T \tag{5-14}$$

式中，η_P包括主变压器、电动机、水泵和水道系统的运行效率，%；η_T包括水道系统、水轮机、发电机和主变压器的运行效率，%。

不同结构抽水蓄能机组的综合效率有所区别。一般情况下，三机式和四机式抽水蓄能机组的综合效率较高。可逆式机组需要兼顾抽水和发电工况，综合效率略低。通常而言，抽水蓄能电站容量越大，则综合效率越高。中小型抽水蓄能电站的综合效率一般为 67%～70%，大型抽水蓄能电站的综合效率一般为 75%左右，条件优越的抽水蓄能电站的综合效率可达 78%。

5.3.3　技术经济性评价

1. 主要技术经济指标

为综合反映抽水蓄能电站的技术经济特性，便于对各电站方案进行比较和评价，目前采用的技术指标包括最大水头、地形指标、电站调峰系数、地理位置指标、装机容量和发电量指标等。其中，最大水头反映了电站枢纽特别是机组投资的大小，在一定范围内，随

着水头高度的增大，单位造价降低。地形指标是指上下水库水平距离和水头之比，反映了水道系统、调压井设置的情况和条件。电站调峰系数是指电站最大出力及抽水功率之和与电力系统最大峰谷差之比，用于评价电站削峰填谷能力的大小。地理位置指标反映了抽水蓄能电站距负荷中心和抽水电源的距离。装机容量和发电量指标则反映了抽水蓄能电站在电力系统中的作用。

抽水蓄能电站的投资费用主要包括电站基本建设投资和电站正常运行的年费用，如电站单位千瓦投资、输变电单位千瓦投资、电力系统年节煤量、施工工期和单位千瓦土建工程量等。

2. 效益指标

抽水蓄能电站的效益指标包括静态效益和动态效益。

1) 静态效益

抽水蓄能电站的静态效益包括容量效益和能量转化效益。

(1) 抽水蓄能电站承担电力系统的工作容量和备用容量时，可减少火电机组装机容量，节约电力系统的投资和运行费用，此时产生的经济效益称为容量效益。

(2) 抽水蓄能电站在抽水蓄能阶段消耗电能，释能发电阶段提供电能可代替火电调峰、改善火电机组的运行条件，该削峰填谷过程中抽水蓄能电站通过能量转化，将低成本的基荷电变为峰荷电，所产生的效益即为电站的能量转化效益，也称作削峰填谷效益。

2) 动态效益

为满足电力系统运行需求，抽水蓄能电站在电力系统中承担调峰、调频、调相、旋转备用和事故启动等“动态任务”，因而电站的动态效益包括调峰效益、调频效益、调相效益、负荷跟踪效益和事故备用效益。电站动态效益受电力系统运行方式、能源结构及抽水蓄能电站布局和地理位置特点的影响。一般情况下，在电力系统中抽水蓄能电站的动态效益要高于静态效益。

此外，抽水蓄能电站的工作原理和能量转化形式使其在环境效益方面也具有重要意义，主要体现在节省化石能源和减少污染物排放等方面。

5.4　抽水蓄能电站的功能、运行与应用

5.4.1　抽水蓄能电站的功能

抽水蓄能电站具有发电和抽水两种功能，在不同功能之间有多种工况转换方式，在正常运行工况下抽水蓄能电站具有发电、调峰、调频、调相、事故备用和黑启动等功能。

1. 发电功能

纯抽水蓄能电站本身无法向电力系统供应电能，电站将电网低谷电、富余电力或新能源电力通过抽水蓄能方式转化为水的势能进行存储，在电网用电高峰时放水发电。抽水蓄能机组发电的年利用小时数低于常规水电站，其优势在于实现电能在时间维度的转化。

2. 调峰功能

抽水蓄能电站具有调峰功能，即电网处于高峰负荷时进行集中发电。此外，抽水蓄能电站将电网低谷电存储，在蓄能阶段时电站相当于电网的用户端，作用是将日负荷曲线的低谷填平，即实现“填谷”。“填谷”可使火电厂出力平衡，降低煤耗，是常规水电站所不具备的功能。

3. 调频功能

抽水蓄能电站和常规水电站均具有调频功能，又称为旋转备用或负荷自动跟踪功能，且抽水蓄能电站在负荷跟踪速度、调频容量变化幅度等参数上具有更大优势。常规水电机组自启动到满载需要数分钟，而现代大型抽水蓄能机组可实现 1～2min 内从静止达到满载，具有更优的快速启动和快速负荷跟踪能力。

4. 调相功能

调相运行包括发出无功的调相运行和吸收无功的进相运行，以稳定电网电压。抽水蓄能机组相较于常规水电机组具有更为优秀的调相功能和灵活性，可通过机组发出或吸收无功进行调相，在释能发电和抽水蓄能工况下均可进行调相。此外，抽水蓄能电站通常比常规水电站更靠近负荷中心，故其稳定电网电压的效果更优。

5. 事故备用功能

电力系统的发电电源不仅要满足系统用电负荷要求，同时需有一定的备用容量。抽水蓄能机组具有启动迅速灵活、工况转换快等优势，其承担电力系统备用容量的经济效益显著。在抽水蓄能电站设计过程中，一般在上水库留有一定的发电备用库容，当电力系统需要时可利用上水库的库存水量提供备用发电。由于抽水蓄能机组的水力设计特点，作旋转备用时耗能少，且能在释能发电和抽水蓄能两个旋转方向空转，故其事故备用反应时间短。

6. 黑启动功能

现代抽水蓄能电站设计时要求具有黑启动功能，可在出现系统解列事故后实现无电源情况下迅速启动。

5.4.2 抽水蓄能电站的运行特性

抽水蓄能电站以水体为储能介质，通过储能和释能实现电能-势能-电能的转化过程。相较于其他发电技术，其电站运行过程的主要特点如下。

1. 既可发出有功、无功，也可吸收有功、无功

抽水蓄能电站可如常规水电站一样，将水的势能转化为电能发出有功电能，还可吸收消耗电网中的有功电能，驱动电动机带动水泵输送水体至上水库，将电能转化为水的势能。电站调相工况时，因机组水泵水轮机有两种旋转方向，所以具有发电转向调相和水泵转向

调相。因此，机组可以发出无功提高电网电压，也可以吸收无功降低电网电压。

2. 启动和工况转换快

抽水蓄能电站具有 5 种基本工况，包括停机静止工况、抽水工况、发电工况、抽水调相工况和发电调相工况。机组的常见工况转换方式有 12 种，如图 5-11 所示。

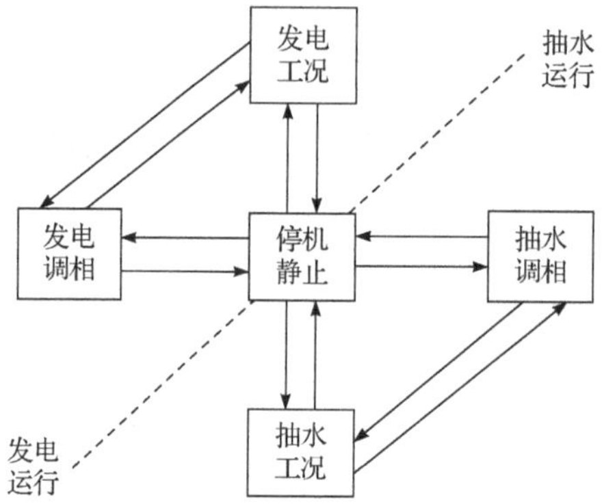

图 5-11　抽水蓄能电站的工况转换流程图

与常规水电站一样，抽水蓄能电站可实现发电工况的快速启动。此外，抽水蓄能机组从停机静止到满负荷发电只需 1～3min，从满负荷发电运行到满负荷抽水运行也只需 1～3min，机组从空载到满负荷所需时间一般小于 35s。

3. 不受天然来水影响，没有枯水期

常规水电站受降雨量影响有明显的枯水期和丰水期。为避免水库弃水，丰水期发电量冗余，而枯水期发电量不足，因此常规水电站对电网的季节性调节能力差。抽水蓄能电站的上水库和下水库水体在抽水蓄能和释能发电阶段实现往复循环，不受天然来水的限制。

表 5-1 所示为电网中常规水电站、火电站和抽水蓄能电站的运行特性对比。抽水蓄能电站既是发电厂又是用电户，其“填谷”作用是抽水蓄能电站所特有的。此外，抽水蓄能电站启动迅速、运行灵活、对负荷变化响应迅速，适合承担电网的各种动态任务。

表 5-1　三种类型电站的运行特性对比

项目	燃煤火电站		常规水电站	抽水蓄能电站
	降负荷	启停		
所承担负荷位置	峰荷、基荷	峰荷	峰荷、基荷	峰荷
最大调峰能力/%	50	100	100	200
静止至满载时间	—	—	2min	95s
填谷	×	×	×	√
调峰	√	×	√	√

续表

项目	燃煤火电站		常规水电站	抽水蓄能电站
	降负荷	启停		
调相	×	×	√	√
旋转备用	√	×	√	√
快速增荷	×	×	√	√
黑启动	×	×	×	√

5.4.3　抽水蓄能电站的综合应用

作为一种大规模储能方式，抽水蓄能电站在改善电网运行方面发挥着重要作用，同时也具有消纳远距离输送电及充分利用水力资源的作用。

1. 保障电力系统安全稳定运行和可靠供电

抽水蓄能具有双向调节优势，可通过削峰填谷平抑电力系统峰谷波动，提高电网稳定性。同时，抽水蓄能电站启停灵活、响应迅速，能够快速跟踪电网负荷和频率变化，还可提供紧急事故备用、黑启动等服务，提高电力系统抵御事故能力，实现电网可靠供电。

2. 改善传统火电或核电机组运行性能

以火电或核电为主的电网本身负荷调节能力差，需要一定容量的抽水蓄能电站承担削峰填谷、调频、调相和紧急备用等功能，使火电或核电机组安全稳定运行，提高利用小时数，降低上网电价。该类电网中，抽水蓄能电站的效益主要体现在提高电网中火电或核电机组的负荷率，降低燃料消耗和污染排放，延长设备运行寿命。

3. 提高新能源并网安全性和电能消纳能力

风光等新能源比例较高的电网，借助抽水蓄能电站，可将不稳定的新能源电能转化为稳定、高质量峰荷，平滑新能源发电出力，同时减少新能源对电网的冲击，提升电网系统消纳新能源电能的能力。

4. 保障特高压输电送受端电网安全

随着新一代电力系统的升级和发展，建设以特高压为骨干网架、各级电网协调发展的智能电网成为发展趋势。大型抽水蓄能电站具有有功/无功功率的双向、平稳、快速调节能力，可承担特高压电网的无功平衡和改善无功调节特性，支撑电力系统的无功电压动态平衡，有效预防电网故障风险。

5. 消纳远距离输送水电

西电东送是我国电力建设发展的必经之路，缓解东部地区电力紧张局面的同时，也推动了西部地区经济增长，对优化电力资源配置、促进东西部协调发展起到了重要作用。在长距离输电时，输送基荷电比输送峰荷电更为经济，因此需要在受电地区建设抽水蓄能电站，以解决电网调峰容量和长距离输电的矛盾。

6. 充分利用水资源

为避免常规水电站汛期弃水，可利用抽水蓄能电站达到充分利用水资源的目的。此外，缺雨地区水电站的水库同时具有发电和灌溉功能，为保证该类水电站的调峰能力，可配备抽水蓄能机组，每天利用基荷电向上水库抽水，避免发电与灌溉争水。

5.5 抽水蓄能电站的应用案例

自世界上第一座抽水蓄能电站建成以来，抽水蓄能电站从最初的四机式发展到三机式和两机式；从定速机组发展到变速机组；从配合常规水电的丰枯季调节到配合火电/核电运行，逐渐转变为配合新能源运行。本节将介绍抽水蓄能电站在配合常规水电、配合火电/核电和配合新能源消纳方面的部分应用案例。

5.5.1 抽水蓄能电站在常规水电领域应用

1. 瑞士苏黎世奈特拉电站

瑞士苏黎世奈特拉电站为季节调节型抽水蓄能电站，其装机容量为 515kW，可利用落差为 153m，丰水期将河流多余水量(下水库)抽蓄到山上的湖泊(上水库)，供枯水期发电用，满足枯水期的电量需求。

2. 雅砻江两河口水电站

雅砻江两河口水电站位于四川省甘孜藏族自治州雅江县，是国家和四川省重点工程、西部大开发优化能源供给侧结构性调整的战略工程。两河口水电站为雅砻江中下游梯级电站的控制性水库电站工程，电站主要用于发电，同时具有蓄水蓄能的功能。两河口水电站共安装 6 台 50 万 kW 机组，总装机容量为 300 万 kW。电站平均海拔为 3000m，设计年发电量超过 110 亿 kW·h，水库总库容达 108 亿 m^3，是雅砻江流域梯级电站中具备多年调节能力的水库。电站在丰水期存储雅砻江较为富余的水能，枯水期向下游释放用于发电。

3. 白鹤滩水电站

白鹤滩水电站位于四川省宁南县和云南省巧家县交界处金沙江河段，是我国实施“西电东送”、构建清洁低碳安全高效能源体系的重大工程。电站以发电为主，并兼有防洪、拦沙、改善下游航运条件和发展库区通航等综合效益。该电站共安装 16 台我国自主研制的 100 万 kW 水轮发电机组，总装机容量为 1600 万 kW。电站水库正常蓄水位高程为 825m，总库容约为 206 亿 m^3，多年平均发电量约为 624 亿 kW·h。

5.5.2　抽水蓄能电站在火电/核电领域应用

1. 广州抽水蓄能电站

广州抽水蓄能电站位于广州市从化区小杉村，上水库海拔为 900m，下水库海拔为 270m，上、下水库落差为 630m，电站面积为 27km^2，上、下水库水域面积为 740 万 m^2。电站装备 8 台 30 万 kW 可逆式机组，总装机容量为 240 万 kW。广州抽水蓄能电站是大亚湾核电站的配套工程，其主要功能是保证大亚湾核电站安全经济运行，并满足广东电网调峰需要。

2. 长龙山抽水蓄能电站

长龙山抽水蓄能电站位于浙江省安吉县，地处华东电网负荷中心，属于“高水头、高转速、大容量”的日调节抽水蓄能电站，是华东地区重要的电网调节电源。电站共安装 6 台 35 万 kW 可逆式水泵水轮发电机组，装机规模达 210 万 kW，其中 1～4 号机组的转速为 500 r/min，5、6 号机组的转速为 600r/min。电站额定水头为 710m，最大水头超过 750m，其对电网短时调节能力可达自身总容量的两倍(420 万 kW)，年均发电量约为 24.3 亿 kW·h。

5.5.3　抽水蓄能电站在新能源消纳领域应用

1. 新疆阜康抽水蓄能电站

阜康抽水蓄能电站位于新疆昌吉回族自治州阜康市境内，是我国西北地区首座投产发电的百万千瓦级抽水蓄能电站，在保障新疆和西北电网安全、促进新能源消纳等方面发挥重要作用。电站总库容为 845 万 m^3，上、下水库落差为 484m，电站将上水库蓄满一次，可持续发电 6h。电站设计安装 4 台单机容量为 30 万 kW 可逆式水泵水轮发电机组，总装机容量为 120 万 kW，设计年发电量为 24.1 亿 kW·h，年抽水电量为 32.13 亿 kW·h，以三回 220 千伏线路接入新疆乌昌(乌鲁木齐、昌吉)电网。

2. 河北丰宁抽水蓄能电站

丰宁抽水蓄能电站位于河北省承德市丰宁满族自治县，电站设计安装 12 台单机容量为 30 万 kW 机组，包括 10 台定速机组和 2 台变速机组，总装机规模为 360 万 kW。电站上水库正常蓄水位为 1505m，总库容为 4504 万 m^3，最大坝高为 120.3m。下水库分为拦沙库和蓄能专用库，正常蓄水位为 1061m，其中拦沙库库容为 1373 万 m^3，最大坝高为 23.5m；蓄能专用库库容为 7156 万 m^3，最大坝高为 51.3m。该电站 12 台机组满发利用小时数达 10.8h，是具有周调节能力的抽水蓄能电站，年设计发电量为 66.12 亿 kW·h，年抽水电量为 87.16 亿 kW·h，一次蓄满可存储新能源电量近 4000 万 kW·h，对于支撑华北电网安全稳定运行，满足华北地区风电、太阳能发电快速增长所增加的调峰需求，推动能源清洁低碳转型等具有重要作用。

习　题

5-1　阐述抽水蓄能技术的工作原理。

5-2　阐述抽水蓄能电站的基本结构。

5-3　试列举我国抽水蓄能电站中纯抽水蓄能电站、混合式抽水蓄能电站、高水头抽水蓄能电站、周调节和季调节抽水蓄能电站的典型代表。

5-4　试绘制两机式和三机式抽水蓄能电站的结构。

5-5　解释水位、水头、库容的概念。

5-6　阐述抽水蓄能电站的主要分类方式和对应类型。

5-7　阐述抽水蓄能电站的能量转化过程。

5-8　假设一抽水蓄能电站上水库正常蓄水位为 700m，上水库死水位为 670m，下水库正常蓄水位为 300m，下水库死水位为 240m，试计算该电站最大水头和最小水头。

5-9　假设一纯抽水蓄能电站的蓄能库容为 $2\times10^6m^3$，按最大容量进行削峰填谷。抽水工况运行效率为 86%，发电工况运行效率为 85%，由于库面蒸发、水库渗漏和事故库容等引起的损失系数为 1.2，发电运行 6h，平均水头为 500m。试求解该电站综合效率，以及发电工况下调峰容量和调峰电量。

5-10　阐述抽水蓄能电站的主要功能。

第 6 章　氢储能技术与系统

氢气作为一种清洁、可再生且来源广泛的能源载体，在推动能源转型和实现可持续发展目标方面发挥关键作用。氢储能技术的历史可以追溯到 19 世纪，英国科学家法拉第首次提出电解水制氢的概念，为氢能的发展奠定了基础。20 世纪 60 年代，石油危机促使各国加大对氢存储材料和燃料电池汽车的研发投入。进入 21 世纪，在政策支持和技术进步的推动下，氢储能技术逐步商业化，成为全球能源转型的关键力量。

氢储能技术是一种能够有效解决新能源间歇性和波动性等问题的技术手段。本章首先介绍氢储能系统的发展现状，随后阐述氢储能系统的能量转化原理和组成，概述系统关键性能指标与安全评估方式，最后介绍氢储能系统在能源存储、交通运输和工业生产等领域的应用案例。

6.1　氢储能系统简介

6.1.1　氢的基本物性

氢是元素周期表中的首位元素，约占宇宙总质量的四分之三，是最基本且最丰富的元素。氢有三种同位素，即氕(^{1}H，丰度约 99.98%)、氘(^{2}H 或 D，丰度约 0.015%)和氚(^{3}H 或 T，极稀少)。在地球表面，氢主要以化合态存在于水和有机物中，而大气中的氢气(H_2)含量极微，按体积分数计算不到百万分之一。数据显示，地层中存在储量丰富的天然氢气，被称为“金氢”或“白氢”，主要通过地质或生物过程形成。

在标准状况下，氢气是一种无色、无味、无毒且难溶于水的气体，其密度约为空气密度的 1/14，是已知密度最小的气体。氢的相图如图 6-1 所示。在 1atm(1atm=101325Pa)压力下，氢气的液化温度约为−253℃，此时，氢气会凝结成淡蓝色透明液体，密度约为 70.8 kg/m^3。尽管液化氢气需要消耗较高能量，但其高能量密度的特点仍使其成为未来大

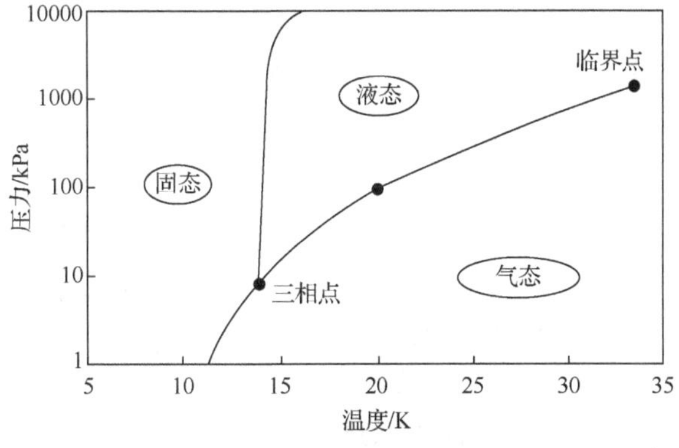

图 6-1　氢的相图

规模氢气储运的重要选项。氢气的临界点温度约为−240℃，凝固温度约为−259℃，低于凝固温度时，液氢将凝固成雪花状固体。氢的三相点温度和压力分别约为−259℃和 7kPa，此时固、液、气三态共存，形成“浆氢”(slush hydrogen)。

氢气分子有两种自旋异构体，即正氢(orthohydrogen)和仲氢(parahydrogen)。在正氢中，两个氢原子的核自旋方向相同，总的核自旋量子数为 1，具有−1、0、1 三个自旋状态；而在仲氢中，两个氢原子的核自旋方向相反，总的核自旋量子数为 0，仅有一种状态。正氢转化为仲氢的过程是放热反应。在特定条件下，氢的正、仲两种自旋异构体达到热力学平衡状态时的氢称为平衡氢。在室温条件下，平衡氢中正氢和仲氢的比例约为 3∶1。随着温度降低，平衡氢中仲氢的比例逐渐增加，如图 6-2 所示。在液氢存储和运输过程中，正氢会自发地转化为仲氢，这个过程可能导致液氢的蒸发损失。因此，为了减少正氢向仲氢转化过程中所引起的放热效应和蒸发损失，液氢产品中仲氢含量应至少达到 95%。

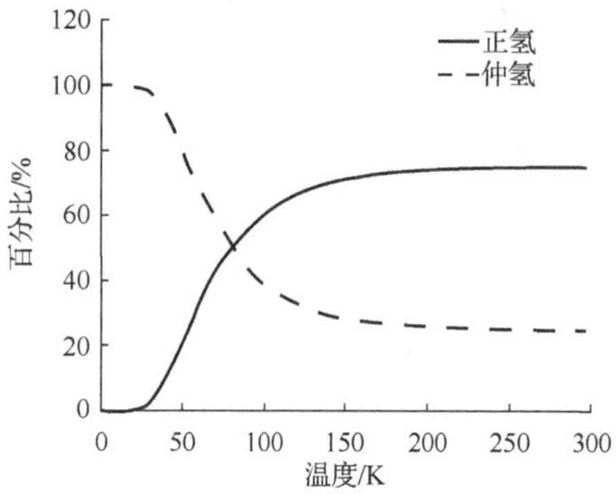

图 6-2　不同温度下正氢、仲氢的比例

氢气是一种良好的还原剂，其燃烧时的主要副产品是水。在标准状态下，氢气完全燃烧且生成物中的水蒸气凝结成液态水时释放的热量称为氢气的高热值(higher heating value，HHV)，而生成物中水蒸气以气态存在时释放的热量称为氢气的低热值(lower heating value，LHV)，其数值分别为 142MJ/kg 和 120MJ/kg。通常情况下，燃料热值以低热值为基准进行计算。图 6-3 所示为不同燃料的能量密度对比。氢气具有较高的质量能量密度，约为天然气的 2.5 倍、汽油的 3 倍、标准煤的 5 倍。然而，氢气的体积能量密度较低，即使在液氢状态下，其体积能量密度也仅约为 8MJ/L，远低于汽油的 32MJ/L。因此，氢气作为氢燃料电池汽车等交通领域的燃料时，通常需要高压存储。车载储氢系统的压力一般为 35MPa 或 70MPa。

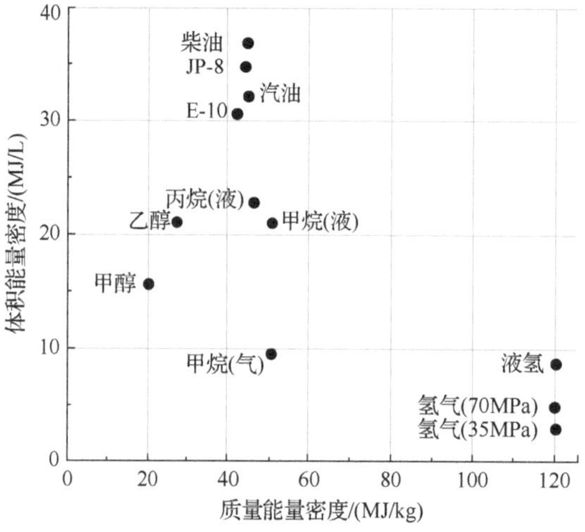

图 6-3　不同燃料的能量密度对比(低热值)

6.1.2　氢储能系统定义

氢储能系统(hydrogen energy storage system，HESS)是一种利用氢气作为能量存储介质的先进能源系统，主要由电解水制氢装置、燃料电池、储氢容器、压缩机和冷却设备等组成。该系统通过电解等方式将电能转化为氢气进行存储，并在需要时将氢气转化为电能或其他形式能源。如图 6-4 所示，狭义的氢储能是基于“电-氢-电(power-to-power，P2P)”能量转化过程。其运作方式为：利用低谷电、富余电力或新能源电力(风电、太阳能发电等)通过电解水等方式制取氢气并存储，在电力需求高峰期通过燃料电池等发电装置重新转化为电能，实现并网。相比之下，广义的氢储能更侧重于“电-氢”(power-to-gas，P2G)单向能量转化过程，该过程存储的氢气可应用于交通运输和工业生产等领域，或转化为甲醇、氨气等化学衍生物(power-to-X，P2X)，而不用于发电并入电网。广义的氢储能不涉及二次能量转化，整体效率更高，经济性更好。氢储能电站通常采用狭义的氢储能方式，以氢气为能量载体，实现电能的存储、转化和释放功能。

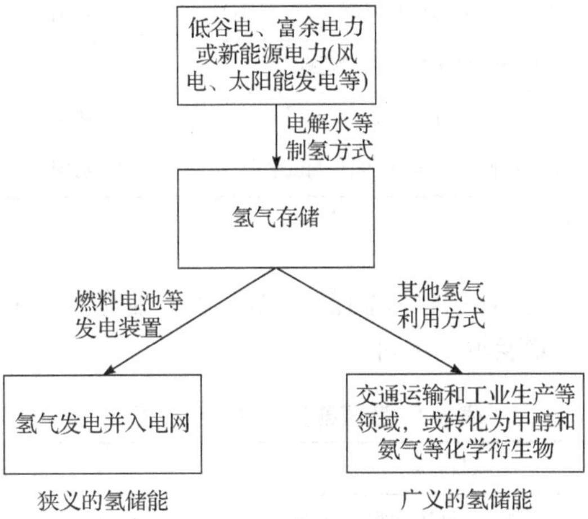

图 6-4　广义的氢储能和狭义的氢储能

氢储能系统不仅可以平衡能源供需波动，还可作为独立的能源供应系统。相较于其他储能方式，氢储能在时间跨度、储能规模及地理空间适应性方面具有较大优势，尤其在长时储能应用中发挥重要作用。表 6-1 所示为氢储能系统的优缺点。

表 6-1　氢储能系统的优缺点

对比项目	优点	缺点
新能源消纳	在新能源消纳领域，氢储能在放电时间(小时至季度)和容量规模(百吉瓦级别)方面比其他储能方式更具优势	狭义氢储能存在两次能量转化过程，整体效率仅为 40%左右
经济性	随着储能时间增加，规模化储氢比储电成本更低	目前氢储能系统成本相对较高
储运方式	储运方式灵活，可采用长管拖车、管道输氢、天然气掺氢、液氨和甲醇等方式	存储和运输过程中存在泄漏风险，需采取严格的安全措施
地理条件	相较于抽水蓄能和压缩空气储能等大规模储能技术，氢储能不需要特定的地理条件且不会破坏生态环境	在城市和人口密集地区存在安全隐患

6.1.3　氢储能系统现状

随着新能源比例提升，氢储能技术在全球范围内逐步进入示范应用和商业化阶段。表 6-2 所示为部分国家正在运营的氢储能设施，主要分布在德国、法国等欧洲联盟国家，应用覆盖电网调峰、交通运输和工业生产等领域。

表 6-2　部分国家正在运营的氢储能设施

序号	项目名称	国家	电解槽装机量/kW	状态
1	奥迪(Audi)e-gas 项目	德国	6000	运营
2	美因茨能源公园(Energiepark Mainz)项目	德国	6000	运营
3	HyBalance 液化空气高级业务(HyBalance-Air Liquide Advanced Business)	丹麦	1250	运营
4	INGRID 氢气示范项目(INGRID Hydrogen Demonstration Project)	意大利	1250	运营
5	格拉普措(Grapzow)“电转气”系统项目	德国	1000	运营
6	法尔肯哈根(Falkenhagen)E.ON“电转气”试点项目	德国	1000	运营
7	斯图加特(Stuttgrat)EnBw 氢气测试设施项目	德国	400	运营
8	ITM Power 示范项目	德国	320	运营
9	巴斯卡尔 · 保利-科西嘉大学 MYRTE 测试平台	法国	160	运营

注：数据来源于香橙会氢能数据库。

我国已建成多个氢储能示范项目，涵盖从电解制氢、储氢到燃料电池发电的完整链条，表 6-3 所示为我国部分氢储能示范项目。

表 6-3　我国部分氢储能示范项目

序号	项目名称	电解槽装机量/kW	状态
1	江苏如皋光伏制氢、氢基储能的微电网项目	未披露	运营
2	浙江嘉兴红船基地“零碳”智慧园区燃料电池热电联供电站	20	运营
3	安徽六安 1MW 分布式氢能综合利用站	1000	运营
4	大陈岛“绿氢”综合能源系统示范工程	100	运营
5	浙江湖州滨湖综合能源站	未披露	运营

注：数据来源于香橙会氢能数据库。

氢储能系统的能量转化原理及组成

6.2　氢储能系统的能量转化原理及组成

6.2.1　基本原理

图 6-5 所示为一种典型的氢储能系统架构。该系统的原理是通过电解槽将电能转化为氢气(电-氢转化)，并将氢气存储；当系统需要释放能量时，利用燃料电池将存储的氢气转化为电能(氢-电转化)。该能量转化过程使氢储能系统成为一种灵活的能源存储和转化平台。

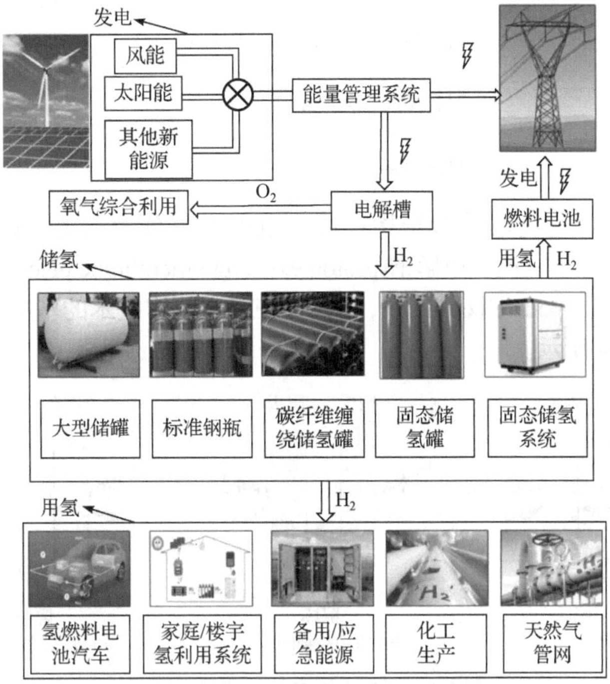

图 6-5　一种典型的氢储能系统架构

由于新能源发电的间歇性和不确定性，且电力传输存在一定限制，氢储能在提高新能源并网过程中的电能质量等方面发挥重要作用。氢储能系统可利用低谷电、富余电力或新能源电力进行大规模制氢，将电能转化为氢气存储。当电力供应不足时，氢气可通过燃料电池转化为电力，实现并网。此外，系统存储的氢气还可直接应用于交通、化工和建筑等多个领域。

6.2.2　氢储能系统的能量转化过程

本节将详细介绍氢储能系统的能量转化过程，涵盖电-氢转化、氢能存储和氢-电转化三个关键环节。

1. 电-氢能量转化过程

电-氢转化主要基于电解水制氢技术，是当前氢能产业中一种重要的制氢方式。该技术因无污染且原料易获取而备受关注。电解水制氢具有高纯度优势，但电能消耗较大，目前每生产 1kg 氢气需消耗 35～55kW·h 电量。为提高制氢效率，电解过程通常在 3.0～3.5MPa 的高压环境下进行。

电解水制氢的核心设备为电解槽，其基本原理是利用电能将水分解为氢气(H_2)和氧气(O_2)。由于纯水的导电能力较差，需要加入电解质以增强溶液的导电能力，加速电解过程。在电解槽中，水分子在阳极失去电子，生成氧气和氢离子(H^+)；氢离子在阴极与电子结合，生成氢气。常用的电极材料包括铂、钼和镍等。通过调节电解槽中的电流和电压，可控制氢气和氧气的生成速率。生成的氢气被收集并存储，供后续氢-电转化环节使用。电解水制氢的基本反应方程式为

阳极：$H_2O \longrightarrow 2H^+ + \frac{1}{2}O_2 + 2e^-$

阴极：$2H^+ + 2e^- \longrightarrow H_2$ (6-1)

总反应：$H_2O \longrightarrow H_2 + \frac{1}{2}O_2$

根据电解水技术与电解装置结构不同，电解槽可分为三类：碱性电解槽(alkaline electrolyzer，AE)、质子交换膜电解槽(proton exchange membrane electrolyzer，PEME)和固体氧化物电解槽(solid oxide electrolyzer，SOE)。三种电解水技术的基本原理如图 6-6 所示，其技术对比如表 6-4 所示。

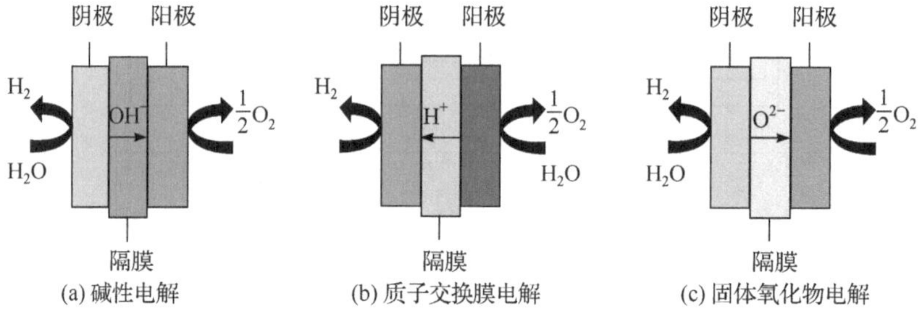

图 6-6 三种电解水技术的基本原理

表 6-4 三种典型的电解水制氢技术对比

参数	AE	PEME	SOE
电流密度 / (A/cm^2)	0.2～0.4	0.6～2	1～10
温度 /℃	70～90	50～80	700～1000
能源效率/ %	60～75	65～75	85～95
能耗 / ($kW \cdot h/Nm^3$)	4.5～5.5	4.5～5.5	2.6～3.6
响应速度	较慢	较快	慢
特点	技术成熟，操作简单	无污染，体积较小	电解效率较高

1) 碱性电解水制氢

碱性电解水技术是目前应用时间最长且技术最为成熟的制氢方法，通常使用氢氧化钾(KOH)或氢氧化钠(NaOH)溶液作为电解质。其系统通常采用双极性压滤式结构，能够在常压下工作，具有安全可靠、操作简单、成本相对较低等优点，常用于大规模氢气生产。但碱性电解水的电解效率较低，频繁启停或功率波动会缩短设备使用寿命。此外，因系统使用强碱溶液，对材料的抗腐蚀性要求较高。为了避免氢气和氧气穿过多孔的石棉膜混合而引发爆炸等安全问题，电解槽的阳极和阴极两侧需保持压力平衡，这导致电解槽在启停过程中反应较慢，制氢速率难以快速调节。总之，碱性电解水技术广泛用于传统工业制氢，但该技术的响应速度较慢、电解效率较低，通常难以直接耦合风能、太阳能等波动性能源。此外，电解效率和设备寿命的限制也使得该技术在新能源制氢领域面临一定挑战。

2) 质子交换膜电解水制氢

质子交换膜电解水技术由美国通用电气公司在 20 世纪 70 年代开发，采用固态质子交换膜作为电解质，因此也称为固体高分子聚合物电解槽。该技术通过电场作用将水分解为氢气和氧气，利用膜隔离生成的氢气和氧气。目前常用的电解质膜为 Nafion 全氟磺酸膜。与碱性电解水技术相比，质子交换膜技术因使用纯水电解和固体电解质，避免了腐蚀问题，因此安全性更高。此外，该技术具有较高的动态响应性，能够适应功率波动，且设备体积较小，可与波动性新能源直接耦合使用。该技术生产的氢气纯度较高，不需要复杂的后处理工艺，但其设备成本相对较高，寿命较短。

3) 固体氧化物电解水制氢

固体氧化物电解水制氢技术是一种利用高温(700～1000℃)电解水蒸气的制氢技术。由于该电解过程在高温下进行，部分电解能量来自热能，降低了电能消耗，因此该技术的理论电解效率较高。该电解技术可直接利用工业废热或其他高温热源，通常与高温工业过程相结合，以提高整体能效。

2. 氢气存储过程

根据氢气的物理化学特性及应用场景不同，氢气存储技术可分为物理储氢、化学储氢和其他储氢方法。

1) 物理储氢方法

物理储氢主要通过直接压缩或冷却氢气，将其存储在专用容器中，常见的方法包括高压气态储氢和低温液态储氢。高压气态储氢技术是将氢气压缩至高压(如 35～70MPa)，存储在高压气瓶中。此方法技术成熟、操作简便且储/放氢速率快，但由于氢气分子极小，存在泄漏和爆炸风险。低温液态储氢是将氢气冷却至约−253℃以液态形式存储。该技术的储氢密度较高，能够解决存储空间问题，通常用于大量氢气需求的场合。然而，液化过程能耗高，且系统复杂，对绝热性要求严格。

2) 化学储氢方法

化学储氢是通过化学反应将氢气与化合物结合，形成较为稳定的氢化物或其他化合物，实现安全存储和释放，主要包括有机液态储氢、液氨储氢、配位氢化物储氢、无机物储氢和甲醇储氢等方式。有机液态储氢利用氢化有机化合物来存储氢气，安全性较高，便于运输，但放氢过程复杂，效率较低。液氨储氢利用液氨作为氢气载体，易于存储和运输，但在放氢过程中需要高温催化，同时需要关注氨的毒性和副产物处理问题。配位氢化物储氢和无机物储氢是指通过金属与氢气的化学反应生成可逆的金属氢化物或其他无机化合物，具有较高的储氢密度和良好的安全性，如金属氢化物(metal hydride，MH)通过金属与氢气的化学反应，形成可逆的储氢材料，储氢密度高且可在常温常压下操作。甲醇储氢是通过将氢气与甲醇反应形成甲醇水合物或甲醇衍生物来存储氢气，其具有较高的能量密度，便于液态存储和运输，但在放氢过程中依赖催化反应，且可能产生副产物。

3) 其他储氢方法

其他储氢技术包括吸附储氢、水合物储氢等。吸附储氢利用多孔材料(如活性炭和金属有机框架材料)在低温或高压下吸附氢气，操作简单且材料可重复使用，但储氢密度较低，储/放氢效率受材料性能影响较大。水合物储氢是指氢气与水形成水合物，以水合物的形式实现存储，具有低成本和高安全性的特点。

目前，高压气态储氢、低温液态储氢和金属氢化物固态储氢是较为常见的氢气存储方式，其技术对比如表 6-5 所示。

表 6-5 常见的储氢技术对比

对比项目	20～35MPa 气态	70MPa 气态	低温液态	金属氢化物固态
体积储氢密度 / (kg/m^3)	10～20	35～40	40～70	>100
质量储氢密度/ wt%	1～3	4～6	5～10	1～5
存储容器压力/MPa	20～35	70	>1(−253℃以下)	0.1～5
关键技术	氢气压缩技术	氢气压缩技术	冷却和绝热技术	热管理技术
优点	操作简便，储/放氢速率快	质量储氢密度较高	质量和体积储氢密度较高	储氢密度较高，存储压力低
缺点	压缩功耗高，存在泄漏和爆炸风险	压缩功耗高，存在泄漏和爆炸风险	能量损失大，对绝热材料要求高	热管理要求高，储/放氢速率较慢
应用场景	交通领域	交通领域	军事航天领域	固定/移动式发电领域

3. 氢-电能量转化过程

氢-电能量转化过程是将氢气的化学能通过多种技术路径(如燃料电池、氢气燃烧和化学反应)转化为电能的关键环节。其中，燃料电池作为一种电化学装置，能够高效地实现这一转化过程。在催化剂的作用下，燃料电池能够实现氢气与氧气的氧化还原反应，产生电能、热能和水，具有较高的能量转化效率和零排放特性。在燃料电池中，氢气和氧气分别流经阳极和阴极，两者在催化剂表面发生氧化和还原反应，分别释放和接收电子，电子通过外部电路流动，产生电流并驱动外部负载工作。氢气与氧气反应的唯一副产物是水。

根据电解质不同，燃料电池可分为五大类型：质子交换膜燃料电池(proton exchange membrane fuel cell，PEMFC)、固体氧化物燃料电池(solid oxide fuel cell，SOFC)、熔融碳酸盐燃料电池(molten carbonate fuel cell，MCFC)、磷酸型燃料电池(phosphoric acid fuel cell，PAFC)和碱性燃料电池(alkaline fuel cell，AFC)。不同类型的燃料电池的主要特点如表 6-6 所示。

表 6-6 不同类型的燃料电池的主要特点

项目	PEMFC	SOFC	MCFC	PAFC	AFC
阳极催化剂	Pt/C	Ni	Ni/Al	Pt/C	Pt/C、Ni
阴极催化剂	Pt/C	Sr/$LaMnO_3$	Li/NiO	Pt/C	Pt/C、Ni
载流形态	固态	固态	液态	液态	液态

续表

项目	PEMFC	SOFC	MCFC	PAFC	AFC
电解质	高分子质子交换膜	ZrO_2基陶瓷	Li_2CO_3/K_2CO_3碳酸盐	磷酸水溶液	NaOH/KOH
传导离子	H^+	O^{2-}	CO_3^{2-}	H^+	OH^-
工作温度 /℃	常温～90	650～1000	650～700	150～220	80～250
燃料	H_2	H_2，CO	H_2，CO	H_2	H_2
发电效率 / %	40～60	50～60	45～60	35～60	45～60
输出功率 /kW	0.1～300	50～1000	>1000	50～200	1～100
使用寿命 / h	10000	7000	13000	15000	10000
优点	温度低，启动速度快，寿命长，无噪声	不易腐蚀，可用非金属催化剂，余热品质较高	可用化石燃料，可用非金属催化剂	电解质挥发度低，对杂质耐受性较强	启动时间短，性能稳定
缺点	对 CO 敏感，反应物需要加湿	运行温度高，启动速度较慢	运行温度高，电极易腐蚀，寿命短，CO_2需要再循环	低于峰值功率输出性能下降，启动时间较长	需要纯氧氧化剂，电解质具有腐蚀性
常见用途	中小型分布式热电联产、特定电源、汽车等	中大型分布式发电、客车、卡车等	大型分布式发电等	中型分布式热电联产等	航天、军事等

目前，PEMFC 因其低工作温度、高功率密度、长寿命和清洁无污染等优势，成为氢储能系统中备受青睐的燃料电池类型，被广泛应用于交通运输、电力供应和移动设备等领域。下面以 PEMFC 为例，详细说明其工作原理。

图 6-7 所示为 PEMFC 能量转化原理示意图。氢气和氧气(或空气)分别通过双极板的导气通道进入燃料电池的阳极和阴极，并通过电极上的扩散层到达质子交换膜。在阳极，氢气(H_2)在催化剂的作用下，分解成质子(H^+)和电子(e^-)；在阴极，氧气(O_2)与通过质子交换膜传递的质子(H^+)，以及来自外部电路的电子(e^-)结合生成水(H_2O)，该反应的基本化学方程式为

$$\begin{aligned}&\text{阳极：} && H_2 \longrightarrow 2H^+ + 2e^- \\ &\text{阴极：} && \frac{1}{2}O_2 + 2H^+ + 2e^- \longrightarrow H_2O \\ &\text{总反应：} && H_2 + \frac{1}{2}O_2 \longrightarrow H_2O\end{aligned} \tag{6-2}$$

尽管 PEMFC 通过电化学方式生成电能，但本质上其释放的能量与氢气燃烧时所释放的能量相等。PEMFC 反应过程中不仅产生电能，还伴随着热能的释放，表达式为

$$H_2 + \frac{1}{2}O_2 \longrightarrow H_2O + \text{热} \tag{6-3}$$

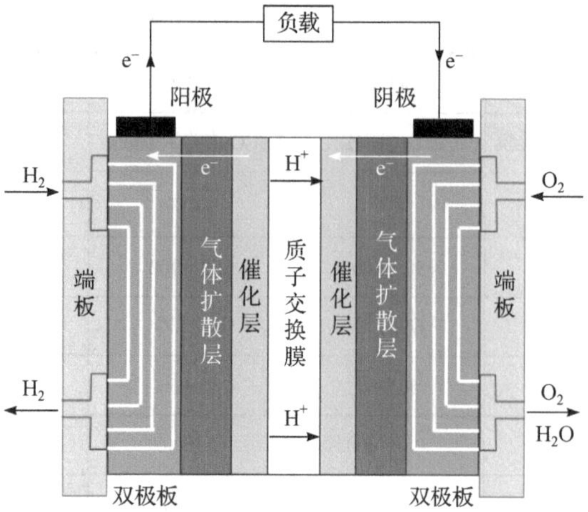

图 6-7　PEMFC 能量转化原理示意图

化学反应焓是生成物焓与反应物焓的差值，其正负体现吸热或放热，受物质本性和反应条件影响，表达式为

$$\Delta H = (h_f)_{H_2O} - (h_f)_{H_2} - \frac{1}{2}(h_f)_{O_2} \tag{6-4}$$

式中，ΔH 为化学反应焓，J/mol；$(h_f)_{H_2O}$ 为在 25℃时生成液态水的热量，为-286×10^3 J/mol；$(h_f)_{H_2}$ 和 $(h_f)_{O_2}$ 分别为氢气和氧气的生成热，J/mol。由于氢气和氧气是标准状态下的单质，因此 $(h_f)_{H_2}$ 与 $(h_f)_{O_2}$ 均为 0。

因此，可将 PEMFC 总反应式改写为

$$H_2 + \frac{1}{2}O_2 \longrightarrow H_2O_{(l)} + 286\times10^3\ \text{J/mol} \tag{6-5}$$

上述反应式中反应物气体和产物液态水均为 25℃，且反应是在标准大气压下进行的。

6.2.3　氢储能系统的部件及工作原理

1. 制氢过程的主要部件及工作原理

制氢过程的核心部件包括电解槽、供水系统、气体分离和纯化系统等。本节以质子交换膜电解水制氢技术为例进行介绍。

1) 电解槽

PEME 结构的剖面示意图如图 6-8 所示，由内至外依次是质子交换膜、催化层、气体扩散层、双极板和端板。质子交换膜作为 PEME 的核心组件，采用高分子材料制成，具备选择透过性，能够隔离阴极和阳极之间的电子和气体传输，仅允许质子(H^+)通过。目前，PEME 中常用的质子交换膜为 Nafion 系列膜，其具有良好的化学稳定性和导电性。PEME 阳极处于强酸性环境(pH≈2)，其电解电压一般为 1.4～2.0V。催化层主要由分散在碳载体上的贵金属催化剂组成，位于质子交换膜两侧。阳极催化层加速水的氧化反应，产生氧气和氢离子。阴极催化层促进氢离子与电子结合生成氢气。气体扩散层通常由多孔碳材料制成，具有良好的透气性和导电性，位于双极板与催化层之间。双极板的主要作用是分配反应气体，其流道设计旨在确保气体在反应区均匀分布，避免局部过压和滞留现象。双极板通常具有耐腐蚀性和高导电性，以提升电解槽的电导率并延长使用寿命。此外，双极板还具有散热功能，以维持最佳电解温度。

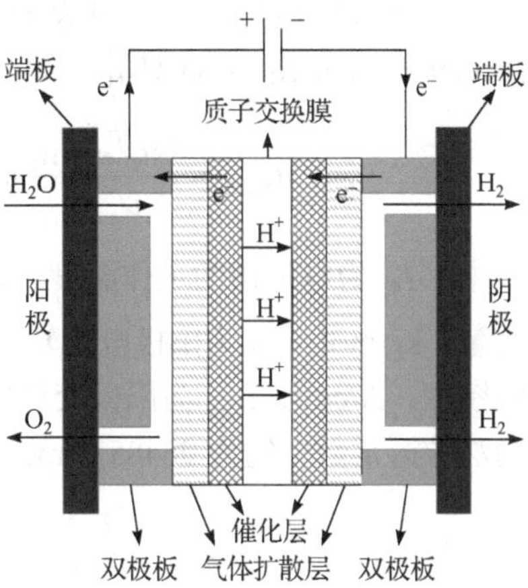

图 6-8　PEME 结构的剖面示意图

端板位于电解槽两端，主要功能是支撑内部组件并确保反应气体均匀分布。端板通常具有进气口和出气口，便于氢气和氧气的供给与排出。端板材料通常具备耐腐蚀性和高强度，可承受电解过程中的工作环境。端板中的流道是影响电解槽效率的关键因素，影响气体在电极表面的流动模式和分布均匀性。常见的流道形式包括平行流道、蛇形流道和网格流道等。合理的流道布局能够优化气体的流动速度，改善气体的传输性能和冷却性能，减少局部过压和滞留现象，提升电化学反应效率，确保电解槽在最佳工作状态下运行。端板的肋部用于增强力学性能、改善热传递和引导流体流动。分流歧管的作用是均匀分配流体和调节压力，组合歧管则具有多功能集成和系统协调优势。图 6-9 所示为电解槽端板中两种典型的流道示意图。

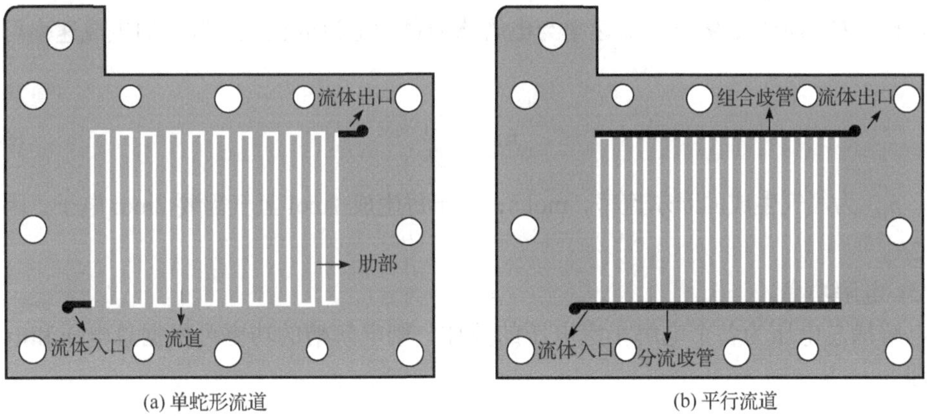

图 6-9　电解槽端板中两种典型的流道示意图

(1) 电解槽的工作电压。

电解槽的工作电压是影响产氢效率的关键参数，由理论分解电压和电压损失组成。主要电压损失包括电解槽的活化过电压、欧姆过电压和浓度过电压。PEME 由多片电解小室组成，其中单个电解小室的实际电压可表示为

$$u_{el} = u_{cell,el} + u_{act,el} + u_{ohm,el} + u_{conc,el} \tag{6-6}$$

式中，u_{el} 为单个电解小室的实际电压，V；$u_{cell,el}$ 为理论分解电压，通常为 1.23V；$u_{act,el}$ 为活化过电压，V；$u_{ohm,el}$ 为欧姆过电压，V；$u_{conc,el}$ 为浓度过电压，V。

活化过电压是由于电极表面反应动力学造成的电压损失，可用巴特勒-福尔默方程(Butler-Volmer equation)计算，即

$$u_{\mathrm{act,el}}=\frac{R_{\mathrm{H_2}}T_{\mathrm{el}}M_{\mathrm{H_2}}}{\alpha_{\mathrm{an}}F}\operatorname{arcsinh}\left(\frac{i_{\mathrm{el}}}{2i_{0,\mathrm{an}}}\right)+\frac{R_{\mathrm{H_2}}T_{\mathrm{el}}M_{\mathrm{H_2}}}{\alpha_{\mathrm{ca}}F}\operatorname{arcsinh}\left(\frac{i_{\mathrm{el}}}{2i_{0,\mathrm{ca}}}\right) \tag{6-7}$$

式中，T_{el} 为电解槽的工作温度，K；$R_{\mathrm{H_2}}$ 为理想气体常数，J/(kg·K)；$M_{\mathrm{H_2}}$ 为氢气的摩尔质量，kg/mol；α_{an} 为阳极电荷转移系数，%；α_{ca} 为阴极电荷转移系数，%；i_{el} 为电解槽电流密度，A/cm^2；$i_{0,\mathrm{an}}$ 为阳极交换电流密度，A/cm^2；$i_{0,\mathrm{ca}}$ 为阴极交换电流密度，A/cm^2；F 为法拉第常数，约为 96485 C/mol。

$$i_{\mathrm{el}}=\frac{I_{\mathrm{el}}}{A_{\mathrm{el}}} \tag{6-8}$$

式中，I_{el} 为电解槽电流，A；A_{el} 为电解槽电极有效面积，cm^2。

欧姆过电压是由于电解质、电极材料和其他组件电阻造成的电压损失，可通过欧姆定律计算，即

$$u_{\mathrm{ohm,el}}=i_{\mathrm{el}}\times A_{\mathrm{el}}\times\left(R_{\mathrm{ele}}+R_{\mathrm{mem}}\right) \tag{6-9}$$

式中，R_{ele} 为电极电阻，Ω；R_{mem} 为质子交换膜电阻，Ω。

浓度过电压是由对流和扩散等质量传输过程引起的，在高电流密度下较为显著，当电流密度低于 3A/cm^2 左右时可忽略不计。

(2) 氢气生成速率。

根据法拉第定律，氢气生成速率与电解槽通过的电流成正比。氢气的生成速率可以表示为

$$\dot{n}_{\mathrm{H_2}}=\frac{I_{\mathrm{el}}}{2F} \tag{6-10}$$

式中，$\dot{n}_{\mathrm{H_2}}$ 为氢气生成的摩尔速率，mol/s；由于每生成 1mol 氢气需要 2mol 电子，因此分母为 $2F$。

(3) 电解功率。

电解槽总电压为各个电解小室电压的叠加，则电解槽的功率可根据总电压和电流计算，即

$$P_{\mathrm{el}}=N_{\mathrm{el}}\times u_{\mathrm{el}}\times I_{\mathrm{el}} \tag{6-11}$$

式中，P_{el} 为电解槽功率，W；N_{el} 为电解小室数量。

(4) 电解效率。

电解效率表示为电解过程中输入电能转化为氢气化学能的比例，即

$$\eta_{\mathrm{el}}=\frac{H_{\mathrm{LHV}}}{W} \tag{6-12}$$

式中，η_{el} 为电解槽的电解效率，%；H_{LHV} 为氢气的低热值，J/kg；W 为产生 1kg 氢气消耗的电能，J。

2) 供水系统

PEME 对水质要求较高，通常需要使用去离子水或纯净水等纯水。供水系统的主要功能是向电解槽提供所需的纯水，避免膜和电极受到污染。该系统通常包括循环泵和控制阀，用于调节纯水的流量和压力，确保电解效率和安全性。在电解过程中，由于化学反应会产生热量，供水系统可以与热交换器结合，排除多余热量，保持电解槽的温度恒定。根据用途不同，供水系统主要分为三种类型：连续供水系统、间歇供水系统和循环供水系统。连续供水系统能够提供稳定的水流，适用于持续的电解操作；间歇供水系统通常用于间歇运行或快速急停工况；循环供水系统则在水经过冷却后再用于电解。

3) 气体分离和纯化系统

气体分离和纯化系统是 PEME 中确保氢气和氧气高效、安全收集的关键组成部分，主要包括气液分离器和纯化装置。电解过程中，生成的氢气和氧气中常含有水蒸气及电解质液滴。气液分离器用于分离气体中的液体成分，确保收集到干燥的氢气和氧气，降低气体混合带来的安全风险。纯化装置能够进一步去除气体中的杂质，确保气体干燥、纯净。

图 6-10 所示为一种卧式气液分离器的结构示意图。卧式气液分离器主要由进口、液体分流器、重力沉降区、捕雾器、液位控制器、液体收集区、气出口和液出口组成。混合液体的气体从进口进入分离器，首先经过液体分流器，对气液进行初步分离。在重力沉降区，利用重力作用使液体下沉。捕雾器能够进一步捕捉微小的液滴，实现气液分离。液位控制器用于调控分离器内的液位，液体收集区则用于收集分离出来的液体。最后气体从气出口排出，液体从液出口排出。

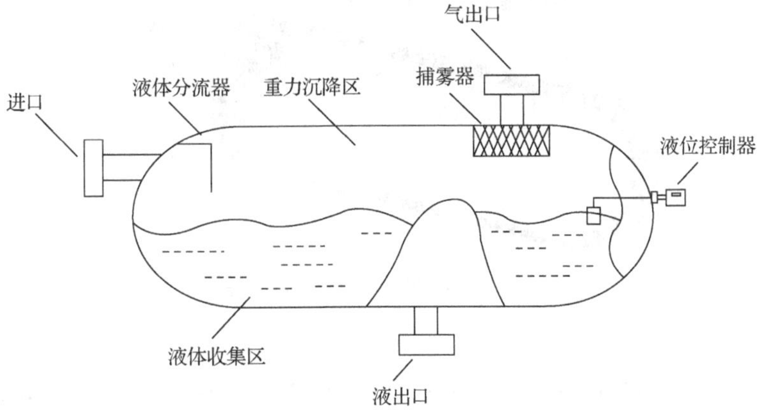

图 6-10　一种卧式气液分离器的结构示意图

2. 储氢过程的主要部件及工作原理

储氢过程中的关键部件包括储氢容器、氢气压缩机、氢气阀门和氢流量计等。以下介绍这些部件的基本结构和工作原理。

1) 储氢容器

(1) 气态储氢容器。

目前用于氢气运输和存储的气瓶主要分为四种类型，如图 6-11 所示。第一类为金属无

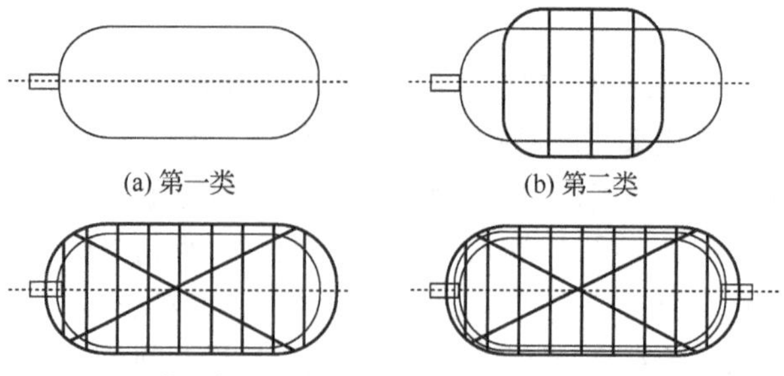

图 6-11　四种用于氢气运输和存储的气瓶

缝瓶，通常采用高耐压钢材制成。早期钢瓶存储压力仅为 12～15MPa，其中储氢质量密度约为 1.6wt%。为提高存储压力，通常采用增加储罐厚度或高强度钢合金等方法，但会加剧氢脆现象，增加失效风险。因此，该类型常用于固定的小容量氢气存储。第二类为金属内胆纤维环向缠绕气瓶，利用不锈钢或铝合金制成内胆，存储压力可达 40MPa，且重量较轻。其承压层由高强度玻璃纤维、碳纤维或凯夫拉纤维制成，可防止内部金属层受到侵蚀。第三类气瓶的内胆由金属材料制成，外层为全缠绕的纤维增强复合材料，可提升耐压性能并减轻重量，内胆提供气体密封性和强度。第四类气瓶由复合材料制成，内胆通常采用塑料或其他轻质材料，外部包裹有高强度的碳纤维或玻璃纤维，具备更轻的重量和更高的能量密度，氢脆风险更低。图 6-12 所示为一种第四类气瓶结构示意图，气瓶中还包括阀门、泄压装置和圆顶防护装置等。

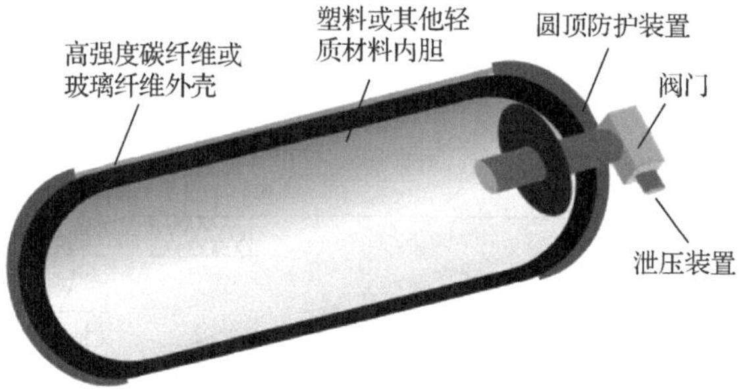

图 6-12　第四类气瓶结构示意图

(2) 金属氢化物固态储氢容器。

金属氢化物固态储氢容器在储氢与放氢过程中会产生明显的热效应，因此需要配备热管理系统维持反应温度，降低热效应对储氢速率的影响。根据换热结构的不同，金属氢化物反应器可分为管式、盘式、罐式及蜂窝式等类型，几种典型金属氢化物反应器的特点对比如表 6-7 所示。管式反应器通常采用长管道结构，通过流动介质进行热交换，常用于小规模氢气存储；盘式反应器采用多层叠放的盘式结构，具有较大表面积，储/放氢速率较快；罐式反应器具备较大的储氢容量，常用于大规模氢气存储；蜂窝式反应器通过蜂窝结构实现高效的气体流动和热交换。

表 6-7　几种典型金属氢化物反应器的特点

反应器类型	储氢合金	应用情况	优点	缺点
管式	Zr 基合金	热泵系统、压缩机系统及小规模试验系统	结构简单，密封性较好	储氢量小
盘式	$LaNi_5$	热泵装置	传热面积大，反应速率较快	储氢量小
罐式	$LaNi_5$	大储氢量的氢储能系统和氢气分离提纯装置	储氢量大，适用场合较多	换热效率低
蜂窝式	Mn、Ti、V、Fe、Zr	少量用氢场合	储氢效率较高，使用方便	制作工艺复杂

(3) 液态储氢容器。

液氢因其沸点极低，存储过程中不可避免地存在蒸发损失，因此对液氢存储容器的可靠性要求较高。根据容积大小，液氢存储容器可分为小型杜瓦瓶、中型氢罐和大型球罐。图 6-13 所示为一种液氢杜瓦瓶绝热结构。杜瓦瓶内胆用于存储液氢，外壳与内胆之间设有液氮槽和液氮冷屏，液氮起到冷却和隔热的作用。整个容器处于高真空环境，并采用多层绝热技术，减少热量传递，确保液氢能够在低温状态下稳定存储。中型氢罐同样采用高真空多层绝热技术，采用钢材制造，能够承受较高压力，但需关注氢脆和氢腐蚀问题。液氢球罐由于绝热空间大且多层绝热材料绕制困难，通常采用真空粉末绝热方式。相较于圆筒形储罐，球罐壁厚仅为其一半，所需钢材较少，占地面积较小，且应力分布均匀。因此，球罐漏热损失较少，是一种较为理想的液氢存储方式。球罐在结构制造、焊接和组装方面工艺要求较高，检验工作量大，通常用于大容量的固定式液氢存储设备。

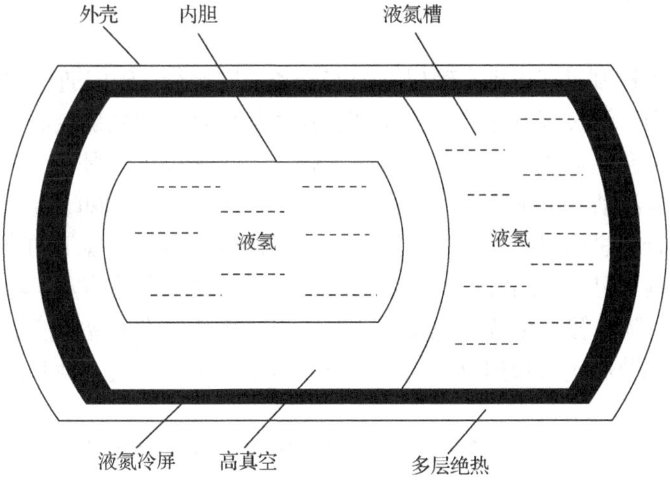

图 6-13　液氢杜瓦瓶绝热结构

2) 氢气压缩机

氢气压缩机是将氢气压缩至高压状态的重要设备，通常采用单级或多级压缩技术，其主要作用是提高氢气的存储密度和压力，实现高效、安全的氢气存储。根据结构和工作原理不同，氢气压缩机主要分为隔膜压缩机、液驱活塞式压缩机、螺杆压缩机等。

隔膜压缩机通过膜片的机械运动实现氢气压缩，具有无污染和无泄漏的特点。液驱活塞式压缩机利用活塞在气缸内的往复运动进行压缩，常用于高压和大流量氢气压缩。螺杆压缩机则通过两个相互啮合的螺杆进行压缩，常用于持续高流量氢气需求的场合。在氢储能系统中，氢气压缩机通常与储氢容器、管道和控制系统等其他组件集成，提高整体性能并减少占地面积。氢气压缩机广泛应用于氢气生产、管道运输、加氢站以及其他氢能应用领域。

氢气压缩过程会产生一定的寄生能耗，理想绝热状态下压缩机消耗的功率可表示为

$$P_{\text{com}} = \frac{c_p T_{\text{H}_2}}{\eta_{\text{com}}}\left[\left(\frac{p_1}{p_0}\right)^{\frac{\gamma-1}{\gamma}} - 1\right]\dot{m}_{\text{H}_2} \tag{6-13}$$

式中，P_{com}为压缩机消耗的功率，W；c_p为氢气的定压比热容，J/(kg·K)；T_{H_2}为压缩机入口处氢气温度，K；γ为氢气标准状态下的绝热指数；η_{com}为压缩机效率，%；$\dot{m}_{\text{H}_2}$为压缩机出口处氢气流量，kg/s；p_0和p_1分别为压缩前、后的氢气压力，Pa。

在实际应用中，气体通常不完全遵循理想气体定律，特别是在高压和低温条件下。当氢气压力超过一定值时，压缩过程偏离理想气体绝热压缩过程的程度将增大。因此，真实气体状态方程通常通过引入气体压缩系数Z进行修正，以反映气体的非理想性。真实气体的状态方程表示为

$$p_{\text{H}_2} V_{\text{H}_2} = Z m_{\text{H}_2} R_{\text{H}_2} T_{\text{H}_2} \tag{6-14}$$

式中，p_{H_2}为氢气压力，Pa；V_{H_2}为氢气体积，m^3；Z为气体压缩系数；m_{H_2}为氢气质量，kg。

3) 氢气阀门

氢气阀门用于控制氢气流动，确保系统安全和稳定运行。阀门通过调节开启程度来控制氢气流量和压力，该过程基于流体力学和控制工程原理实现精确控制。根据功能不同，氢气阀门类型主要包括截止阀、调节阀、减压阀、止回阀和安全阀等，广泛应用于车载氢储能系统、燃料电池动力系统和氢气制储运加系统等场景。氢气阀门通常采用耐腐蚀和高强度的材料，结合先进密封技术，确保其在高压和高纯度氢气环境下的稳定性和可靠性。为提高系统安全性，氢气阀门常配备双重密封、自动监测和报警等安全功能，以应对潜在异常情况。此外，随着智能化技术的发展，氢气阀门逐渐集成了智能控制系统，能够实现远程监控、自动调节和实时数据反馈功能，进一步增强了系统安全性和操作便捷性。

4) 氢流量计

氢流量计的主要功能是在氢气生产、存储和运输全过程中实时监测流量，确保氢气流量的稳定性与供应的连续性，防止氢气过量积聚，降低自燃或爆炸风险。根据使用场景不同，氢流量计可分为高压氢流量计、低压氢流量计、便携式氢流量计和固定式氢流量计等。高压氢流量计适用于高压氢气系统，具有较高的工作压力等级；低压氢流量计适用于低压系统，如燃料电池供氢系统；便携式氢流量计设计小巧便携，通常在现场使用；固定式氢流量计常安装在管道上，用于连续监测氢气流量场合。

3. 燃料电池系统的主要部件及工作原理

图 6-14 所示为燃料电池系统组成。以应用广泛的 PEMFC 系统为例，该系统主要包括燃料电池电堆、供氢子系统、供气子系统、水管理系统和热管理系统等，以下将从这几个方面分别介绍燃料电池系统的组成。

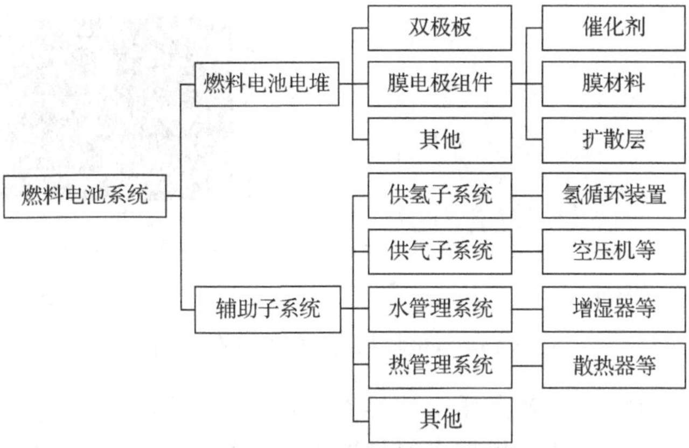

图 6-14　燃料电池系统组成

1) 燃料电池电堆

电堆是燃料电池系统的核心部件，作用是将氢气和氧气的化学能转化为电能。电堆的基本结构由多个燃料电池单体叠加而成，主要包括端板、双极板、膜电极组件(membrane electrode assembly，MEA)等部分，如图 6-15 所示。

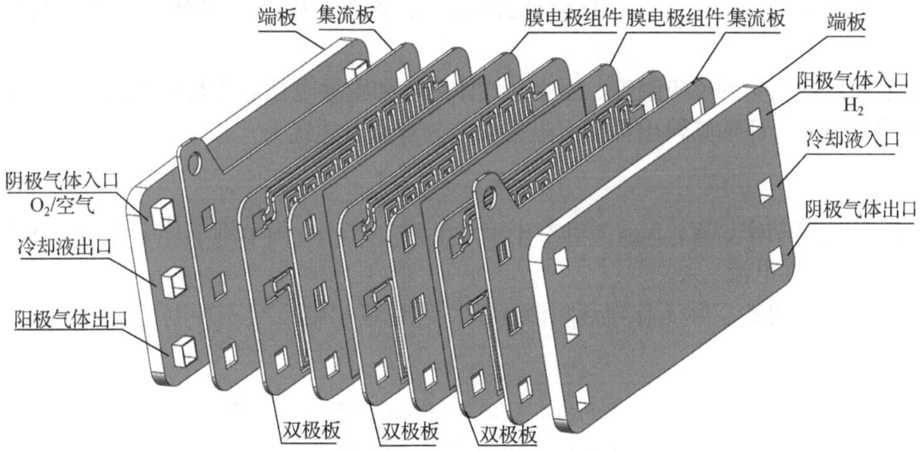

图 6-15　电堆结构示意图

端板形状与电堆整体轮廓相适配，通过螺栓等连接方式固定在电堆最外侧，主要提供机械支撑和密封性，确保反应气体有效供给与排放。集流板通常由高导电性金属材料构成，其表面经特殊处理以降低接触电阻，提升电流收集效率。双极板的主要功能包括支撑 MEA、分隔阴极和阳极反应气体、提供电气连接、输送和分配反应气体及热量、去除副产物，并承受组装预紧力。常用的双极板材料包括石墨、金属或复合材料等。MEA 由质子交换膜、催化层和气体扩散层组成，主要用于多相物质传输和电子传输。质子交换膜是电堆中能量转化的核心，其主要作用是提供质子的导电路径。双极板和膜电极的结构示意图如图 6-16 所示。

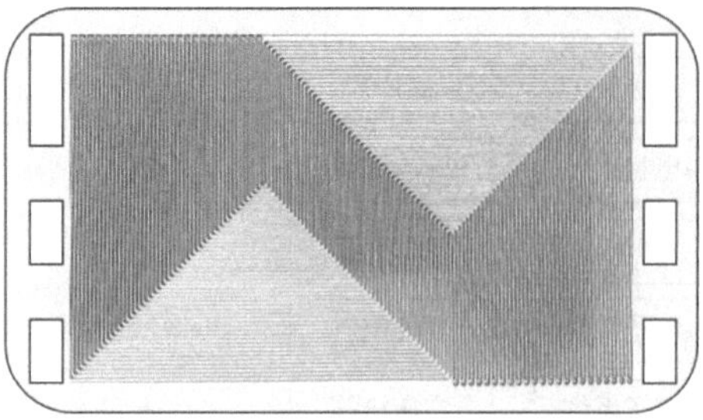

(a) 双极板

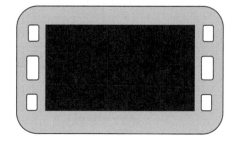

(b) 膜电极

图 6-16　双极板和膜电极的结构示意图

理想的质子交换膜应具备高质子传导率、低电子传导率和气体渗透性，以及良好的化学、电化学和热稳定性。根据含氟情况不同，质子交换膜可分为全氟磺酸膜、部分氟化聚合物质子交换膜、复合质子交换膜和非氟化聚合物质子交换膜等。催化层位于质子交换膜的两侧，主要作用是促进氢气的氧化反应和氧气的还原反应。目前常用的催化剂为铂/碳(Pt/C)，其中铂纳米颗粒分散在碳载体上。气体扩散层由两片多孔层夹在膜电极组合体中间，主要作用是支撑催化层、收集电流、传导气体和排出反应产物中的水。理想的气体扩散层通常具备高导电性、多孔性、适度的亲水与疏水性、良好的化学和热稳定性等特点，常用材料包括碳纸、碳布、碳毡、多孔金属材料及石墨泡沫等。

电堆输出性能受到反应温度、压力、气体纯度和膜导电性等多种因素的影响，通常采用电堆功率和电压评估其输出性能。电堆功率的计算表达式为

$$P_{\mathrm{st}} = N_{\mathrm{cell}} \times u_{\mathrm{st}} \times I_{\mathrm{st}} \tag{6-15}$$

式中，P_{st} 为电堆功率，W；N_{cell} 为电堆中单片电池个数；u_{st} 为电堆单片电池的实际工作电压，V；I_{st} 为电堆电流，A。

电堆单片电池的实际工作电压可表示为其理论输出电压与三种电压损失的差，表达式为

$$u_{\mathrm{st}} = u_{\mathrm{cell,st}} - u_{\mathrm{act,st}} - u_{\mathrm{ohm,st}} - u_{\mathrm{conc,st}} \tag{6-16}$$

式中，$u_{\mathrm{cell,st}}$ 为电堆中单片电池的理论输出电压，一般为 1.23V；$u_{\mathrm{act,st}}$、$u_{\mathrm{ohm,st}}$ 和 $u_{\mathrm{conc,st}}$ 分别为电堆中单片电池的活化电压损失、欧姆电压损失和浓度电压损失，V。

电压损失的计算通常可通过经验公式来进行估算，表达式为

$$u_{\mathrm{act,st}} = u_0 + u_1\left[1 - \exp\left(-c_1 i_{\mathrm{st}}\right)\right] \tag{6-17}$$

$$u_{\mathrm{ohm,st}} = i_{\mathrm{st}} \times R_{\mathrm{ohm}} \tag{6-18}$$

$$u_{\text{conc,st}} = i_{\text{st}} \times \left(c_2 \frac{i_{\text{st}}}{i_{\max}} \right)^{c_3} \tag{6-19}$$

式中，i_{st}为电堆电流密度，A/cm²；u_0为电流密度为 0 时的电压降，V；R_{ohm}为电堆内欧姆电阻，Ω；i_{max}为电堆电压显著下降时的电流密度，A/cm²；u_1、c_1、c_2、c_3为经验参数，根据不同的燃料电池规模及运行情况取值不同。

$$i_{\text{st}} = \frac{I_{\text{st}}}{A_{\text{mem}}} \tag{6-20}$$

式中，A_{mem}为质子交换膜的活性面积，cm²。

2) 供氢子系统

供氢子系统的主要作用是调节氢气压力和加湿氢气，为燃料电池提供稳定的燃料。该子系统主要包括氢气瓶、减压阀、电磁阀、氢气循环泵、氢气引射器和氢气浓度传感器等组件。其中，减压阀用于降低氢气压力，满足燃料电池的操作要求，常见类型包括薄膜式、弹簧薄膜式、活塞式、杠杆式和波纹管式等；电磁阀的作用是通过调节阀门开度控制氢气流量，确保燃料电池在工作时获得稳定的氢气供应。

氢气循环泵的作用是输送氢气和调节压力，确保燃料电池的连续、稳定运行。常见的结构形式包括离心式、旋涡式、罗茨式和螺杆式等。其设计应具备以下特点：①良好的密封性能，防止氢气泄漏；②低振动和低噪声，降低对系统运行的影响；③在低温下可靠的启动能力；④具备抗电磁干扰能力，保障设备稳定运行；⑤使用耐腐蚀材料，应对氢气环境的腐蚀性。

氢气引射器的作用与氢气循环泵类似，主要用于控制进入燃料电池的氢气压力和流量，其结构为纯机械设计，结构原理示意图如图 6-17 所示。工作流体(高压氢气)通过高压进气口的喷嘴加速降压，在喷嘴出口与混合室间的接受室形成低压区，吸入燃料电池堆的引射流体(低压氢气)，二者在混合室混合后进入扩压室，流速降低，压力升高，实现对氢气的引射和增压作用。然而，氢气引射器的工作范围有限，尤其在低功率时表现不足。因此，通常采用大、小引射器协同工作，或与氢气循环泵结合使用。

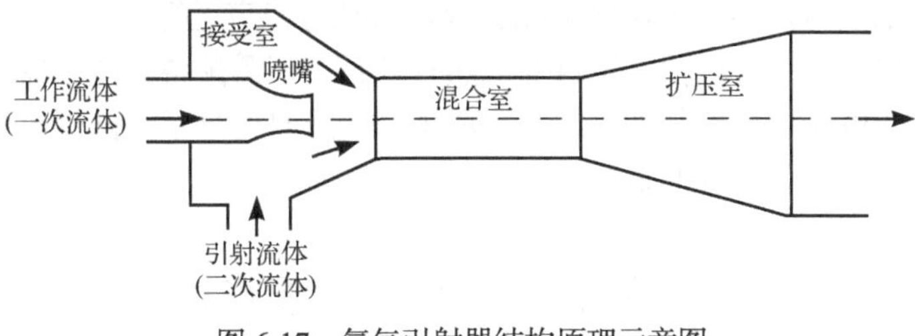

图 6-17　氢气引射器结构原理示意图

3) 供气子系统

供气子系统，也称空气供给系统，主要作用是对空气(或氧气)进行过滤、加湿和压力调节，确保电堆阴极得到适宜状态的空气(或氧气)。该子系统主要由空气压缩机(空压机)、中冷器、空气滤清器、增湿器及电子节气门等组成。空压机是供气子系统的关键设备，其功能是将空气压缩至所需压力。通过调节空压机转速，可以控制进气压力和流量，改变燃料电池的输出电压和功率。由于空气压缩后温度显著升高，需在空压机的输出管道中配备中冷器，实现空气冷却，保持其在 60～80℃的适宜工作温度。

此外，空气质量对燃料电池的性能具有重要影响。空气中的有害气体(如二氧化硫)可能导致阴极催化剂中毒，引起电池性能下降，甚至使反应中断。因此，在空气进入燃料电池前，需通过空气滤清器对空气进行处理，去除颗粒物和杂质气体，确保空气纯净度。增湿器主要用于加湿空气，提升燃料电池的输出性能和整体效率。电子节气门通过调节其开度，为燃料电池电堆提供合适压力和流量的空气，确保系统稳定运行。

4) 水管理系统

水管理系统在 PEMFC 中具有关键作用，主要负责调控水的生成、分配和排放，确保系统高效稳定运行。在电化学反应过程中，PEMFC 会生成水蒸气，水管理系统的主要任务是有效排除过量水分，防止其在电堆内部积聚，避免影响气体流动和离子传导。水合状态对质子交换膜的性能具有重要影响，膜水合过低会降低膜的离子导电性，膜水合过多则会导致膜的膨胀和腐蚀。因此，水管理系统需精确控制水分含量，保持膜在最佳水合状态。此外，水管理系统通过调节水流量，排除系统运行过程中产生的热量，防止温度过高影响系统性能。为提高系统效率并减少对外部水源的依赖，通常基于水分再循环机制，通过回收废水来保持水分平衡。同时，为防止水堵塞，水管理系统需确保电堆中气流通道保持畅通。

5) 热管理系统

燃料电池的热管理系统是确保高效、安全和稳定运行的重要组成部分，主要功能是控制电堆内部温度，维持最佳反应条件，延长电池使用寿命。燃料电池在工作过程中产生大量热量，过高温度会导致质子交换膜脱水，影响电堆的化学反应速率及电池性能。因此，热管理系统需及时排出这些热量，防止温度超过安全范围。

常见的热管理方式采用冷却液循环，主要由水箱、散热风扇、循环水泵和三通阀等组件组成。该冷却系统中，循环水泵主要用于驱动冷却液流动，提高散热效果。冷却液经过散热风扇后，散发电堆产生的热量，并回流至水箱。根据电堆的工作温度变化，三通阀可调节冷却液的流动路径，实现大循环或小循环，适应不同散热需求。在低温环境下，冷却液还可通过加热器进行加热，确保电堆能够快速启动与稳定运行。

此外，为了提高系统安全性，燃料电池热管理系统还需配备去离子器，以维持冷却液的低电导率，防止电压通过冷却液传导。去离子器能及时去除系统部件可释放的离子，防止冷却液的电导率上升，确保其低电导性。

6.3　氢储能系统的性能指标

氢储能系统的评价主要是对系统性能进行定量分析，为设计、优化及实施提供科学依据，主要涵盖氢储能系统的参数评价和能效评价两个方面。

6.3.1　系统参数评价指标

氢储能系统参数评价的主要指标包括体积能量密度、质量能量密度、体积功率密度、质量功率密度等。

系统体积能量密度是指单位体积的氢储能系统能够存储的能量，即

$$e_V = \frac{E_{HESS}}{V_{HESS}} \tag{6-21}$$

式中，e_V 为系统单位体积能量密度，J/m^3；E_{HESS} 为存储能量，J；V_{HESS} 为氢储能系统总体积，m^3。

系统质量能量密度是指单位质量的氢储能系统能够存储的能量，即

$$e_m = \frac{E_{HESS}}{m_{HESS}} \tag{6-22}$$

式中，e_m 为系统单位质量能量密度，J/kg；m_{HESS} 为氢储能系统质量，kg。

系统体积功率密度是指单位体积氢储能系统的输出功率，即

$$p_V = \frac{P_{out}}{V_{HESS}} \tag{6-23}$$

式中，p_V 为系统单位体积功率密度，W/m^3；P_{out} 为系统输出功率，W。

系统质量功率密度是指单位质量氢储能系统的输出功率，即

$$p_m = \frac{P_{out}}{m_{HESS}} \tag{6-24}$$

式中，p_m 为系统单位质量功率密度，W/kg。

6.3.2　系统能效评价指标

能效评价指标是衡量氢储能系统在能量转化、存储和利用过程中性能优劣的关键标准，这些指标主要反映系统在运行过程中能量的有效利用情况，通常包括系统发电效率和能量利用效率。

系统发电效率主要用于衡量电能-氢能-电能转化过程中的能量损失程度。以新能源发电装置输出电力为起始点，不包括各类发电装置自身的能源转化效率，表达式为

$$\eta_{ele} = \eta_1 \times \eta_2 \times \eta_3 \times \eta_4 \tag{6-25}$$

式中，η_{ele} 为系统发电效率，%；η_1 为从新能源发电装置直流或交流输出端至电解水装置电源输入点的电力输送效率，%；η_2 为电解槽的电解效率，%；η_3 为燃料电池的发电效率，%；η_4 为燃料电池发电输出端至用户电网的电力输送效率，%。其中 η_2 和 η_3 的表达式分别为

$$\eta_2 = \frac{H_{LHV} \times \dot{n}_1 \times M_{H_2}}{P_{el}} \tag{6-26}$$

$$\eta_3 = \frac{P_{st}}{H_{LHV} \times \dot{n}_2 \times M_{H_2}} \tag{6-27}$$

式中，$\dot{n}_1$ 为单位时间生产氢气物质的量，mol/s；$\dot{n}_2$ 为单位时间消耗氢气物质的量，mol/s。

在燃料电池发电过程中，除了产生电能之外，还会产生热能。当对这些热能进行回收利用时，可通过能量利用效率指标评价氢储能系统的能效，即

$$\eta_{en} = \eta_1 \times \eta_2 \times \eta_3' \times \eta_4 \tag{6-28}$$

式中，η_{en}为系统能量利用效率，%；η_3'为燃料电池电能和热能的总效率，%。

燃料电池输出的电能并非全部用于外部做功，其中一部分用于维持系统内部关键设备的运行，称为寄生功耗或辅机功耗。寄生功耗主要来源于空压机、氢气循环泵、水泵及各种阀门等辅助设备，其中空压机功耗占比相对较大，在系统功率较高时更为明显。因此，燃料电池电能和热能的总效率η_3'可表示为

$$\eta_3' = \eta_3 \frac{P_{st} - P_{loss}}{P_{st}} + \eta_{heat} \tag{6-29}$$

式中，P_{loss}为系统寄生损失功率，W；η_{heat}为燃料电池热能的利用效率(%)，其表达式为

$$\eta_{heat} = \frac{\dot{Q}_{net}}{H_{LHV} \times \dot{n}_2 \times M_{H_2}} \times 100\% \tag{6-30}$$

式中，$\dot{Q}_{net}$为燃料电池系统单位时间的净回收热量，W。

6.4　氢储能系统的安全评估

6.4.1　氢的危险性及氢事故

1. 氢的危险性

氢安全事故通常由氢气的意外泄漏引发，泄漏可能发生在各类临氢设备中，如储氢罐、管道、阀门、接头和法兰等。泄漏原因主要包括机械损伤、材料疲劳、氢渗透、密封失效、设计或制造缺陷、加工安装问题、操作不当等。从泄漏风险角度分析，氢气分子体积小且黏度低，与其他气体燃料相比，更容易通过微小的缝隙或缺陷泄漏。

在扩散特性方面，氢气密度低、扩散系数大，泄漏后容易在空气中快速上升和扩散。在开阔空间，氢气因扩散速度快，难以形成可燃性混合云团，降低了燃爆风险。在密闭空间，如果氢气泄漏量小，将会与空气快速混合，使其浓度保持在爆炸极限浓度以下；如果氢气泄漏量较大，氢气浓度则容易快速达到爆炸极限。此外，若在受限空间内泄漏大量氢气，空间中氧气浓度将急剧降低，可能造成人员窒息。由于氢气无色无味，泄漏后难以被直接感知，加剧了受限空间内氢气泄漏所导致的燃爆或窒息风险。氢气与甲烷的泄漏扩散特性对比如表 6-8 所示。

表 6-8　氢气与甲烷的泄漏扩散特性对比

参数	氢气	甲烷
密度(NTP)/ (kg/m³)	0.084	0.668
在空气中的扩散系数 / (cm²/s)	0.61	0.16
黏度(NTP)/ (μPa·s)	8.797	10.914

注：NTP 指 20℃，1atm。

在燃烧特性方面，氢气与其他燃料的燃爆相关物性如表 6-9 所示。在与空气静态混合

的情况下，氢气的可燃体积分数范围最广，最小点火能小，氢气容易被点燃。潜在的点火源不仅限于明火，还包括机械设备操作过程中产生的火花，如阀门快速关闭时的机械火花、未接地的微粒过滤器产生的静电放电、电气设备故障、催化剂颗粒摩擦以及通风口附近的雷击等。因此，氢气泄漏后极易与点火源接触，引发燃烧或爆炸。

表 6-9　氢气与其他燃料的燃爆相关物性

参数	氢气	甲烷	丙烷
空气中可燃体积分数范围 / vol.%	4～75	5.3～17	1.7～10.9
最小点火能 /mJ	0.017	0.274	0.240
空气中化学当量浓度 / vol.%	29.5	9.5	4.0
自燃温度 / K	858	810	723
爆轰浓度下限 / vol.%	18.3	6.3	3.1
爆轰浓度上限 / vol.%	59.0	13.5	9.2
层流燃烧速度 / (m/s)	2.70	0.37	0.47

注：表中数据参考 ISO/TR 15916—2004 和 ISO/TR 15916—2015 相关数据表。

对现有氢气事故的调查显示，大量氢气燃爆事故并未找到明确的点火源，通常认为发生了氢气自燃。目前氢气自燃的机制尚存在较大争议，主要包括五种理论：逆焦耳-汤姆逊效应、静电点火、扩散点火、瞬间绝热压缩和热表面点火。另外，氢气的火焰几乎不可见，增加了火灾事故中可视性监测和判断难度。此外，氢气的火焰传播速度也是常见燃料中最高的，增大了其危险程度。

当氢气与空气混合成可燃云团并被点燃时，会发生剧烈燃烧反应并产生具有潜在破坏力的压力，即发生爆炸。根据火焰传播速度与声速的相对大小，爆炸可分为两种形式：爆燃和爆轰。爆燃是指火焰速度低于声速的爆炸，而爆轰则是火焰速度高于声速的爆炸，爆轰能产生远大于爆燃的破坏力。氢气爆炸时可能发生爆燃波到爆轰波的转变，即爆燃转爆轰(deflagration-to-detonation transition，DDT)现象。由表 6-9 可知，氢气在空气中爆轰的体积分数范围为 18.3%～59.0%，其爆轰下限高于甲烷和丙烷。

在材料损伤方面，氢气可对特定材料造成损伤，临氢材料劣化的程度取决于材料类型、氢气压力及温度等因素。非金属材料在氢气环境中容易出现氢渗透、蠕变及急速失压导致的鼓泡或爆裂等现象。对金属材料而言，氢气的主要损伤表现为氢脆。氢脆是指氢以原子状态渗入金属内部，在金属缺陷处通过重聚合造成应力集中，导致金属塑性降低，诱发裂纹或断裂的现象，如图 6-18 所示。氢脆的发生程度受到氢气压力、扩散时间、材料类别、应力状态等因素的影响。选择合适的材料，可以降低因氢脆产生的安全风险。

液态储氢作为一种前景广阔的氢能储运方式，其安全风险主要包括燃爆和低温伤害。液氢一旦发生泄漏可能会在地面聚集形成液氢池，由于其沸点较低，液氢与空气接触后会快速蒸发形成可燃的低温蒸气云，极易造成火灾或爆炸等严重事故。与高压气态储氢相比，

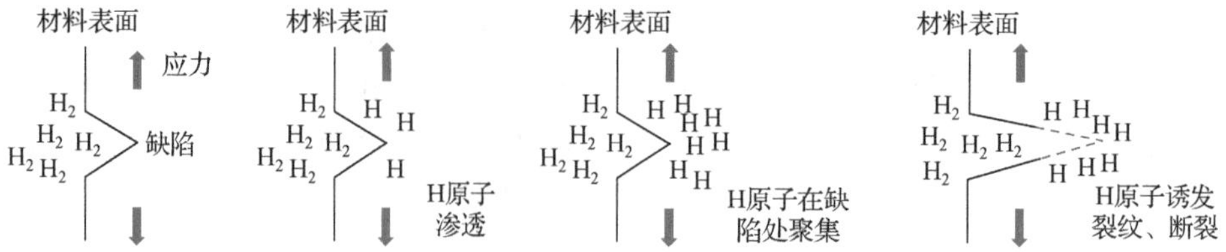

图 6-18　氢脆导致金属材料裂纹扩展机理示意图

液态储氢还存在沸腾液体扩展蒸气云爆炸(boiling liquid expanding vapor explosion, BLEVE)的风险。液氢储罐一旦发生 BLEVE，不仅会形成容器碎片，还会伴随火球和蒸气云的燃烧或爆炸。由于液氢温度极低，当人体直接接触泄漏的低温液体或蒸气时会造成冻伤，伤害影响范围与实际泄漏形式、泄漏量等直接相关。

2. 氢事故

氢事故是指在氢气生产、存储、运输或应用过程中，由于各种因素引发的安全事件，如火灾、爆炸等，威胁人员安全和环境稳定。氢气因其高燃烧性和在工业领域的广泛应用，成为众多安全隐患的潜在源头。

根据历史统计数据，氢事故的发生通常与管理失误和材料/制造缺陷等多种因素相关。氢能产业链的各个环节均发生过氢安全事故，图 6-19(a)所示为全球范围内氢安全事故发生环节的历史统计。氢气作为重要的工业原料，广泛应用于工业产品的生产，因此石油化工行业内发生的氢安全事件占比超过了所有记录事件的半数。其中，占比前两位的事故原因分别是管理因素和材料/制造因素，如图 6-19(b)所示。大多数氢安全事故并非由单一因素引起，而是多种因素共同作用的结果。例如，由临氢设备缺陷导致的氢安全事故，其中也可能同时存在管理失误。

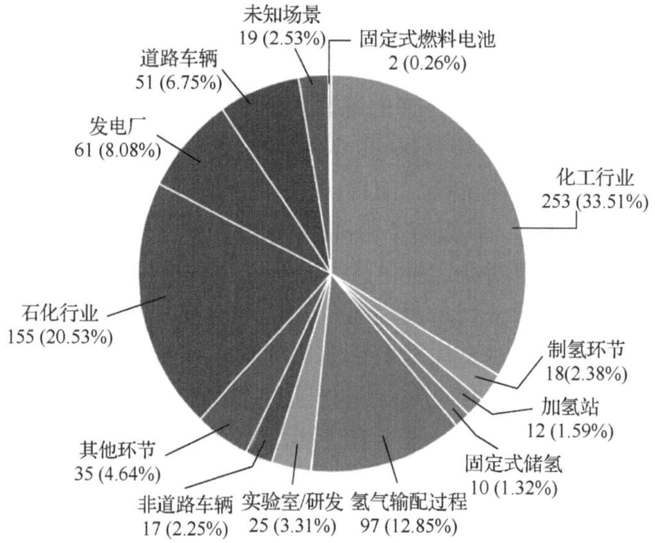

(a) 事故发生环节

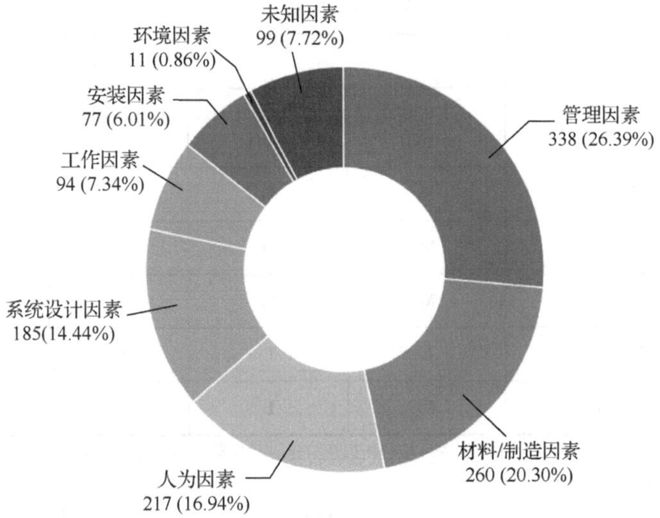

(b) 事故原因

图 6-19　全球范围内氢安全事故历史统计(基于 HIAD 2.1 数据，截至 2024 年 7 月发生事故的数量和占比)

6.4.2　氢安全风险评价

氢安全风险评价主要用于辨识和分析与氢气相关的危险因素及风险，以及制定相应的控制和缓解措施，确保在氢气生产、存储、运输、使用等相关活动中人员、设备和环境的安全。根据风险评价结果的量化程度，风险评价方法可分为定性风险评价和定量风险评价。

1. 定性风险评价

定性风险评价(qualitative risk assessment)基于主观判断和专家经验，采用描述性方法进行风险评估，适用于早期阶段的风险筛选及快速评估。常用的定性风险评价方法包括专家调查法、危险和可操作性分析(hazard and operability analysis，HAZOP)、失效模式和影响分析(failure mode and effects analysis，FMEA)等。

专家调查法，又称为德尔菲法(Delphi method)，该方法通过向特定领域的专家群体发放问卷，收集其对某一风险因素或问题的专业意见。专家的经验和知识可以为风险识别和定性分级提供基础，为风险管理提供有价值的参考。

HAZOP 方法是化工行业内一种重要的基于风险和操作性分析的安全评估方法。该方法利用一系列引导词(“无” 、“多” 、“少” 和 “相反” 等)来识别和评估化工过程中由设备、程序或操作的非预期状态引起的偏差。通过深入分析这些偏差，HAZOP 能够预测和识别潜在的事故场景，采取相应的预防和缓解措施，确保工艺过程的安全性和可靠性。

FMEA 是一种系统化的预防性风险评估方法，该方法侧重于识别潜在的失效模式并分析其对系统性能的影响。FMEA 通过确定分析范围、列出失效模式、评估失效后果的严重性、发生概率以及检测难易程度，能够计算风险优先级数(risk priority number，RPN)，确定需要优先改进的领域。

定性风险评价结果通常以风险矩阵的形式展示，如表 6-10 所示，风险矩阵结合严重程度和发生频率共同划分风险等级。

表 6-10　风险矩阵

		发生频率(每年)				
		不可能(< 0.001)	极少(0.001～0.01)	偶尔(0.01～0.1)	可能(0.1～1)	频繁(1～10)
严重程度	1(灾难性)	H	H	H	H	H
	2(十分严重的损失)	M	H	H	H	H
	3(重大破坏)	M	M	H	H	H
	4(破坏)	L	L	M	M	H
	5(轻微破坏)	L	L	L	L	M

注：H 表示高风险等级，不可接受，应开展进一步分析以更好地评估风险。若进一步的风险分析结果仍不可接受，则应重新设计或改变其他条件来降低风险水平。

M 表示中等风险等级，风险可能是可以接受的，但如果合理可行，应当考虑重新设计或做其他更改。

L 表示低风险等级，不需要采取进一步措施来降低风险。

2. 定量风险评价

定量风险评价(quantitative risk assessment)是一种基于数据、模型和计算的科学评价方法，它通过数值化手段量化风险，为风险控制策略的制定提供科学依据。该方法不仅对风险管理至关重要，也可直接用于氢能安全相关规范和标准的制定，保障氢能行业安全和健康发展。目前，氢能产业中常用的定量风险评价方法包括危险指数评价法和概率危险评价法等。

危险指数评价法用于确定最主要的工艺区域和操作，通过对工艺属性进行分析计算，发现关键区域(危险性大的单元)并进行进一步安全评价。典型的危险指数评价法包括危险度评价法、道化学火灾爆炸危险指数评价法和重大危险源评价法等。其中，道化学火灾爆炸危险指数评价法是化工行业最广泛应用的危险指数评价法。

道化学火灾爆炸危险指数评价法由美国道化学公司在 1964 年首次提出，已成为国际化工安全领域内公认的风险评估技术。道化学火灾爆炸危险指数评价法通过计算火灾和爆炸指数(fire and explosion index，F&EI)，结合安全措施的补偿系数，对工艺单元的危险等级进行划分，评定风险。该方法的评价流程主要包括以下步骤：选择工艺单元、确定物质系数、计算工艺单元危险系数、确定火灾爆炸指数、计算暴露面积、计算补偿系数、修正火灾爆炸指数以及判定危险程度等级，如表 6-11 所示。

表 6-11　F&EI 值及危险等级

F&EI 值	危险等级
1～60	最轻
61～96	较轻
97～127	中等

续表

F&EI 值	危险等级
128～158	很大
＞159	非常大

概率危险评价(probabilistic risk assessment，PRA)法是一种基于数据和概率论的系统性风险评估技术，被广泛应用于工程系统的风险管理。该方法基于概率论和统计学，通过建立概率模型对潜在风险进行量化评估和分析。PRA 的核心在于识别复杂工程系统中可能发生的事故、估算其发生概率及确定事故可能导致的后果，为风险控制策略提供科学的决策支持。

针对氢能产业的概率危险评价分析流程如图 6-20 所示，主要包括危险源辨识、事故概率分析、事故后果分析、风险计算和风险控制与缓解等步骤。危险源辨识通常采用定性风险评价方法，以识别和评估潜在的风险因素。事故概率分析利用事件树分析(event tree analysis，ETA)和故障树分析(fault tree analysis，FTA)等方法确定特定事故的概率。在氢能产业发展初期，专门针对氢气的事故数据较为有限，随着氢能产业的发展，将通过逐步积累的运行数据和事故报告建立更加完善的失效频率和事故概率数据库。氢气燃烧和爆炸等事故后果的分析通常依赖理论模型或数值模拟等方法，以评估不同事故对生命、财产和环境安全的潜在影响。最后，通过考虑每个事故场景的后果及其发生概率来综合评估风险。

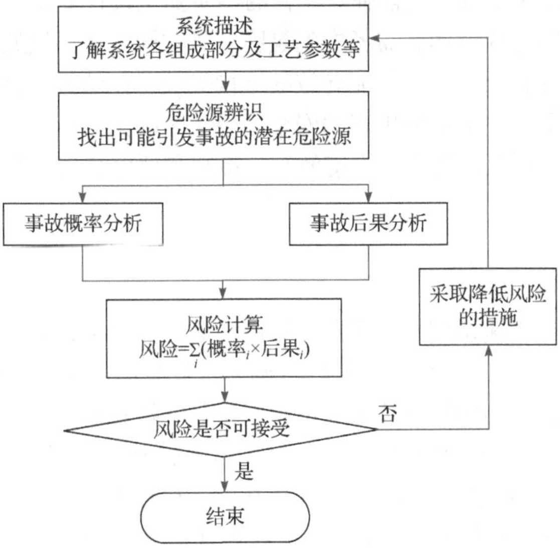

图 6-20　概率危险评价分析流程

风险可分为个人风险和社会风险。个人风险定义为在某一特定位置长期生活且未采取任何防护措施的人员遭受特定危害的频率。社会风险用于描述事故累积频率与该事故可能造成的死亡人数之间的关系，通常用累积频率和死亡人数之间的关系曲线(*F-N* 曲线)表示，如图 6-21 所示。*F-N* 曲线通过两条风险分界线来定义风险的可接受程度，将风险区域划分为可接受区、低至合理可行区(as low as reasonably practicable，ALARP)和不可接受区。

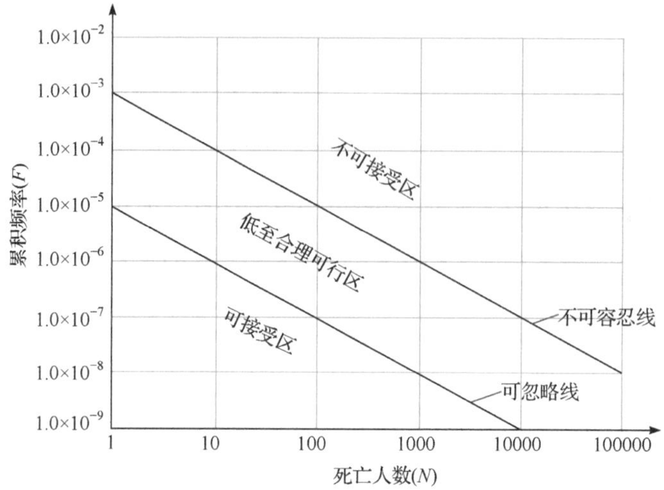

图 6-21　*F-N* 曲线

6.4.3　安全设计与防护

1. 本质安全设计

本质安全的概念强调在设计阶段融入安全性，确保设备和系统在误操作或故障情况下能够保持安全状态，避免事故发生。临氢设备的本质安全设计要求从源头上消除氢泄漏和相关安全风险。在材料选择方面，需考虑到氢脆、氢腐蚀、氢环境疲劳、氢渗透等对材料性能的影响，以及蠕变和压力突变可能导致的结构失效。在储氢容器设计方面，应重点关注高压力、极端温度等条件下可能出现的安全隐患。为确保高压氢系统长期、安全、可靠运行，通常需要进行高压氢环境力学性能测试，检测和评价高压氢系统中临氢材料与高压氢气的相容性。

2. 泄漏检测技术

氢气泄漏检测旨在迅速识别氢气泄漏，并在初期发出警报，从而触发相应的防护措施以遏制事故的进一步发展。现有氢气泄漏检测技术主要分为接触式和非接触式两大类。接触式氢气泄漏检测技术利用传感器中氢敏材料与氢气接触后引起的温度、热导率、电势、电阻等物理量变化来检测和量化环境中的氢气，因其较高的灵敏度和广泛的应用场景而被普遍使用。常见的接触式传感器包括催化氧化型、热导型、电化学型、半导体金属氧化物型等。与接触式氢气泄漏检测技术相比，非接触式氢气泄漏检测技术不依赖与氢气的直接接触，而是通过采集和分析氢气泄漏过程中产生的声、光等信号来感知泄漏。

3. 积聚防护技术

氢气积聚防护技术通过预防、监测和处理氢气泄漏和积聚，来降低火灾和爆炸等风险。氢气积聚防护技术的核心要素包括合理布局氢能设施、实施有效泄漏监测和优化通风系统设计。

在加氢站等涉氢场景设计时，需优先进行安全区域划分，根据风险等级对各区域采取相应的安全措施。在氢能设施的布局设计时，应遵循防火和通风标准，保证设施分散布置。在建筑物设计时，应尽量避免氢气泄漏后因障碍物阻挡导致氢气云团积聚，如某些加氢站将顶棚设计成图 6-22 所示的“V”形。

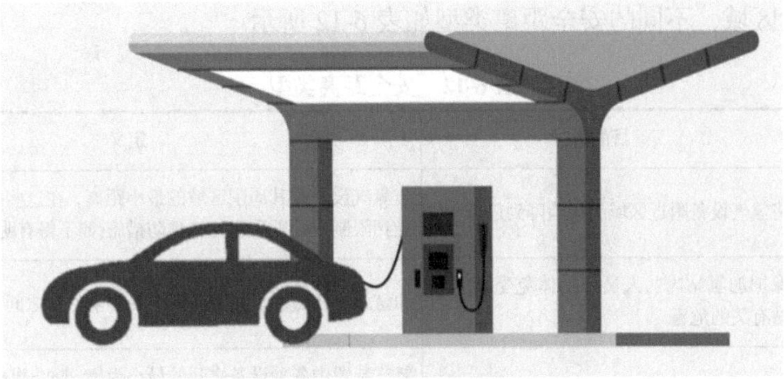

图 6-22　加氢站“V”形顶棚示意图

在临氢场景中，合理安装氢气监测设备能够及时检测环境中氢气浓度并触发警报。氢气浓度传感器通常安装在压缩机、制氢设备、氢燃料电池、加氢机等临氢设备的上方。对于厂房等空间受限的区域，还需在屋顶天花板四个角落处安装氢气浓度传感器。将氢气浓度传感器、报警系统、机械通风系统、应急切断系统等设施相连，当检测到氢气浓度超过设定的阈值时，就会触发相应的安全防护措施。

通风是防止受限空间内的氢气积聚的关键措施，分为被动通风和主动通风两种方式。主动通风设备通常与氢气浓度传感器联动，根据检测到的氢气泄漏和积聚情况来决定是否启动主动通风。

4. 火灾防护技术

氢火灾的防护措施包括氢火灾探测、氢火灾抑制和灭火。氢火灾探测是为了实现氢火灾的早期预警和报警，及时采取措施遏制火势蔓延。氢火灾抑制是指通过控制氧气、燃料和温度等关键因素，抑制火势蔓延并降低燃烧强度。目前常规的火灾抑制技术包括水喷雾、水帘、水幕，以及惰性气体(如氮气或二氧化碳)等。灭火是指破坏氢燃烧的条件，使燃烧反应终止，其基本原理包括冷却(降低燃烧区温度)、窒息(减少氧气供应)、隔离(切断燃烧材料与氧气的接触)和化学抑制(使用化学物质干扰燃烧过程)。

5. 爆炸防护技术

氢气燃爆的防护技术主要包括阻爆、抑爆和泄爆等措施。阻爆措施通过在管道上安装阻火器，阻碍氢气爆炸的传播，避免火势蔓延。抑爆措施包括利用惰性气体稀释气体浓度、细水雾蒸发吸热降低温度和卤代烃消除自由基等，不同抑爆措施的选取需综合考虑氢能系统特定环境、操作条件和安全要求。泄爆措施通常针对已发生的燃爆事故，通过设置薄弱口将室内爆炸超压导出现场，保护内部设备，降低爆炸破坏性。泄爆口的布局和尺寸、泄放方式和泄放装备形式等均对泄爆效果产生影响。

6. 安全距离设计

安全距离通常定义为危险装置和不同类型目标之间的最小允许距离。以加氢站安全距离为例，根据国际标准化组织 ISO/TS 197 技术委员会发布的 *Gaseous hydrogen — Fuelling stations*(ISO 19880-1: 2020)，安全距离分为限制距离、间隙距离、安装布局距离、保护距离和外部风险区域，不同的安全距离类型如表 6-12 所示。

表 6-12　安全距离类型

类型	目的	定义
限制距离	将氢气设备附近区域的风险降到最低	与氢气设备或其周围区域的最小距离，在这些区域内，某些活动受到限制或必须采取特殊预防措施(如不得有明火源)
间隙距离	保护加氢站内的人员和物体免受与加氢站有关的危害	加氢站设备与加氢站边界内易受影响目标之间的最小距离
安装布局距离	防止加氢装置内的事件升级	氢气装置中各种设备之间的最小距离，防止事故升级影响到其他设备
保护距离	保护加氢站免受任何外部危险的损坏	防止安装布局距离中未考虑到的外部危险(如火灾)对临氢设备造成损坏的最小距离
外部风险区域	减轻与加氢站相关危害的场外风险	防止加氢站外部的人员或建筑物受到伤害的距离或区域

6.5　氢储能系统的应用案例

本节介绍具有代表性的氢储能系统设计案例，从不同角度展示其在能源转型、可持续发展方面的应用情况及技术优化途径，主要包括工程应用案例分析、氢储能系统优化设计及氢氨醇一体化储能。

6.5.1　氢储能系统工程应用案例

1. 安徽六安兆瓦级氢能综合利用示范工程

安徽六安兆瓦级氢能综合利用示范工程是国内首个兆瓦级氢储能电站建设项目。该示范工程采用 1MW 的 PEME 电解制氢技术，构建了涵盖电解制氢、储氢、售氢及氢能发电在内的全链条功能体系。该示范工程采用了自主研发的兆瓦级氢储能电站，探索了电站在输配电侧的容量配置、削峰填谷功能及经济运行模式。同时，项目研发了规模化制氢技术、系统监控及安全防护技术，保障了氢储能电站的安全稳定运行。

项目实施时，六安市火电装机容量达到 132 万 kW，光伏和风电并网容量为 192 万 kW，水电和抽水蓄能装机容量为 55 万 kW，整体新能源装机容量超过 50%。大量新能源的接入导致系统出力不稳定，电网安全风险增大。该兆瓦级氢能综合利用站能够消纳新能源，平滑电网并网过程，节省电网建设投资，提高能源利用效率，每年可产生氢气 53 万 Nm^3(标准立方米)，为电网提供大量可调控电量。

2. 台州市椒江区大陈岛“绿氢”综合能源系统示范工程

浙江台州大陈岛氢能综合利用示范工程是中国首个海岛“绿氢”综合能源示范项目，该工程位于东海的大陈岛，年有效风能时数达 7000h，配置 34 台风力发电机组，总装机容量约为 27MVA，年均发电量超过 6000 万 kW·h。该示范工程储氢容量为 200Nm^3，实现 100kW 的燃料电池热电联供功率，系统综合能效超过 72%。

图 6-23 所示为大陈岛“绿氢”综合能源系统的运行流程示意图。通过“制氢-储氢-燃料电池”热电联供系统，促进了海岛新能源消纳与电网优化，实现了大陈岛清洁能源 100%消纳与全过程“零碳”供能。该工程每年可产出约 73000Nm^3 氢气。此外，制氢过程产生的高纯氧气可用于大黄鱼养殖，并且燃料电池发电的热量可供岛上民宿和酒店使用。

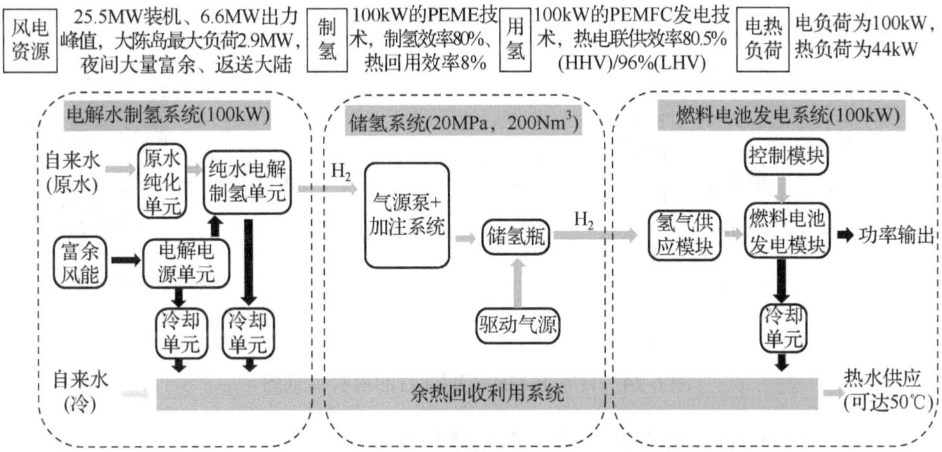

图 6-23　大陈岛“绿氢”综合能源系统的运行流程示意图

3. 日本氢能研究项目(FH2R)

日本福岛氢能研究基地(Fukushima hydrogen energy research field，FH2R)是一项集成了 20MW 光伏发电系统和 10MW 电解槽装置的新能源制氢项目，项目的主要参数如表 6-13 所示。项目占地约 22 万 m^2，其中光伏电场占地约 18 万 m^2，研发和制氢设施占地约 4 万 m^2，包括制氢车间、储气罐区、压缩与出货运输站、综合管理中心等。制取的氢气主要用于供应固定式氢燃料电池系统、燃料电池汽车和公共汽车等。该项目的流程示意图如图 6-24 所示。

表 6-13　FH2R 项目的主要参数

分类	详细参数
设备规模	10MW 碱性电解水制氢、20MW 光伏发电
占地面积	共约 22 万 m^2，其中光伏电场占地约 18 万 m^2，制氢车间、储氢罐区、加氢站及研发大楼等设施共占地约 4 万 m^2

续表

分类	详细参数
制氢功率	1.5～10MW
制氢能力	300～2000Nm³/h
制氢能效	约 5kW·h/Nm³

数据来源：Fukushima Hydrogen Energy Research Field 介绍手册等。

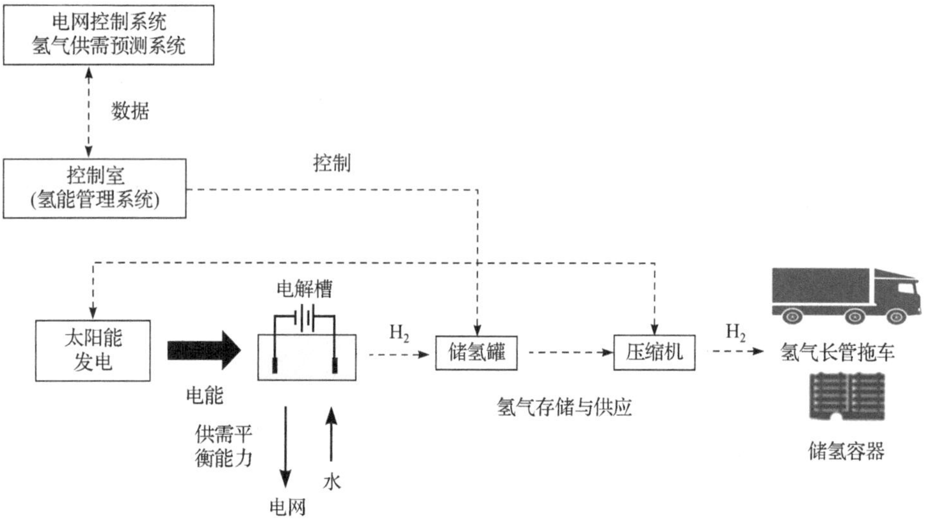

图 6-24　日本 FH2R 氢能项目的流程示意图

4. 澳大利亚 LAVO 能源科技公司集成氢储能系统

澳大利亚 LAVO 能源科技公司推出了一套以固态储氢为核心的集成氢储能系统，整合了电解设备、储氢阵列和燃料电池动力系统，具有长寿命、高储氢密度、低运行压力和高安全性等特点。LAVO 固态储氢示范基地于 2022 年建立，是 LAVO 与合作方在中国建设并投入运营的首个示范项目。该项目包含大型电解槽、燃料电池及固态储氢系统。其现场标准化储氢容器能够存储上百千克的氢气，而标准化 40 尺(1 尺≈0.3333m)集装箱系统则可在常温、低压条件下安全储存 1.2t 氢气，折合能量密度约为 40MW·h。系统的核心技术是采用钛铁基金属合金作为储氢介质，能够在 3.5MPa 的低压和室温环境下安全、有效地进行氢气存储和释放，实现“常温低压下安全用氢”的目标。

5. 其他典型案例

南通安思卓光伏制氢微电网项目是联合国开发计划署(The United Nations Development Programme，UNDP)示范项目，由中国国际经济技术交流中心负责建设和运营，于 2021 年通过测试和验收。该项目结合了光伏技术与氢储能系统，解决了新能源不稳定性问题。南通安思卓新能源有限公司(简称“安思卓”)设计了兆瓦级集装箱水电解制氢和撬装加氢站，利用大数据平台提供技术支持，为“氢能源社区”或“氢城市”的建设提供保障。该项目技术后续拓展至美国马萨诸塞州、西弗吉尼亚州和中国江苏南京的风光制氢及氢储能微电网项目，推动了氢能技术的推广和应用。

张家口氢储能发电工程是目前全球规模最大的氢气储能发电项目之一，该项目位于张家口怀安县，总装机容量为 200MW/800MW·h，分两期建设，一期和二期各 100MW/400MW·h。项目整合了多项国内领先技术，包括新能源发电、电解水制氢技术、固态储氢技术及燃料电池发电技术。

6.5.2　氢储能系统的优化设计

1. 用于光伏制氢的固-气耦合氢储能系统

图 6-25 所示为一种应用于光伏制氢的固态与气态耦合(固-气耦合)的氢储能系统的流程示意图。该系统结合了气态和固态储氢的优点，通过高压氢气罐快速储/放氢气，同时利用固态储氢罐在低压下吸附氢气，提高储氢密度和安全性，实现氢气存储与灵活调配。系统中，光伏发电产生的电能经 DC/DC 转换器转化后，首先驱动电解槽制取氢气。制取的氢气经过压缩处理，达到所需存储压力，随后经氢气缓冲罐存储于固-气耦合氢储能系统中。该固-气耦合氢储能系统可实现氢气的灵活存储与供应，优化气态和固态储氢之间的互补效应和协调工作。

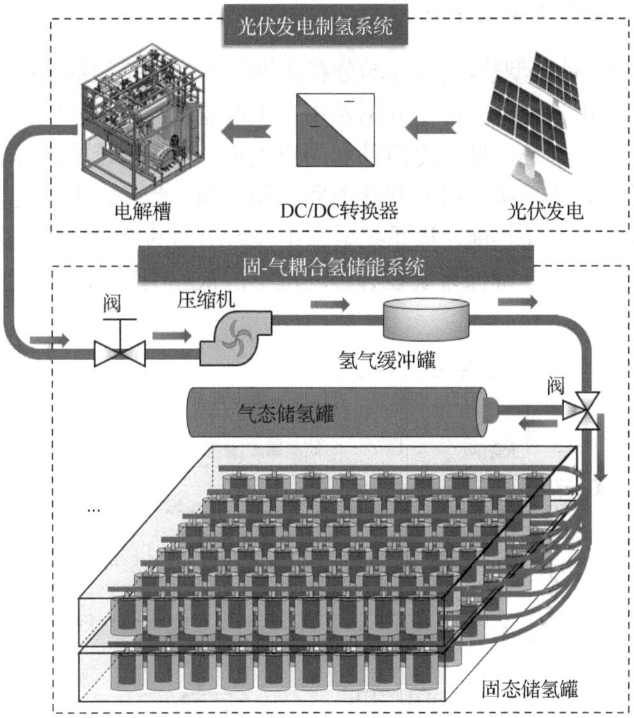

图 6-25　一种用于光伏制氢的固-气耦合氢储能系统的流程示意图

2. 基于固-液-气耦合储氢的分布式供能系统

基于固-液-气耦合储氢的分布式供能系统融合了多态储氢技术，可实现高效能源利用与灵活供应。图 6-26 所示为该系统的流程示意图，涵盖了电解制氢、多态储氢和 PEMFC 的冷热电联供用氢部分。多态储氢技术结合了固态、液态和气态储氢的优势，同时具有高能量密度和灵活性。此外，经过处理的 PEMFC 余热可满足用户的冷热负荷需求，适应多种分布式能源系统的应用，推动能源系统向智能化与分布式方向发展。

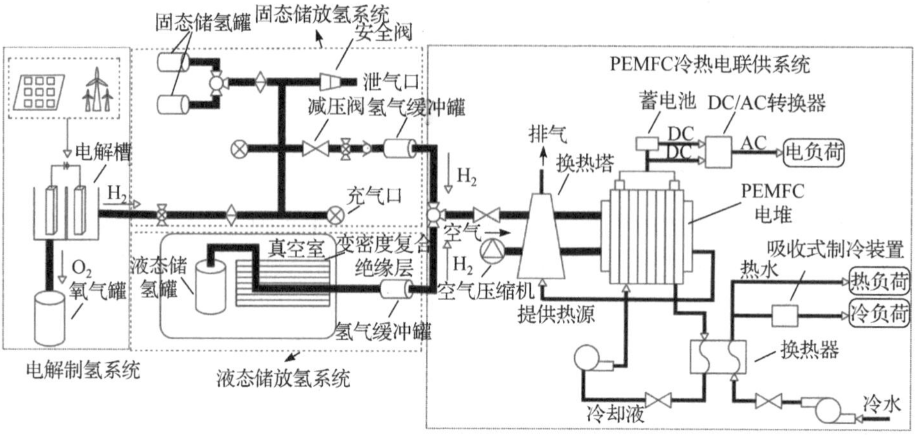

图 6-26　一种基于固-液-气耦合储氢的分布式供能系统的流程示意图

3. 热-电耦合的分布式供能系统

图 6-27 所示为一种新型热-电耦合的分布式供能系统的流程示意图。该系统中，存储的氢气主要用于燃料电池发电，满足并网及用户供电需求。同时，燃料电池在发电过程中产生的余热可用于进气预热、低温冷启动和用户供热，增强系统的整体能效。该系统集成了进气子系统和热管理子系统，可实现热能回收和管理。此外，系统还包括太阳能集热器和储能罐，用以制取和存储热能。该系统融合了较为全面的综合热管理技术，优化了氢燃料电池的低温冷启动过程，确保系统在各种环境下的快速响应和稳定运行。

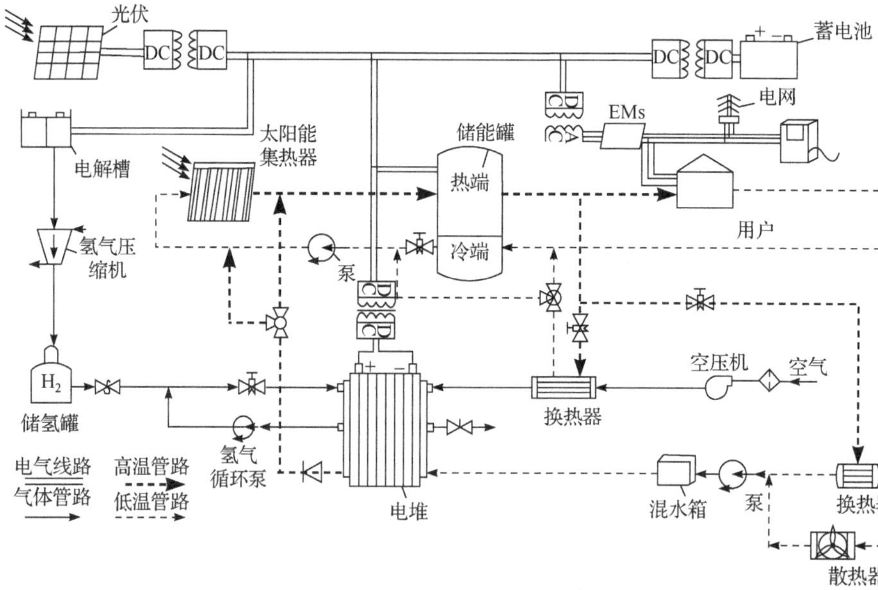

图 6-27　一种新型热-电耦合的分布式供能系统的流程示意图

4. 液-气耦合储氢模式的供能系统

图 6-28 所示为一种液-气耦合新型储氢模式的供能系统的流程示意图，该系统的主要部件包括电堆、氢气罐、空压机、换热器、液氢罐和基于余热利用的热电装置(如热再生电化学循环装置、热电发电机、热原电池等)。该系统中，氢气蒸发气的冷能被用于降低热电装置的冷端温度，提高发电效率，这不仅能够优化热电装置的热力特性，还可通过改善整体工作温度提升发电效率。此外，液氢释放时的动能可用于驱动泵，辅助空压机工作，以此降低系统能耗。

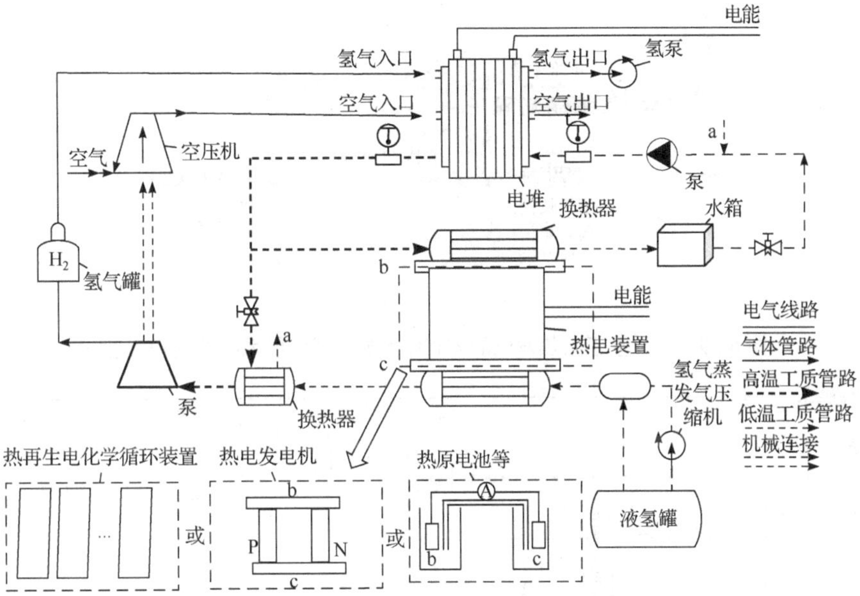

图 6-28　一种液-气耦合新型储氢模式的供能系统的流程示意图

5. 基于余热发电的固态储氢分布式供能系统

图 6-29 所示为一种基于余热发电的固态储氢分布式供能系统的流程示意图，其中采用了金属氢化物(MH)储氢技术。该系统引入了有机朗肯循环(organic Rankine cycle，ORC)装置，用于回收耦合系统中的余热并转化为电能。该系统的工作流程为：循环冷却水将电堆产生的余热带出系统，并在蒸发器中与 ORC 工质进行热量交换，促使工质转变为过热蒸汽并在透平中做功。经过做功的工质转变为乏汽，仍保留大量汽化潜热。这部分热量传递至 MH 罐，促进 MH 储氢材料发生放氢反应。MH 罐吸收工质乏汽中的热量后，释放出的氢气被输送至氢气缓冲罐，最终流入电堆，成为 PEMFC 燃料来源。

6. 融合电-氢-热存储的分布式供能系统

图 6-30 所示为一种融合电-氢-热存储的分布式供能系统的流程示意图，主要功能是实现电能、氢能和热能的协同利用。系统包括光伏、蓄电池、PEMFC、电解槽、电加热器、储能罐和 MH 储氢罐等组件。该系统中，光伏发电产生的电能首先供给用户电负荷。当光伏发电功率超过用户需求时，多余电能存储于蓄电池中或驱动电解槽制取氢气。制取的氢

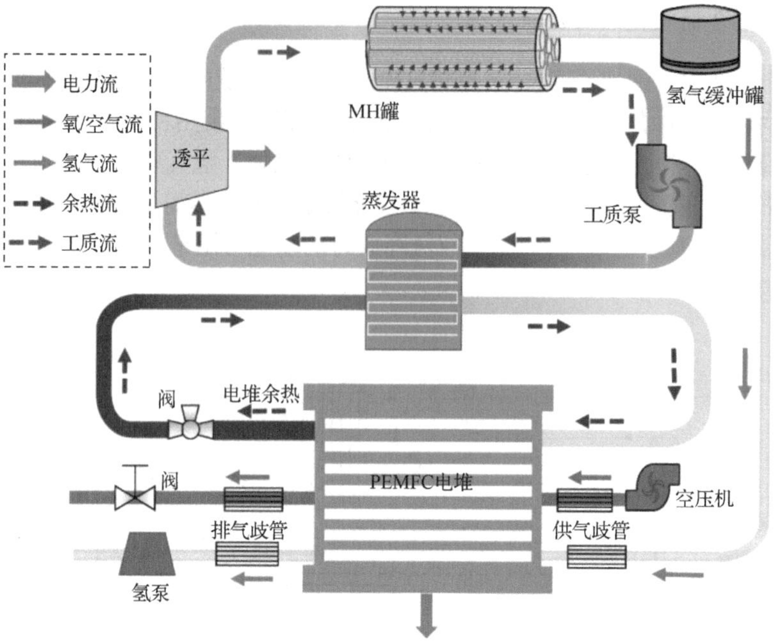

图 6-29　一种基于余热发电的固态储氢分布式供能系统的流程示意图

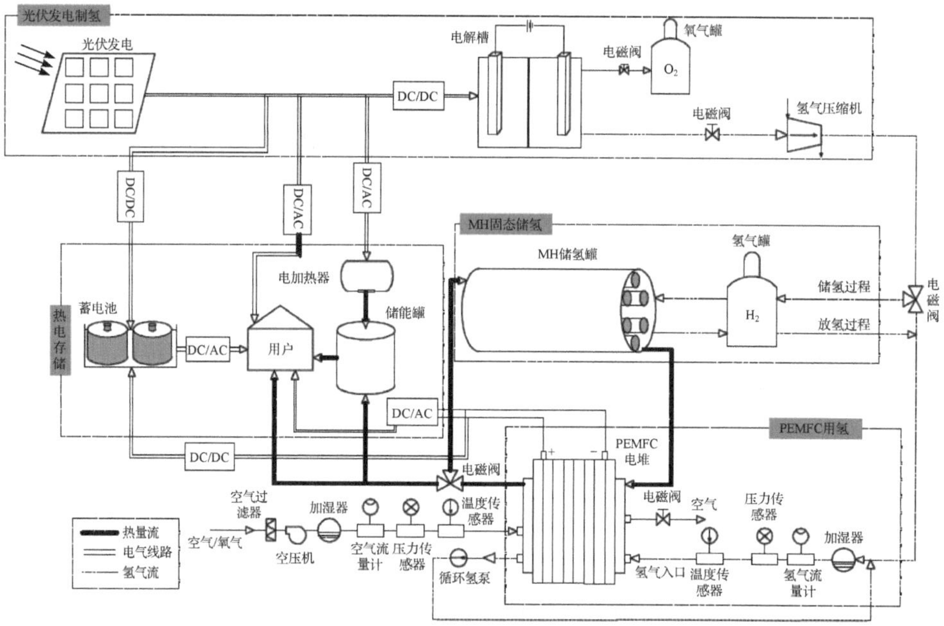

图 6-30　一种融合电-氢-热存储的分布式供能系统的流程示意图

气存储于 MH 储氢罐中。当光伏发电无法满足用户负荷时，系统利用 MH 储氢罐中的氢气，并通过 PEMFC 进行发电，补充用户需求。同时，发电过程产生的余热被回收并存储在储能罐中，确保在各种工况下供能的稳定性和灵活性。

系统中电能输出主要来源于光伏发电、蓄电池放电和 PEMFC 发电，而热能输出则主要包括电加热器加热和 PEMFC 余热。当系统中的电能和热能输出无法满足用户的需求时，可启动备用方案，包括从电网购电和使用燃气锅炉制热。系统中的电能负载主要包括用户电负荷、电加热器制热、电解槽制氢和蓄电池充电，热能负载主要包括用户热负荷、储能罐储热和 MH 储氢罐吸热。

6.5.3　氢氨醇一体化储能

氨和醇作为常见的氢存储材料，因其较高的能量密度和良好的化学稳定性，提供了一种灵活的氢气储能解决方案。氢氨醇一体化储能系统结合了氨和醇的化学特性，通过多种形式的化学反应实现氢气的存储与释放，促进了氢能技术在不同领域的应用。

1. 氨储氢

氨储氢技术以氨气作为氢能载体，因其高能量密度、高稳定性和较低的运输难度而备受关注。氨(NH_3)是一种无碳化合物，其分子结构中含有高比例的氢，因此在单位体积内能够存储大量的氢气。氨的体积能量密度约为 13.6MJ/L，远高于常规高压氢气存储方法的体积能量密度，1L 液氨所存储的能量相当于 4.5L 高压氢(35.0MPa)或 1200L 常温常压氢气存储的能量。

在氨储氢反应过程中，氨可以与金属或金属化合物发生反应，形成氢化物，例如，氨和钠(Na)或镁(Mg)反应生成氢化钠(NaH)或氢化镁(MgH_2)。这些金属氢化物在反应中会吸收氢气，形成稳定的化合物。在放氢反应过程中，氨氢化物在加热或与水反应时会释放氢气。例如，加热氢化钠(NaH)或氢化镁(MgH_2)，可以分解产生氢气和对应的金属氧化物(Na_2O 或 MgO)。

图 6-31 所示为一种典型的绿氨合成流程示意图。氨制备主要分为几个步骤：首先通过空分装置从空气中分离出氮气，同时通过蒸汽重整或部分氧化等方法从天然气中制备氢气，或者通过电解水等工艺制取氢气。纯净的氮气和氢气经压缩机压缩后进入氨合成工序，在催化剂的作用下合成氨，生成的氨气进入氨液化工序，存入液氨储罐中，未反应的氮气和氢气重新进入氨合成工序。

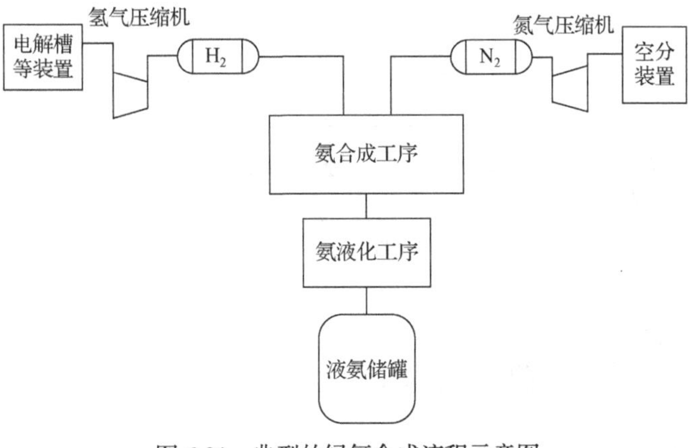

图 6-31　典型的绿氨合成流程示意图

在用户终端，需要将氨分解为氢气以供利用，常用的氨分解工艺有：热裂解氨分解、电催化氨分解和低温氨分解。热裂解氨分解通常在高温(600～900℃)条件下进行，使用铁或贵金属作为催化剂，加速氨分解反应速率。电催化氨分解通过电催化作用，涉及析氢反应(hydrogen evolution reaction，HER)和氨氧化反应(ammonia oxidation reaction，AOR)。电催化氨分解反应条件较为温和，可以在较低的温度下进行，因此被视为分布式氨制氢的可靠工艺。低温氨分解主要利用铂或其合金作为催化剂。

2. 醇储氢

醇储氢是一种利用醇类化合物实现氢气存储和释放的方法。常见醇类(如甘油和多元醇)具有良好的储氢能力，能够与氢气发生化学反应，形成氢化合物。在放氢反应时，通过加热或在其他条件下，氢化醇化合物可以释放氢气。

甲醇(CH_3OH)是一种典型的醇类有机化合物，沸点约为 64.7℃。在常温常压下，甲醇为无色透明液体，密度小、挥发性强、易燃，是常温常压下含氢量最丰富的液态能源之一。甲醇既可作为燃料，也可作为氢的中间载体。1L 甲醇与水反应可产生 143g 氢，产氢量约为 1L 液氢的 2 倍。因此，甲醇是一种安全、高效、稳定的液氢储运中间载体。

甲醇储氢过程可分为储氢和放氢两个阶段。在储氢阶段，可通过煤或天然气等化石燃料合成甲醇，也可利用太阳能等新能源制氢，再与二氧化碳反应合成甲醇。此外，太阳能光催化技术也能将二氧化碳和水转化为甲醇，实现甲醇的绿色制备。在放氢阶段，甲醇可通过直接燃烧产生热量，或采用甲醇裂解、甲醇部分氧化、甲醇电解等方式释放氢气，实现能量转化与利用。

1) 甲醇储氢过程

甲醇储氢技术依托于太阳能、风能等新能源，通过水分解制取氢气，然后在催化剂的作用下将氢气与二氧化碳反应合成甲醇，如图 6-32 所示。二氧化碳可以来自化石燃料的燃烧或碳捕集、利用与封存(carbon capture, utilization and storage，CCUS)技术。甲醇具有较高的二氧化碳吸收能力，每吨甲醇可转化约 1.375t 二氧化碳。甲醇通过利用可再生能源和捕集的二氧化碳进行合成，形成了封闭的碳循环，避免新增碳排放。甲醇除了用于储氢，还可替代煤炭燃烧发电、替代汽柴油作为交通工具燃料、替代化石能源作为工业供热燃料等。

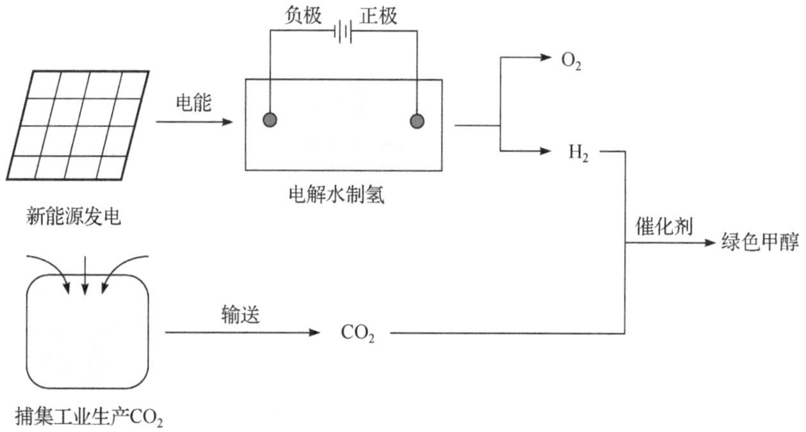

图 6-32 绿色甲醇的制取流程示意图

2) 甲醇放氢过程

(1) 甲醇裂解制氢。

甲醇裂解制氢是利用甲醇的直接分解反应来制备氢气，该反应可视为合成气制甲醇的逆反应，其工艺流程示意图如图 6-33 所示。甲醇和脱盐水按一定比例混合，进入汽化过热器进行气化并过热至所需温度(一般为 250～300℃)，在催化剂作用下完成气相催化裂解和转化，生成含 CO_2、H_2和 CO 的转化气。转化气进入冷却器，使水蒸气、未反应的甲醇等物质冷凝成液体。冷却后的气液混合物进入气液分离器进行分离，分离出来的冷凝液体可返回至原料液进行循环利用。为了得到高纯度的氢气，分离后的转化气采用净化处理和变压吸附技术，实现氢气与其他杂质气体的分离。净化处理采用的洗涤溶剂等材料也可循环利用。

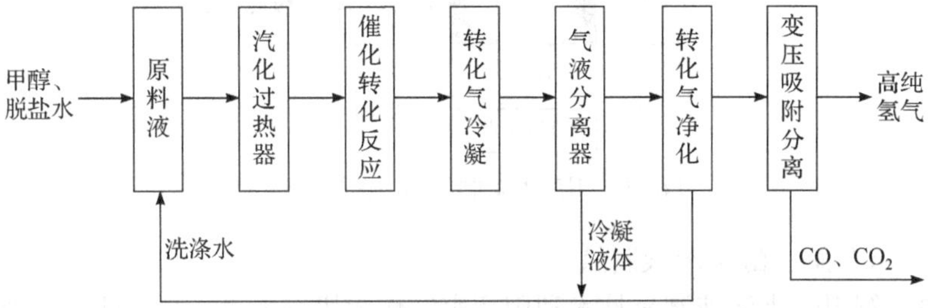

图 6-33　甲醇裂解制氢的工艺流程示意图

(2) 甲醇部分氧化制氢。

甲醇部分氧化制氢是利用空气中的氧气与甲醇的不完全燃烧反应制备氢气，其工艺流程示意图如图 6-34 所示。甲醇、水和空气经蒸发器预热后进入反应器，反应后的产物包含氢气、二氧化碳及少量未反应的甲醇和副产物。反应生成的气体经蒸发器回收热量后，降低到合适的温度范围，进入变压吸附器去除杂质，得到高纯氢气。该工艺利用甲醇氧化的放热反应，反应速率快、条件温和、能量效率高。但反应过程中可能会产生一些副产物，需要进行有效分离和处理。

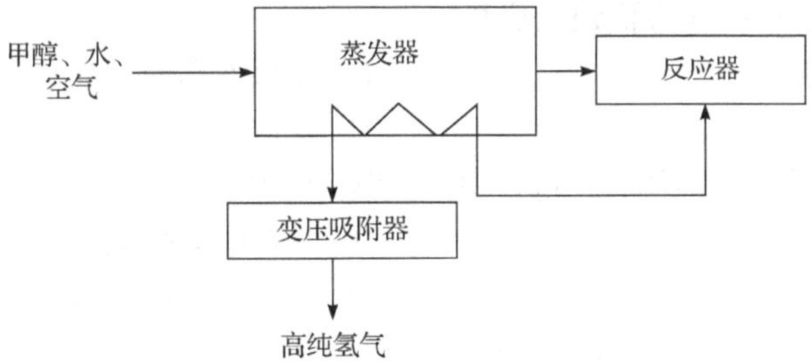

图 6-34　甲醇部分氧化制氢的工艺流程示意图

(3) 甲醇电解制氢。

图 6-35 所示为甲醇电解制氢的工艺流程示意图，其基本工作原理为在膜电极两端通入直流电流，采用电势线性扫描进行电解。阳极室泵入甲醇水溶液，在直流电的作用下进行电解反应，阴极室充满氩气作为保护气体，产生的氢气在阴极室通过排水法收集。该技术的主要优点在于其低电压操作要求，但膜电极两端电压难以控制，电压过低影响甲醇电

解，电压过高则加快反应速率，导致氢气纯净度下降。

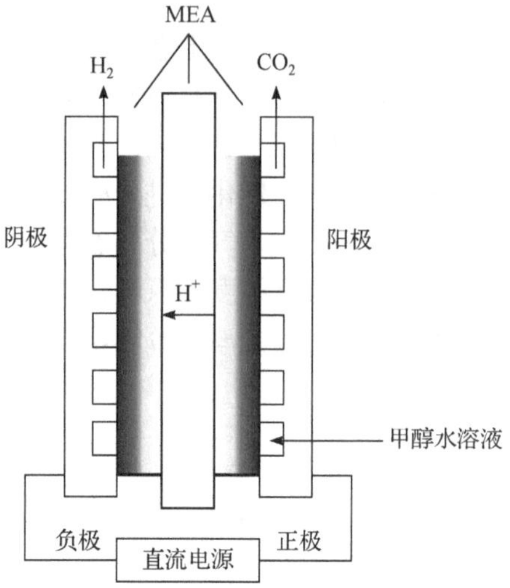

图 6-35　甲醇电解制氢的工艺流程示意图

(4) 超声波分解甲醇水溶液制氢。

超声波分解甲醇水溶液制氢技术利用超声波作为机械振动，在弹性介质中以机械波的形式传播。该过程依赖超声波引发的声空化效应，即甲醇水溶液中的微小泡核在超声波作用下被激活，依次经历振荡、生长、收缩和崩溃。此过程可产生高达数十兆帕至上百兆帕的瞬时压力和几千摄氏度的高温，促进甲醇的分解反应。该技术避免了传统甲醇制氢所需的高温环境，具有操作灵活、安全可靠、反应装置结构简单等优点。

习　题

6-1　在氢储能系统设计中，考虑到安全性和存储空间，哪种技术通常被认为在高体积密度储氢和常温常压操作方面最具优势？

A. 高压气态储氢　　B. 低温液态储氢

C. 固态储氢　　D. 氨储氢

6-2　在氢储能系统的能源转化过程中，氢燃料电池的效率通常受哪一因素影响最大？

A. 氢气的温度　　B. 燃料电池的工作温度

C. 氢气的存储方式　　D. 氢气的供给方式

6-3　简述氢储能系统的基本组成部分及其功能。

6-4　氢储能系统中，电解水制氢过程的主要优点和挑战是什么？

6-5　设计一个简化的氢储能系统示意图，并标注出主要的能量转化过程和设备。

6-6　在某氢储能系统中，电解槽的电解效率为 80%，燃料电池的发电效率为 50%。假设系统的初始能量输入为 1000kW·h，不考虑电力输送效率。计算该氢储能系统的输出能量。

6-7　根据氢与其他燃料的物性对比，从安全角度分析氢气作为能量载体的优缺点。

6-8　查阅过去发生的氢事故相关资料，分析事故发生的原因，并说明其中有哪些经验教训。

6-9　说明定性风险评价和定量风险评价的定义和适用场景。

6-10　通过查阅资料了解非接触式氢气泄漏检测技术。

第 7 章　其他储能系统简介

在前述章节所介绍的储能系统基础之上，本章将补充介绍几种储能系统，包括固体介质重力储能和飞轮储能两种机械储能系统，以及超级电容器和超导磁储能两种电气类储能系统，重点阐述各个储能系统的技术原理、系统结构、性能评价指标和典型应用案例等内容。

7.1　固体介质重力储能系统

7.1.1　固体介质重力储能技术原理

固体介质重力储能(solid gravity energy storage)是基于高度落差，通过储能介质的升降实现储能和释能，属于机械储能技术。固体介质重力储能系统中重物的升降主要借助山体、地下竖井和人工构筑物等，重物通常选用密度较高的材料，如金属、水泥和砂石等。储能系统通过电能-动能-重力势能三种能量的相互转化进行工作：储能阶段，储能系统利用低谷电、富余电力或新能源电力(风电、太阳能发电等)驱动储能介质移往高处，将电能转化为固体介质的重力势能；释能阶段，即在用电高峰或电网电力不足时，储能系统将固体介质的重力势能释放，并转化为动能驱动发电机发电。固体介质重力储能系统的功率和容量与被提升物的质量和抬升高度有关，适用于中等功率和容量的储能场景。

7.1.2　固体介质重力储能系统分类

根据储能介质和落差实现路径的不同，固体介质重力储能可以分为基于山体斜坡的斜坡式重力储能、基于地下竖井和地面构筑物的垂直式重力储能等基本形式。

图 7-1 所示为山体斜坡式重力储能系统示意图。该类系统通常在陡峭的峡谷或者山脉边缘建造低位存储点和高位存储点，每个存储点处安装起重机，两台起重机共同作用，通过缆绳系统带动存储容器运动。系统通常采用砂砾等作为储能介质，利用存储容器进行装载或卸载。电动机/发电机位于高位存储点，储能时起重机提升存储容器中的砂砾，电能转化为砂砾势能；释能时存储容器由高位存储点向低位存储点运动，并带动发电机发电，砂砾势能转化为电能。山体斜坡式重力储能系统的储能容量较大，可作为季节性储能解决方案，弥补储能规模和储能时间上的不足。

图 7-2 所示为深井式重力储能系统示意图。该类系统通过改造现有的废弃竖井，形成一个可容纳重物往复运动的通道。储能阶段，发电控制系统利用低谷电、富余电力或新能源电力给电动机供电，提升重物进行储能；释能阶段，重物下降释放势能，电动机变为发电机进行发电。由于深井式重力储能系统基于现有废弃矿井设计建造，因此储能规模受限。

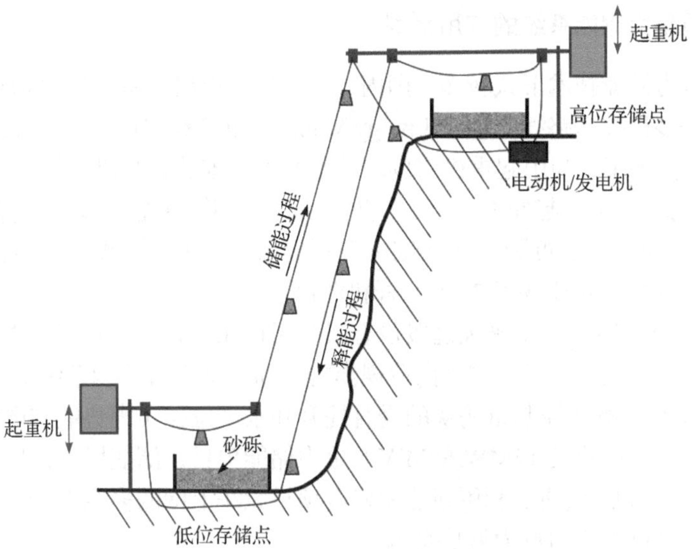

图 7-1　山体斜坡式重力储能系统示意图

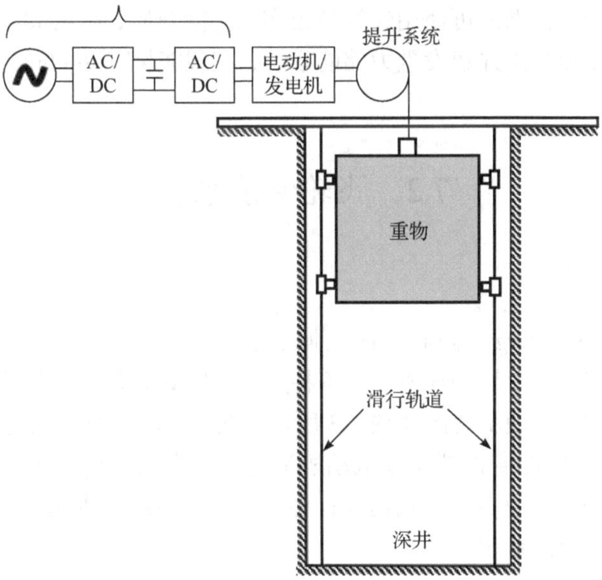

图 7-2　深井式重力储能系统示意图

固体介质重力储能系统还包括铁轨式重力储能系统和重力储能式太阳能飞机两种形式。铁轨式重力储能系统以载重车辆作为重物的运载设备，依托地势和铁轨，使重物在高低海拔平台间往复移动，可通过调整载重车辆的数量和速度灵活调节储能系统的容量和响应速度。重力储能式太阳能飞机是利用重力储能原理来优化太阳能飞机的飞行性能。目前制约高空长航时太阳能飞机发展的瓶颈问题是如何在满足储能电池质量约束的条件下，实现飞机昼夜能量平衡。因此可利用重力储能原理，飞机在白天可使用太阳能爬升飞行，存储重力势能，夜间通过重力滑翔方式释放重力势能继续飞行，减轻对储能电池的依赖。

7.1.3 固体介质重力储能系统的应用案例

固体介质重力储能技术形式较多，国内外相关机构提出了基于构筑物高度差、山体落差和地下竖井等多种技术路线。瑞士 Energy Vault 公司(简称“EV”)提出了“混凝土砌块储能塔”重力储能方案，利用起重机将砌块从地面吊起堆放成高塔，将电能转变为砌块重力势能，释放能量时由起重机将砌块放回地面，将势能转变为电能，并开展了 4MW/35MW·h 样机测试。英国 Gravitricity 公司提出了基于废弃竖井和多卷扬提升机提升重物的重力储能方案，并开展了 250kW 样机测试。

基于 EV 重力储能技术，中国天楹股份有限公司在江苏省如东县建设 26MW/100MW·h 重力储能项目，该项目是世界上首个商业规模的非抽蓄型重力储能系统，储能塔的高度为 148m，通过人工智能算法控制重物块的垂直提升和水平位移实现势能与电能转化。此外，该公司在甘肃省张掖市建设 17MW/68MW·h 重力储能项目，储能塔的高度超过 170m，设计 2 台 8.5MW 发电机。该项目利用新能源发电项目无法上网的多余电能提升重物块储能，待用电高峰时依靠重物块的重力做功发电。

固体介质重力储能技术原理简单、形式多样，对地理位置适应性强，借助地势优势可建设山体斜坡式重力储能系统，实现电网的削峰填谷；平原等无地势差的地区，可建设构筑物式重力储能系统，特别是可使用建筑垃圾作为储能介质，缓解固废堆积造成的安全和污染问题；也可依托废弃矿井建设重力储能系统，实现能量存储的同时处理好废弃矿井遗留问题。

飞轮储能原理与系统

7.2 飞轮储能系统

7.2.1 飞轮储能技术原理

飞轮储能(flywheel energy storage)是一种机械储能技术，具有响应速度快、瞬时功率大、频次高、效率高、使用寿命长和环境友好等特点。飞轮储能系统以飞轮本体高速旋转的形式存储机械能，其技术原理示意图如图 7-3 所示。储能阶段，外界电能(低谷电、富余电力或新能源电力等)通过电能变换器驱动电动机运行，并带动飞轮转子加速旋转储能，或由外界机械能输入，经传动设备使飞轮提速；释能阶段，系统提供机械能带动发电机发电，再通过电能变换器将电能输出。

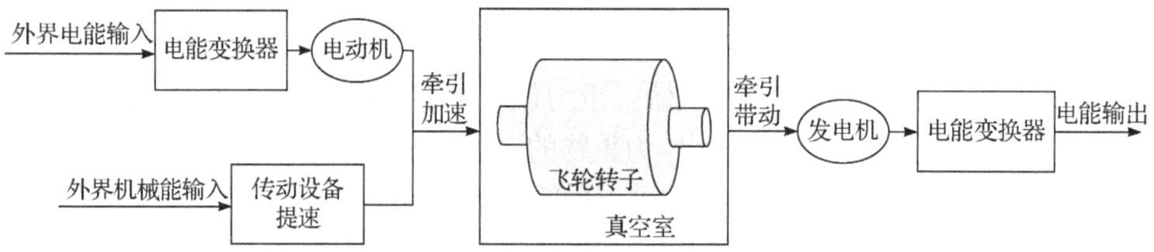

图 7-3 飞轮储能技术原理示意图

飞轮储能系统根据能量传递方式的不同可分为电机飞轮储能系统和机械飞轮储能系统，根据飞轮转速的高低可分为低速飞轮储能系统和高速飞轮储能系统。低速飞轮储能系统通常利用飞轮的大转动惯量提高储能量，飞轮体积和质量均较大，适用于电站储能和不间断电源；高速飞轮储能系统中，飞轮体积和质量相对较小，主要通过增加转速以提高储能量和功率。

飞轮储能系统中，飞轮是一个绕定轴转动的刚性旋转体。将刚体视为由 n 个质元构成的质点系，每个质元质量为 δm_i(kg)，则刚体的动能为

$$E_{\mathrm{k}}=\sum\frac{1}{2}\delta m_i(\omega r_i)^2=\frac{1}{2}\omega^2\sum\delta m_i r_i^2 \tag{7-1}$$

式中，E_{k} 为刚体的动能，J；r_i 为质元位置到飞轮旋转中心的距离，m；ω为飞轮旋转角速度(rad/s)，其与飞轮转速的关系为

$$\omega=\frac{2\pi n}{60} \tag{7-2}$$

式中，n 为转速，r/min。由式(7-2)可知，飞轮旋转角速度与转速成正比。

刚体绕定轴转动惯量 J(kg·m²)为

$$J=\sum\delta m_i r_i^2 \tag{7-3}$$

质量连续分布刚体的转动惯量为

$$J=\sum r^2 dm \tag{7-4}$$

旋转刚体的动能为

$$E_{\mathrm{k}}=\frac{1}{2}J\omega^2 \tag{7-5}$$

由式(7-1)～式(7-5)可知，飞轮旋转时存储的能量受到不同位置处的质量分量、质量分量距飞轮旋转中心的距离和旋转角速度的影响。

飞轮加速过程中，角速度从ω_1增加到ω_2，外力矩对飞轮做功转化为飞轮的动能增量，可表示为

$$\Delta E_{\mathrm{k}}=\frac{1}{2}J\omega_2^2-\frac{1}{2}J\omega_1^2 \tag{7-6}$$

式中，ΔE_{k} 为飞轮动能增量，J。

同理，飞轮减速过程中，角速度从ω_2减小到ω_1，飞轮动能释放，转化为输出力矩对外做功。

7.2.2　飞轮储能系统结构及性能指标

1. 飞轮储能系统结构简介

飞轮储能系统主要由飞轮转子、轴承系统、电机系统(电动机/发电机)、电能变换器及真空室等构成，其主要结构组成如图 7-4 所示。

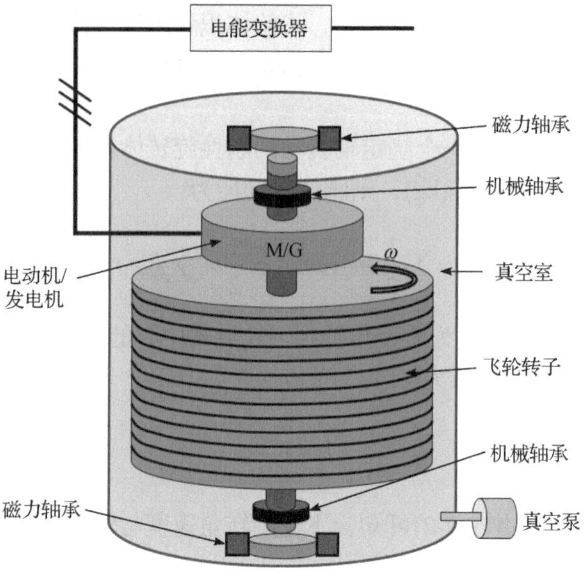

图 7-4　飞轮储能系统的主要结构组成

飞轮转子为轴对称的圆盘或圆柱形固体结构，一般由高强度合金或高强度复合材料制成，具有大转动惯量和高外圆圆周速度。飞轮储能系统的能量密度主要受飞轮转子比强度的影响(即为材料的强度与密度之比)，要获得更高的能量存储量和更大的能量密度，需要选择比强度更高的材料，如高强度钢、钛合金等金属材料，以及碳纤维和玻璃纤维等复合材料。此外，系统的能量密度也与飞轮的结构形状系数 K 相关。表 7-1 所示为部分可用于制作飞轮转子的潜在应用材料及其主要性能参数，其中金属材料圆盘飞轮的结构形状系数 K 为 1，复合材料圆盘飞轮的结构形状系数 K 为 0.5。

表 7-1　制作飞轮转子的潜在应用材料及其主要性能参数

材料	抗拉强度/MPa	密度/(kg/m³)	材料许用系数	最大能量密度/(W·h/kg)
高强度铝合金	600	2850	0.9	52.6
马氏体时效钢	2400	7850	0.9	76.4
钛合金	1200	5100	0.9	58.9
玻璃纤维复合材料	1800	2150	0.6	70.0
T700 纤维复合材料	2100	1650	0.6	106.0
T1000 纤维复合材料	4200	1650	0.6	212.0

飞轮储能系统中能量的存储与释放需要电机的配合，储能时电机作为电动机带动飞轮旋转，释能时作为发电机对外供电。轴承是旋转机械设备的重要零件，其功能是支撑机械旋转体，确保其回转精度，应具备高转速、微损耗和高可靠性等特点。飞轮储能系统使用的轴承包括高速滚动机械轴承、永磁轴承、电磁轴承、混合磁轴承和超导磁悬浮轴承。真空室通常为薄壁圆筒结构，内部为真空，能够承受大气压力的载荷而不发生变形。电能变换器具有整流、逆变和变频等功能，例如，在储能时，输入电流为交流，电机为直流电机，

需通过电能变换器对输入电能进行整流转化；同理，在释能时，根据负载的需求对输出电能进行整流、逆变和变频等处理。

2. 飞轮储能系统的主要性能指标

飞轮储能系统的主要性能指标包括能量密度、飞轮转速、储能量和电机功率等，其中飞轮转速与旋转角速度关系、储能量计算分别如式(7-2)和式(7-5)所示。

能量密度是反映飞轮储能系统性能的关键指标，也是飞轮结构设计的评价标准，包括质量能量密度和体积能量密度。对于单一材料制成的飞轮，其质量能量密度为

$$e_{\mathrm{m}}=\frac{E_{\mathrm{k}}}{m}=K\frac{\sigma_{\max}}{\rho}=KK_{\mathrm{m}}\frac{\sigma_{\mathrm{b}}}{\rho} \tag{7-7}$$

式中，e_{m}为质量能量密度，J/kg；$\sigma_{\max}$为转子许用应力，Pa；σ_{b}为材料强度极限，Pa；ρ为材料密度，kg/m^3；K为飞轮的结构形状系数；K_{m}为飞轮材料利用系数。

对于由 n 种材料制成的飞轮，其质量能量密度为

$$e_{\mathrm{m}}=\sum_{i=1}^{n}\frac{m_i}{m}e_{m,i}=\sum_{i=1}^{n}\frac{m_i}{m}K_iK_{\mathrm{m},i}\frac{\sigma_{\mathrm{b},i}}{\rho_i} \tag{7-8}$$

式中，下标 i 代表不同材料。令 $C_i=\frac{m_i}{m}K_i\frac{\sigma_{\mathrm{b},i}}{\rho_i}$，则式(7-8)可变为

$$e_{\mathrm{m}}=\sum_{i=1}^{n}C_iK_{\mathrm{m},i} \tag{7-9}$$

对于加工完成的飞轮，C_i在各转速下为常量，此时飞轮储能系统理论上最大质量能量密度为飞轮达到最高转速时各材料利用系数同时达到材料的许用系数，即

$$e_{\mathrm{m,max}}=\sum_{i=1}^{n}C_iK_{\mathrm{m},i,\max}=\sum_{i=1}^{n}\frac{m_i}{m}K_i\frac{[\sigma]_i}{\rho_i} \tag{7-10}$$

式中，$e_{\mathrm{m,max}}$为最大质量能量密度，J/kg；$K_{\mathrm{m},i,\max}$为材料许用系数；$[\sigma]_i$为材料许用应力，Pa。

电机功率为

$$P_{\mathrm{k}}=\omega T_{\mathrm{z}}=\frac{2\pi nT_{\mathrm{z}}}{60} \tag{7-11}$$

式中，P_{k}为功率，W；T_{z}为转矩(N·m)，可表示为

$$T_{\mathrm{z}}=J\frac{\mathrm{d}\omega}{\mathrm{d}t} \tag{7-12}$$

式中，t 为时间，s。

当飞轮储能系统中电机工作在电动机模式下时，转矩与转速方向相同，飞轮转子受正向不平衡转矩作用加速旋转；当电机工作在发电机模式下时，转矩与转速方向相反，飞轮转子受反向不平衡转矩作用减速旋转。

7.2.3　飞轮储能系统的应用案例

飞轮储能系统可在数毫秒内快速响应，持续放电时间为分秒级，因此适合大功率应用场景，可用于脉冲功率电源、高品质不间断供电过渡电源、车辆动力能量回收存储与利用、机车能量再生利用、起重机械势能回收利用、电网调频、风/光电功率平滑控制和质量调控等领域。表 7-2 所示为飞轮储能技术的典型应用场景和主要技术参数。

表 7-2　飞轮储能技术的典型应用场景和主要技术参数

指标	电网调频	轨道交通	过渡电源	风力发电	电动车	电网质量调控
功率/MW	10～100	0.3～1.0	0.2～1.0	0.2～1.0	0.06～0.12	0.2～1.0
能量/(kW·h)	2500～25000	3～5	1～5	5～20	0.3～1.0	1～5
系统特征	低速 高速	高速	低速 高速	低速 高速	高速	低速 高速

1. 四川二氧化碳+飞轮储能综合能源站

全球首个二氧化碳+飞轮储能示范项目位于四川德阳市，储能规模为 10MW/20MW·h。在用电低谷期，二氧化碳+飞轮储能综合能源站开启储能模式，压缩机可在 2h 内把 25 万 m^3 二氧化碳压缩为液态，同时将气体压缩产生的热量存储起来；在用电高峰时，利用存储的热量加热液态二氧化碳，使其重回气态，并推动透平膨胀机发电，2h 可发电 2 万 kW·h。飞轮储能部分通过电动机/发电机一体双向高效电机配合真空室中的飞轮，实现电能和动能的双向转化。结合二氧化碳储能时间长、规模大和飞轮储能响应速度快的优势，该能源站不仅可与太阳能、风电等新能源发电系统配套，有效弥补其无法提供稳定、持续电力供应的弱点，也可与传统火电配套使用，作为传统火电灵活运行时小负荷工况的功率补偿，提升机组调峰能力和能量综合利用效率。

2. 山东莱芜飞轮-火电联合调频项目

国内首个“飞轮储能+百万千瓦级中间二次再热火电机组联合调频”项目位于华能莱芜电厂。该项目采用了 10 台单体 600kW 飞轮储能装置，每台装置的储能主体高度为 1.5m、直径为 0.5m，置于地下钢筋混凝土箱体结构的飞轮井中。飞轮储能系统与莱芜电厂百万机组联合运行，共同参与电网一次调频。

3. 山西鼎轮飞轮储能项目

鼎轮能源科技(山西)有限公司 30MW 飞轮储能项目是国内首个电网级飞轮储能调频电站项目。该项目由 120 个飞轮储能单元构成 12 个飞轮储能阵列，采用了高速磁悬浮飞轮技术。电站接受电网调度指令，进行高频次充放电，提供电网有功平衡等电力辅助服务。

表 7-3 所示为国内部分飞轮储能案例的技术参数信息。

表 7-3　国内部分飞轮储能案例技术参数

序号	项目	储能方式	容量规模
1	山西右玉老千山风电场"飞轮＋锂电"混合储能调频项目	飞轮+锂电池	1MW 飞轮储能，4MW 锂电池储能
2	国家电投集团长丰风电场飞轮储能项目	飞轮储能	5MW/175kW·h
3	国家能源集团宁夏电力灵武公司光火储耦合 22 兆瓦/4.5 兆瓦 · 时飞轮储能工程	飞轮储能	22MW/4.5MW·h
4	华电朔州热电复合调频项目	飞轮+锂电池	2MW/0.4MW·h 飞轮储能，6MW/6MW·h 锂电池储能
5	霍林河循环经济"源网荷储用"多能互补项目	飞轮+液流电池+锂电池	1MW/0.2MW·h 飞轮储能，1MW/6MW·h 液流电池储能，1MW/2MW·h 锂电池储能

7.3　超级电容器储能系统

超级电容器(supercapacitor)主要由外壳、集流体、电极、电解质及隔膜组成，其结构示意图如图 7-5 所示。外壳是超级电容器的最外层，具有密封和保护的作用。集流体是超级电容器电极活性物质的载体，具有良好的导电性。电极是超级电容器最重要的组成部分，其材料决定电容量的大小。电极材料主要有碳材料(活性炭、石墨烯和碳纳米管等)、金属化合物(二氧化锰、二氧化钌和四氧化三钴等)和导电聚合物(聚苯胺、聚吡咯等)。电解质起到电极之间电荷转移和平衡的作用，主要分为水系电解液、有机电解液、固体电解质和离子液体。隔膜位于电极之间，主要功能是隔离正负极，防止电极间直接接触造成短路，同时允许离子迁移，维持电容器的充放电循环。

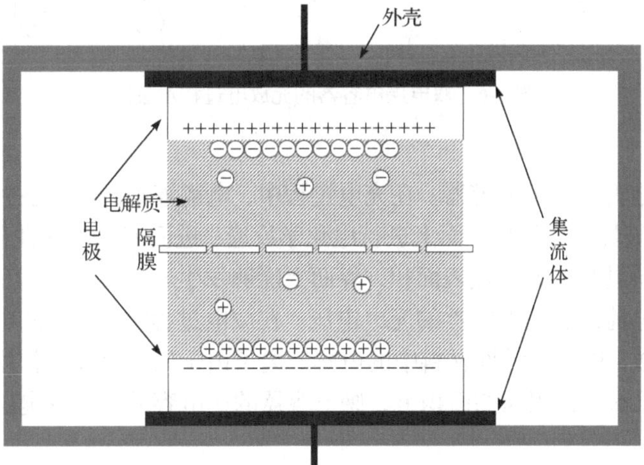

图 7-5　超级电容器结构示意图

7.3.1 超级电容器储能原理及分类

1. 按照储能机理分类

根据存储电能机理不同，可将超级电容器分为双电层电容器、赝电容器和混合超级电容器。双电层电容器是电极/电解液界面上电荷定向排列产生双电层电容；赝电容器是电活性离子在电极表面或体相内发生欠电位沉积或氧化还原反应产生吸附电容，该类电容器通常具有更大的比电容；混合超级电容器结合了双电层电容器和赝电容器的储能机理。

1) 双电层电容器

当在超级电容器的两个极板上施加外电压时，正电极存储正电荷，负电极存储负电荷，电极之间形成由正极指向负极的电势差，电解液中的阴阳离子在电场力作用下分别向极性相反的电极移动，电解液与电极间的界面处形成极性相反的电荷以平衡电解液的内电场。正电荷与负电荷在固相和液相的接触面上，以极短的间隙排列在相反的位置上，这种电荷分布层称为双电层。双电层电容器充放电过程示意图如图 7-6 所示。当充电完成、外电压撤销后，由于构成双电层的固、液相正负电荷相互吸引，离子不会迁移回电解液，电容器电压能够保持。当放电时外接电路将正负极连通，固相中聚集的电荷发生定向移动，在外接电路形成电流，同时界面上阴阳离子迁移回电解液中。因此，双电层电容器充放电过程基本上是电荷物理迁移的过程。

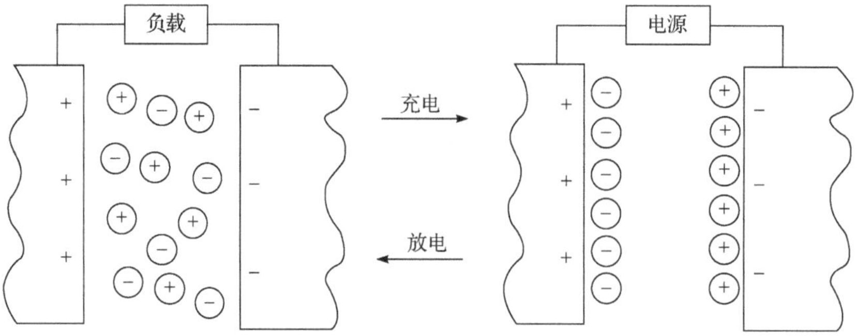

图 7-6 双电层电容器的充放电过程示意图

2) 赝电容器

赝电容器也称为法拉第电容器。在充电过程中，电解液中的离子在外加电场的作用下迁移至电极/电解液界面，并在界面上进行电化学反应，进而嵌入电活性材料体相中。由于赝电容器电极材料具有较大的比表面积，界面上能够发生较多的电化学反应，能确保在电极中存储足够的电荷以提高电容器的充电电压。在放电过程中，存储的电荷通过外接回路以电流的形式释放，进入电活性材料中的电解液离子由于失去电场的作用而重新回到电解液中，如图 7-7 所示。在相同的面积下，赝电容器的比电容通常是双电层电容器的几十倍甚至上百倍。

3) 混合超级电容器

混合超级电容器是在双电层电容器和赝电容器的基础上发展而来的一种新型电容器，其电极通常使用复合材料，例如，混合使用电池电极材料和双电层电容器电极材料。

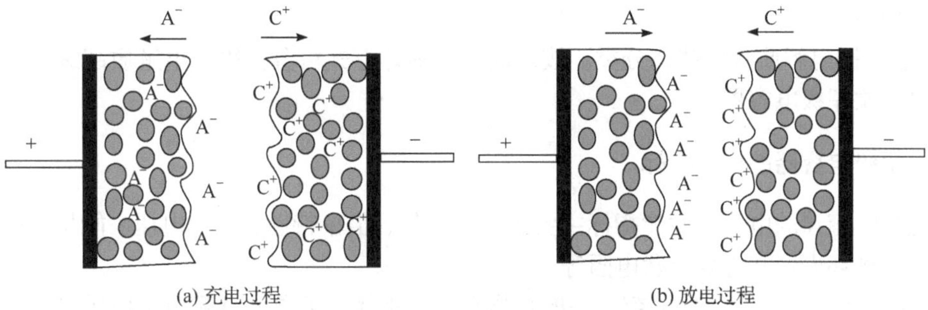

图 7-7　赝电容器的充放电过程示意图

混合超级电容器可分为两类：一类是电容器一个电极采用电池电极材料，另一个电极采用双电层电容器电极材料；另一类是由电池电极材料和双电层电容器电极材料混合组成复合电极。

前一类混合超级电容器的典型代表是锂离子混合超级电容器，其充放电过程示意图如图 7-8 所示，通过组合锂离子氧化还原电极(正极)和活性炭电极(负极)，依靠 Li^{+}在正极上嵌入/脱嵌的氧化还原反应和负极上的吸附/脱附反应存储和释放能量。

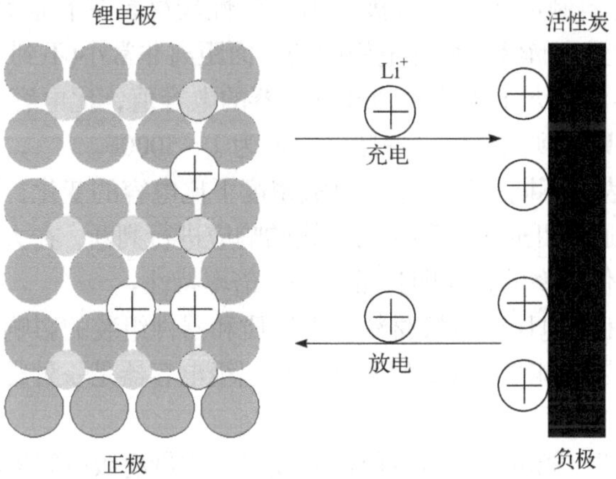

图 7-8　锂离子混合超级电容器的充放电过程示意图

2. 按照组装方式分类

根据组装方式分类，可分为对称式超级电容器和非对称式超级电容器。对称式超级电容器正负电极相同，制备工艺简单，但由于正负电极的储能机理相同，因此其工作电位窗口较小，对应的能量密度较低。非对称式超级电容器正负极选取不同的电极材料组装而成，由于正负极的工作电位区间不同，因此可获得更宽的电化学窗口和更高的能量密度。同时由于正负极差异，可选的电极材料较多，组装成的超级电容器种类更加丰富，适应性更强。

3. 其他分类

(1) 根据电解质种类分类。超级电容器里的电解质包括水系电解液、有机电解液、固体电解质和离子液体。此外，水系电解液有酸性、碱性和中性之分，不同特性电解液的组成也不相同。

(2) 根据电解质具体状态分类。按照固体、液体形式可分为固体电解质超级电容器和液体电解质超级电容器。

7.3.2 超级电容器的性能指标

超级电容器的电化学性能指标主要包括比容量、倍率特性、工作电压、能量密度、功率密度、循环寿命和等效串联电阻等。

(1) 比容量：也称为比电容，一般是指在三电极体系下单位体积或单位质量的电极材料所能存储的电荷量，分别称为体积比电容和质量比电容。

以双电层超级电容器质量比电容为例，其计算公式为

$$C_{\mathrm{c}}=\frac{\varepsilon_{\mathrm{c}}S_{\mathrm{c}}}{\delta_{\mathrm{c}}}=\frac{\varepsilon_{\mathrm{c,r}}\varepsilon_{\mathrm{c,0}}S_{\mathrm{c}}}{\delta_{\mathrm{c}}} \tag{7-13}$$

式中，C_{c} 为比电容，F/g；ε_{c} 为电解液的介电常数，F/m，包括相对介电常数 $\varepsilon_{\mathrm{c,r}}$ 和绝对介电常数 $\varepsilon_{\mathrm{c,0}}(8.85\times10^{-12}\ \mathrm{F/m})$；$\delta_{\mathrm{c}}$ 为双电层厚度，m；S_{c} 为电极比表面积，$\mathrm{m^2/g}$。由式(7-13)可知，双电层超级电容器的电容与电极表面积成正比，与双电层厚度成反比。双电层超级电容器多由活性炭材料制成多孔碳电极，由于活性炭材料具有很大的比表面积(不小于 $2000\mathrm{m^2/g}$，S_{c} 较大)，且电解液与多孔电极间的界面距离非常小(不到 1nm，δ_{c} 极小)，因此双电层电容器的电容值远大于传统的物理电容器的电容值，比电容可提高 100 倍以上，大多数超级电容器可以做到法拉级，一般电容值为 1～5000F。

(2) 倍率特性：表示不同扫描速率或电流密度下比电容的变化，用于衡量电极在大电流下的充放电能力。通常可通过循环伏安曲线的响应进行判断，在大扫描速率或电流密度下仍具有较高比电容保持率的材料即具备良好的倍率特性。

(3) 工作电压：工作电压受电极材料、电解质和器件组装的影响。提升超级电容器的工作电压可提高电容器的能量密度，组装非对称超级电容器是一种常见的扩宽工作电压的手段。

(4) 能量密度：即比能量，是指单位体积或单位质量超级电容器存储的能量，分别称为体积能量密度和质量能量密度。能量密度用于衡量电容器容纳电荷的能力，是评价超级电容器性能的关键指标。

以质量能量密度为例，其计算公式为

$$e_{\mathrm{m}}=\frac{1}{2\times3.6}C_{\mathrm{c}}U_{\mathrm{c}}^{2} \tag{7-14}$$

式中，e_{m} 为质量能量密度，W·h/kg；U_{c} 为工作电压，V。

(5) 功率密度：即比功率，是指单位体积或单位质量的超级电容器输出的功率，分别称为体积功率密度和质量功率密度，用于衡量电容器所承受电流的大小。

以质量功率密度为例，其计算公式为

$$p_{\mathrm{m}}=\frac{1}{4mR_{\mathrm{c}}}U_{\mathrm{c}}^{2} \tag{7-15}$$

式中，p_m为质量功率密度，W/kg；m 为质量，kg；R_c为等效串联电阻，Ω。

(6) 循环寿命：是指在一定条件下(如特定的充放电电流、电压范围和环境温度等)超级电容器能够完成的充放电循环次数，直至其性能下降到预设阈值。通常情况下，当电容值降低 30%或等效串联电阻增加 2～3 倍时，即认为超级电容器的使用寿命到期。

(7) 等效串联电阻：表征体系的内部阻力，主要受活性材料、隔膜和组装方式的影响。通常以奈奎斯特曲线来衡量内阻，曲线由高频区的半圆、中频区的瓦尔堡区域和低频区的直线共同构成。

7.3.3　超级电容器储能系统的应用案例

将组成超级电容器的材料通过封装得到超级电容器单元，根据结构和应用场景不同，可将超级电容器单元分为小型元件和大型元件。小型元件根据外形可分成与扣式电池类似的扣式单元，以及容量更高、外观像电解电容器和介质电容器的卷绕型单元。大型元件的构造目前没有统一标准，不同制造商根据实际需求和对其性能优化进行单元设计。大型元件有两种典型的类型，一类是致力于功率应用的高功率型单元，常用于汽车混合动力和城市交通；另一类是静态应用的能量单元，可用于不间断电源(UPS)。

在实际工程应用中，单个超级电容器的工作电压较低(2.7～3.0V)，需将单体超级电容器串并联重组形成模组，根据实际工程对电压、输出功率和储能量的需求，将模组串并联构成储能系统。常见的组态方式有 4 种：串联型、并联型、先串后并型和先并后串型。

超级电容器模组中单体电容器的数量和连接方式取决于所需的电压和容量。当需要更高的电压时，多个超级电容器可串联连接。在串联配置中，总电压是各个单体电容器电压之和，而总容量的倒数是各个单体电容器容量倒数之和。当需要更大的容量和更高的输出电流时，多个超级电容器可并联连接。在并联配置中，总容量是各个单体电容器的容量之和，而总电压与各个单体电容器的电压相同。在实际应用中，超级电容器模组可能包含数十到数百个单体电容器，以满足特定的功率和能量需求。此外，超级电容器模组的工作电压随荷电状态的变化而变化，因此不能与应用终端直接连接，需设置 DC/DC 或 DC/AC 固态变换器，控制超级电容器模组充放电电流，调节其输出电压的范围。

超级电容器具有功率密度高、使用寿命长和充电速度快等优点，可应用于电力系统、军事和工业等多个领域。超级电容器主要的应用领域及性能要求如表 7-4 所示。

表 7-4　超级电容器主要应用领域及性能要求

应用领域	典型应用	性能要求	RC 时间常数
电力系统	静止同步补偿器、动态电压补偿器、分布式发电系统	高功率、高电压、可靠	ms-s
记忆储备	消费电器、计算机、通信	低功率、低电压	s-min-h
电动车、负载调节	驱动电源	高功率、高电压	< 2min
空间	能量束	高功率、高电压、可靠	< 5s
军事	电子枪、SDI 电子辅助装置、消声装置	可靠	ms-s

续表

应用领域	典型应用	性能要求	RC 时间常数
工业	工厂自动化、遥控	可靠	< 1s
汽车辅助装置	冷启动	中功率、高电压	s

1. 超级电容器在电力系统中的应用

超级电容器在电力系统发电侧、输配电侧和用户侧均有着广泛应用。在发电侧，可采用超级电容器作为短时储能装置以平抑风光并网时的功率波动，使新能源平滑入网。此外，超级电容器可与锂离子电池以互补形式组成混合储能系统，支持调峰、调频模式切换。在输配电侧，若电网发生大波动引起频率跌落时，超级电容器储能系统可将一次调频滞后时间缩短至毫秒级别；同时可作为配电终端不间断电源，当电力线路发生故障时，超级电容器可使配电终端维持一段工作时间，为完成故障检测、保护跳闸、重合闸自愈和状态上报主站等一系列操作争取时间。在用户侧，超级电容器可作备用电源在突发情况下提供紧急电力，用作功率电源可在短时间内为系统提供高功率脉冲，也可作为不间断电源，在几秒内提供兆瓦级的不间断电源解决方案，防止生产损失与系统故障。

1) 发电侧：福建华能集团罗源电厂 20MW 超级电容混合储能调频示范项目

福建华能集团罗源电厂的 20MW 超级电容混合储能调频示范项目是国内首个大容量超级电容混合储能调频项目。该项目建设了 5MW 超级电容+15MW 锂电池混合储能调频系统，耦合电厂燃煤发电机组共同参与电网调频。该项目的超级电容器部分由 8 堆高效率超级电容器组成，锂电池部分由 24 堆高功率锂电池组成，充分发挥了超级电容器储能的快速性和锂电池储能的持久性优势。

2) 输配电侧：南京江北新区 110 千伏虎桥变电站

南京江北新区 110 千伏虎桥变电站应用了国内首套变电站超级电容微储能装置(500kW)。该装置主要由超级电容模块、电力电子变流器和快速功率控制器三部分组成。快速功率控制器可在 10ms 内完成频率检测，电力电子变流器可在 2ms 内实现有功功率的快速、精准支撑，且电力电子变流器集成了电网谐波主动抑制和无功功率灵活调节功能，使该装置成为集储能与电能质量管理于一体的新型补偿装置。

正常情况下，该装置按照电能质量综合治理模式运行，保障供电质量。当电网发生大波动引起频率跌落时，传统发电机组由于机械惯量大，一次调频响应延迟达 10s 以上，使得故障范围扩大。当电网发生大波动引起频率跌落时，超级电容器可在 12ms 内进入一次调频模式，在关键时间窗口提供 10～15s 的有功支持，满足敏感用户对供电可靠性和电能质量的要求。

2. 超级电容器在交通运输中的应用

“新生态”号是全球首艘超级电容动力车客渡船，是超级电容器在绿色船舶领域的首次应用。该船采用了高能量密度超级电容器为推进装置和全船辅助设备供电，配备了两套超级电容器，合计储能容量为 625kW·h。该船充分利用超级电容器充放电速度快和循环次数高的特性，在停泊上下车客的短时间内完成充电，以满足该船航程短、停泊时间短、航次多和频繁靠离码头等需求。

3. 超级电容器在能量回收中的应用

京沪铁路三界牵引变电所应用了基于超级电容储能的电气化铁路再生制动能量利用装置。该项目是国内首个“基于超级电容储能的电气化铁路再生制动能量利用装置”示范工程项目，装置主要由 1 个高压开关柜、2 台单相隔离变压器和 1 个储能集装箱构成，其中储能集装箱包括四象限变流器、三电平 DC/DC、超级电容器储能系统和能量管理系统。该装置的装机容量为 1.5MW，超级电容器储能系统的容量为 11.6kW·h。试运行期间，该系统日均节省有功功率电量占总返送再生制动电量的 15%～25%，可实现最大制动能量回收 500kW·h，同时具备较好的牵引负荷“削峰填谷”和电能质量治理功能。

7.4　超导磁储能系统

7.4.1　超导磁储能技术的原理

超导磁储能(superconductor magnetic energy storage, SMES)是通过超导体中的电磁能与电能之间的转化来存储和释放能量的储能技术。以超导磁储能和电网的交互为例，超导磁储能系统由电网经变流器供电励磁，利用由超导材料绕制的超导线圈将电能以电磁能形式存储起来，在需要时再将能量经逆变器送回电网或作其他用途。由于超导线圈通入电流后会形成磁场，因此又称为超导磁体。

超导磁储能系统的超导线圈在超导态下电阻为零，因此在储能状态下不会产生焦耳热损耗，可实现长时间、无损耗的能量存储，储能效率高达 95%。超导导线的通流能力比铜导线高出 1～2 个数量级，且能实现 5T 以上的磁场，因此超导线圈具有远高于常规电感的能量密度和功率密度。超导磁储能系统的储能与释能过程是电磁能量的直接转化，能量转化速度及效率高于电能-化学能、电能-机械能等能量转化形式，因此超导磁储能系统具有响应速度快、功率密度高和充放电次数无限制等优势。在变流器的控制下，超导磁储能系统实施功率补偿的响应时间小于 10ms，能满足电力系统暂态稳定性、瞬时电压跌落等的功率补偿需求。

超导线圈是超导磁储能系统的关键部件，系统能够存储的电磁能量及其功率分别为

$$E_{em} = \frac{1}{2} L_{em} I_{em}^2 \tag{7-16}$$

$$P_{em} = \frac{dE_{em}}{dt} = L_{em} I_{em} \frac{dI_{em}}{dt} = U_{em} I_{em} \tag{7-17}$$

式中，E_{em}为电磁能，J；P_{em}为功率，W；L_{em}为超导线圈电感，H，取决于线圈的结构形式；I_{em}为超导线圈中通过的直流载流，A；U_{em}为超导线圈两端电压，V。

超导磁储能的能量密度受到磁场的限制，即

$$e_V = \frac{E_{em}}{V} \leqslant \frac{1}{2} \frac{B^2}{\mu_0} \tag{7-18}$$

式中，e_V为能量密度，J/m^3；V为磁体体积，m^3；B为超导线圈产生的磁场，T；μ_0为真空磁导率，其值为$4\pi\times10^{-7}$ T·m/A。由式(7-18)可知，当$B = 10T$时，能量密度最大约为$40MJ/m^3$。此外，位力定理(Virial theorem)指出了机械结构最小质量m_{min}和储能量的关系，对于螺管线圈，有

$$\frac{E_{em}}{m_{min}}=\frac{\sigma}{\rho} \tag{7-19}$$

式中，ρ为材料密度，kg/m^3；σ为材料工作应力，Pa。

7.4.2　超导磁储能系统的结构

超导磁储能系统由超导线圈(超导磁体)、制冷系统、功率调节系统、测量控制系统和失超保护系统等构成，其示意图如图7-9所示。其中，超导线圈是系统核心部件，可以采用单螺管、多螺管或环形线圈结构等。螺管线圈结构简单，但周围杂散磁场较大；环形线圈周围杂散磁场小，但结构较为复杂。超导体的通流能力与所承受的磁场有关，超导线圈设计时首先要考虑超导材料对磁场的要求，包括磁场的空间分布及其随时间变化等情况。此外，还需考虑超导导线的性能、运行可靠性、磁体的保护、磁体机械强度、低温技术和冷却方式等方面。

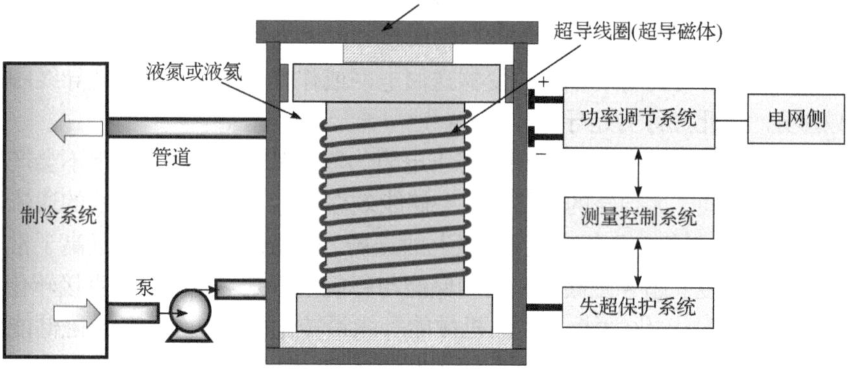

图7-9　超导磁储能系统的结构示意图

根据制作超导线圈的超导材料达到超导状态所需的温度条件(临界转变温度 T_{ct})，可将其分为低温超导材料和高温超导材料。低温超导材料是在液氦温度条件下(4.2K)，临界转变温度T_{ct}<30K的超导材料，如铌(T_{ct} = 9.3K)、钛化铌合金(T_{ct} > 9K)、镓化钒(T_{ct} = 16.8K)等。高温超导材料是指具有高临界转变温度、能在液氮温度条件下(77K)工作的超导材料，目前最具应用前景的高温超导材料主要包括第一代Bi系和第二代Y系。

制冷系统用于维持超导线圈处于超导状态所必需的低温环境。超导磁储能的冷却方式一般为浸泡式，即把超导线圈置于低温液体中。对于低温超导线圈，低温液体多为液氦，然而该方式操作较为烦琐。对于大型超导线圈，为提高冷却能力和效率，可采用超流氦(低于2.17K)冷却，制冷系统也需采用闭合循环，设置制冷机回收蒸发的低温液体。对于高温超导材料，Bi系高温超导线圈冷却至20～30K以下即可实现3～5T的磁场强度，Y系高温超导线圈即使在77K也可实现一定的磁场强度，冷却温度的提升可降低制冷系统成本并

提高冷却效率。超导磁储能的另一种冷却方式为直接冷却，该方式不需要低温液体，靠制冷机与超导线圈的固体接触进行热传导实现冷却，该方式的使用和管理较为简便，但需消耗额外能量维持制冷机运行。

功率调节系统用于控制超导线圈和交流电网之间的能量转化。功率调节系统一般采用基于全控型开关器件的 PWM 变流器，通过开关动作，控制变流器交流侧输出电流的大小和幅值，实现在四象限快速、独立地控制有功功率和无功功率，具有谐波含量低和动态响应速度快等特点。根据电网拓扑结构，功率调节系统用变流器可采用电流型或电压型结构。

测量控制系统由信号采集部分和控制器部分构成。信号采集部分用于监测电力系统及超导磁储能系统的各项技术参量，并提供数据供控制器部分进行电力系统状态分析；根据电力系统的状态计算功率需求，控制器部分通过变流器调节线圈两端电压，实现超导线圈的充电和放电。

当电流、磁场强度、温度中的任一参数超过临界值时，超导线圈将从超导态转变为正常态，称为失超。发生失超的导体部位会存在电阻特性，当较大电流通过时，由于焦耳热效应，导体局部温度升高，可能导致大范围的失超。此外，失超时温度过高，会影响超导磁储能系统中一些对温度较为敏感的设备的运行状态。基于安全考虑，需要对超导线圈实施失超保护措施，同时对制冷系统、功率调节系统及电力系统的运行状态进行实时监控和有效保护。

7.4.3　超导磁储能系统的应用案例

超导磁储能系统在众多领域具有应用潜力。例如，在电力系统中，超导磁储能系统可用于提高系统稳定性，特别是电力系统发生线路短路等大扰动时，超导磁储能系统可以通过快速的动态功率补偿，提高电力系统的动态和暂态稳定性，也能有效抑制电力系统中的低频振荡。超导磁储能系统具有充放电循环寿命长的特点，在平滑风力发电和光伏发电等随机性、间歇性强的电源功率输出方面具有独特的优势，其动态功率补偿能力可以提升风电、光电的并网性能。超导磁储能系统也可作为敏感负载和重要设备的不间断电源，保证重要负荷的供电可靠性。此外，超导磁储能系统具有高功率、快速响应特性，可用作电磁武器和电磁弹射系统的高功率脉冲电源。

例如，甘肃省白银市建成了世界首座全超导变电站，变电站运行电压等级为 10.5kV，集成了 1MJ/0.5MVA 高温超导磁储能系统、1.5kA 三相高温超导限流器、630kV·A 高温超导变压器和 75m 长、1.5kA 三相交流高温超导电缆等多种新型超导电力装置，可大幅提高电网供电可靠性和安全性、改善电网供电质量，并有效降低系统损耗。

表 7-5 所示为国内外部分超导磁储能系统项目信息。

表 7-5　国内外部分超导磁储能系统项目信息

序号	主要研发单位	主要技术参数
1	美国威斯康星大学	超导电感线圈和三相 AC/DC 格里茨(Graetz)桥路
2	美国洛斯阿拉莫斯国家实验室和邦纳维尔电力管理局	30MJ/10MW，低温超导

续表

序号	主要研发单位	主要技术参数
3	法国国家科学研究中心	800kJ，Bi-2212，高温超导
4	日本九州电力公司	3.6MJ/1MW，低温超导
5	韩国首尔大学	36.5kJ，Bi-2223，高温超导
6	华中科技大学	35kJ/7.5kW，Bi-2223，高温超导
7	中国科学院电工研究所	30kJ/155A，Bi-2223，高温超导

习　　题

7-1　阐述固体介质重力储能技术原理。

7-2　阐述飞轮储能技术原理。

7-3　简述飞轮储能系统的主要结构并说明各结构的功能。

7-4　若一个飞轮直径为 10m，其质量为 100kg，转速为 6000r/min，试求理论上飞轮可存储的能量值。(注：飞轮为实心圆盘，其转动惯量 $J=\frac{1}{2}mr^2$)

7-5　描述超级电容器的结构，并解释各部分的作用是什么？

7-6　假设一双电层电容器的相对介电常数为 4，电极比表面积为 $2500m^2/g$，双电层厚度为 0.5 nm，试计算该电容器的比电容。若电容两端电压为 2.8V，试计算该电容器的能量密度。

7-7　描述双电层电容器和赝电容器的工作原理及二者的区别。

7-8　考虑到超级电容器的充放电特性，它们在哪些应用场景中可能比传统电池更合适？请举例说明。

7-9　考虑到超级电容器的环境友好特性，思考它们在推动绿色能源和可持续发展方面的潜在贡献。

7-10　阐述超导磁储能的工作原理，分析其能量密度受限的原因。

参考文献

巴恩斯, 莱文, 2018. 大规模储能系统[M]. 肖曦, 聂赞相, 译. 北京: 机械工业出版社.
陈海生, 吴玉庭, 2020. 储能技术发展及路线图[M]. 北京: 化学工业出版社.
戴兴建, 姜新建, 张剀, 2021. 飞轮储能系统技术与工程应用[M]. 北京: 化学工业出版社.
丁玉龙, 来小康, 陈海生, 2018. 储能技术及应用[M]. 北京: 化学工业出版社.
董存, 许晓慧, 周昶, 等, 2018. 分布式电源并网及运行管理[M]. 北京: 中国水利水电出版社.
国家市场监督管理总局, 国家标准化管理委员会, 2022.氢系统安全的基本要求: GB/T 29729—2022 [S]. 北京: 中国标准出版社.
郝荣国, 吕明治, 王可, 2023. 抽水蓄能电站工程技术[M]. 2 版. 北京: 中国电力出版社.
黄思林, 肖华宾, 黄常抒, 等, 2022. 高压级联式储能系统在火储联合调频中的应用及实践[J]. 储能科学与技术, 11(11): 3583-3593.
黄志高, 2018. 储能原理与技术[M]. 北京: 中国水利水电出版社.
李建林, 黄际元, 房凯, 等, 2018. 电池储能系统调频技术[M]. 北京: 机械工业出版社.
李雪芳, 2015. 储氢系统意外氢气泄漏和扩散研究[D]. 北京: 清华大学.
李昭, 李宝让, 陈豪志, 等, 2020. 相变储热技术研究进展[J]. 化工进展, 39(12): 5066-5085.
林鸿业, 2022. 锂离子电池 SOH 估计及电池分选关键技术的研究[D]. 广州: 华南理工大学.
刘明义, 2022. 电池储能电站能量管理与监控技术[M]. 北京: 中国电力出版社.
梅生伟, 李建林, 朱建全, 等, 2022. 储能技术[M]. 北京: 机械工业出版社.
米勒, 2018. 超级电容器: 建模、特性及应用[M]. 韩晓娟, 李建林, 田春光, 译. 北京: 机械工业出版社.
沈维道, 童钧耕, 2016. 工程热力学[M]. 5 版. 北京: 高等教育出版社.
苏岳锋, 黄擎, 陈来, 等, 2023. 储能科学与技术[M]. 北京: 北京理工大学出版社.
唐跃进, 石晶, 任丽, 2009. 超导磁储能系统(SMES)及其在电力系统中的应用[M]. 北京: 中国电力出版社.
汪顺生, 2016. 抽水蓄能技术发展与应用研究[M]. 北京: 科学出版社.
王震坡, 孙逢春, 刘鹏, 2017. 电动车辆动力电池系统及应用技术[M]. 2 版. 北京: 机械工业出版社.
夏焱, 万继方, 李景翠, 等, 2022. 重力储能技术研究进展[J]. 新能源进展, 10(3): 258-264.
徐国栋, 2018. 锂离子电池材料解析[M]. 北京: 机械工业出版社.
徐晓明, 胡东海, 2018. 动力电池热管理技术: 散热系统热流场分析[M]. 北京: 机械工业出版社.
徐晓明, 胡东海, 2019. 动力电池系统设计[M]. 北京: 机械工业出版社.
杨世铭, 陶文铨, 2006. 传热学[M]. 4 版. 北京: 高等教育出版社.
张彩萍, 张承宁, 李军求, 2010. 动力电池组峰值功率估计算法研究[J]. 系统仿真学报, 22(6): 1524-1527.
张凯, 王欢, 2023. 储能科学与工程[M]. 北京: 科学出版社.
张仁元, 2009. 相变材料与相变储能技术[M]. 北京: 科学出版社.
郑源, 吴峰, 周大庆, 2021. 现代抽水蓄能电站[M]. 北京: 中国水利水电出版社.
中华人民共和国国家质量监督检验检疫总局, 中国国家标准化管理委员会, 2011.小型氢能综合能源系统性能评价方法: GB/T 26916—2011 [S]. 北京: 中国标准出版社.
中华人民共和国住房和城乡建设部, 2019. 石油化工可燃气体和有毒气体检测报警设计标准: GB/T 50493—2019 [S]. 北京: 中国计划出版社.
中华人民共和国住房和城乡建设部, 2021.加氢站技术规范(2021 年版): GB 50516—2010 [S]. 北京: 中国计划出版社.
朱晓庆, 王震坡, WANG H, 等, 2020. 锂离子动力电池热失控与安全管理研究综述[J]. 机械工程学报, 56(14): 91-118.

左芳菲, 韩伟, 姚明宇, 2023. 熔盐储能在新型电力系统中应用现状与发展趋势[J]. 热力发电, 52(2): 1-9.

ALGAYYIM S J M, SALEH K, WANDEL A P, et al., 2024. Influence of natural gas and hydrogen properties on internal combustion engine performance, combustion, and emissions: a review[J]. Fuel, 362: 130844.

CASTELL A, MEDRANO M, SOLÉ C, et al., 2010. Dimensionless numbers used to characterize stratification in water tanks for discharging at low flow rates[J]. Renewable energy, 35(10): 2192-2199.

CHUNG J D, CHO S H, TAE C S, et al., 2008. The effect of diffuser configuration on thermal stratification in a rectangular storage tank[J]. Renewable energy, 33(10): 2236-2245.

CRIADO Y A, ALONSO M, ABANADES J C, et al., 2014. Conceptual process design of a $CaO/Ca(OH)_2$ thermochemical energy storage system using fluidized bed reactors[J]. Applied thermal engineering, 73(1): 1087-1094.

KUZNIK F, DAVID D, JOHANNES K, et al., 2011. A review on phase change materials integrated in building walls[J]. Renewable and sustainable energy reviews, 15(1): 379-391.

MEJIA A C, AFFLERBACH S, LINDER M, et al., 2020. Experimental analysis of encapsulated $CaO/Ca(OH)_2$ granules as thermochemical storage in a novel moving bed reactor[J]. Applied thermal engineering, 169: 114961.

NEISES M, TESCARI S, DE OLIVEIRA L, et al., 2012. Solar-heated rotary kiln for thermochemical energy storage[J]. Solar energy, 86(10): 3040-3048.

PRASAD J S, MUTHUKUMAR P, DESAI F, et al., 2019. A critical review of high-temperature reversible thermochemical energy storage systems[J]. Applied energy, 254: 113733.